Echtzeitüberwachung und -optimierung der Nahtqualität beim Laserstrahlschweißen mittels bildgebender Sensorik und künstlicher Intelligenz

Real-time Monitoring and Optimization of Seam Quality in Laser Beam Welding using Imaging Sensors and Artificial Intelligence

Von der Fakultät für Maschinenwesen
der Rheinisch-Westfälischen Technischen Hochschule Aachen
zur Erlangung des akademischen Grades eines
Doktors der Ingenieurwissenschaften
genehmigte Dissertation

vorgelegt von

Christian Knaak

Berichter/in:

Univ.-Prof. Dr. rer. nat. Constantin Leon Häfner
Univ.-Prof. Dr.-Ing. Robert Schmitt

Tag der mündlichen Prüfung: 25. März 2025

Diese Dissertation ist auf den Internetseiten der Universitätsbibliothek online verfügbar.

ERGEBNISSE AUS DER LASERTECHNIK

Christian Knaak

Echtzeitüberwachung und -optimierung der Nahtqualität beim Laserstrahlschweißen mittels bildgebender Sensorik und künstlicher Intelligenz

Bibliografische Information der Deutschen Nationalbibliothek
Die Deutsche Nationalbibliothek verzeichnet diese Publikation in der Deutschen Nationalbibliografie; detaillierte bibliografische Daten sind im Internet über https://portal.dnb.de abrufbar.

Christian Knaak:

Echtzeitüberwachung und -optimierung der Nahtqualität beim Laserstrahlschweißen mittels bildgebender Sensorik und künstlicher Intelligenz

1. Auflage, 2025

Gedruckt auf holz- und säurefreiem Papier, 100% chlorfrei gebleicht.

Wissenschaftsverlag des Instituts für Industriekommunikation und Fachmedien an der RWTH Aachen
Steinbachstr. 25, 52074 Aachen, Deutschland
Internet: www.apprimus-verlag.de, E-Mail: info@apprimus-verlag.de

Druck: CPI Druckdienstleistungen GmbH
Ferdinand-Jühlke-Straße 7 I 99095 Erfurt I Deutschland

ISBN 978-3-98555-277-1

D 82 (Diss. RWTH Aachen University, 2025)

Vorwort

Mit der Fertigstellung dieser Dissertationsschrift, deren Grundlage maßgeblich auf meinen Tätigkeiten am Fraunhofer Institut für Lasertechnik ILT beruht, endet auch ein intensiver und prägender Abschnitt meines Lebens. Neben den vielen großartigen Menschen, die das Institut zu einem Ort mit außergewöhnlichen Entfaltungsmöglichkeiten machen, möchte ich insbesondere dem Leiter des Instituts Herrn Univ.-Prof. Dr. rer. nat. Constantin Leon Häfner für die konstruktive Betreuung meiner Arbeit sowie die bereichernden wissenschaftlichen Anregungen danken. Weiterer Dank gilt Herrn Univ.-Prof. Dr.-Ing. Robert H. Schmitt für die Übernahme der Aufgabe des Zweitberichters, die fachlichen Ratschläge sowie die Hilfsbereitschaft während des Promotionsvorhabens. Herrn Prof. Dr.-Ing. Arnold Gillner danke ich herzlich für die kritische Durchsicht des Manuskripts sowie die beständige Unterstützung während des gesamten Forschungsprojektes.

Mein besonderer Dank gilt meinen Kollegen des Fraunhofer ILT und der zugehörigen Lehrstühle, insbesondere Dr.-Ing. Emil Duong, Dr.-Ing. Milena Žurić, Moritz Kröger, Wolfgang Fiedler, Stefan Mann, und Peter Abels, die kontinuierlich mit fachlicher Expertise, ihrer Hilfsbereitschaft und vielen motivierenden Gesprächen zur Umsetzung dieser Arbeit beigetragen haben. Nicht unerwähnt lassen möchte ich Herrn Dr.-Ing. Michael Ungers, dessen Unterstützung, Vertrauen und Geduld maßgeblich zum Gelingen dieser Arbeit beigetragen haben. Für den engagierten Einsatz sowie die Durchführung, Auswertung und Diskussionen zahlreicher Versuche im Rahmen studentischer Tätigkeiten möchte ich insbesondere Benedikt Edler von Querfurth, Ilja Melnicenko, Jakob von Eßen, Julian Treiber, Nathalie Al Achkar sowie Wenyue Zhao meinen tiefsten Dank ausdrücken.

Nicht zuletzt bin ich für den stetigen Rückhalt meiner Familie und Freunde, die mich auf diesem Weg mit unermüdlicher Geduld und Zuspruch begleitet haben, sehr dankbar. Ganz besonders möchte ich mich bei meiner Lebensgefährtin Eleni Blum für die grenzenlose Unterstützung, und unzähligen Anregungen aus sprachlicher Perspektive bedanken. Ihre Liebe und Beistand haben mir geholfen, auch in schwierigen Momenten nicht den Mut zu verlieren.

Diese Dissertation ist nicht nur das Ergebnis eines wissenschaftlichen Projekts einer Einzelperson, sondern vielmehr ein Ergebnis konstruktiver Kooperation, der Verbundenheit und des gemeinsamen Strebens nach Erkenntnis. Daher widme ich dieses Werk mit großem Respekt und Dankbarkeit allen, die direkt oder indirekt zum Gelingen dieser Arbeit beigetragen haben.

Aachen, den 21.12.2024 Christian Knaak

Kurzfassung

Die laserbasierte Fertigungstechnik bietet unverzichtbare Werkzeuge für die kosteneffiziente Herstellung hochwertiger Produkte, wie beispielsweise batterieelektrische Fahrzeuge, welche für die Bewältigung der aktuellen gesellschaftlichen Herausforderung des Klimawandels von größter Bedeutung sind. Sinkende Taktzeiten, wachsende Anforderungen an die Produktqualität und steigende Flexibilitätsanforderungen sowie gewünschte Steigerungen der Kosteneffizienz stellen jedoch wachsende Herausforderungen für die Fertigungstechnik dar. Neben prozessspezifischen Verbesserungsmöglichkeiten im Rahmen der jeweiligen Anwendungen bieten insbesondere die Digitalisierung und Automatisierung von Fertigungsprozessen das Potenzial, den Marktzugang hinsichtlich ressourcenschonender Endprodukte weiter zu erleichtern. Um diese Potenziale zu erschließen, ist die Erfassung und intelligente Verarbeitung umfangreicher Maschinen-, Prozess- und Produktionsdaten notwendig, sodass datengestützte Handlungsempfehlungen abgeleitet werden können. Dabei steht im Rahmen dieser Arbeit die ganzheitliche Bewertung und Optimierung der Produktqualität während der Fertigung im Vordergrund. Dazu wird am Beispiel eines laserbasierten Fügeprozesses für moderne Karosseriebauteile ein KI-basiertes Qualitätssicherungssystem entwickelt und evaluiert, welches in der Lage ist, unterschiedliche Nahtunregelmäßigkeiten und Prozessabweichungen während der Bearbeitung zu unterscheiden. Außerdem wird das auf einem neuronalen Netz basierende KI-System dahingehend erweitert, dass charakteristische Prozessmerkmale aus den Bilddaten extrahiert werden, welche das informationstechnische Fundament für eine nachgelagerte Prozessregelung liefern. Applikationsspezifische Optimierungen der Architektur des neuronalen Netzes sind ebenfalls Teil der Untersuchungen. Die messtechnische Grundlage für das Qualitätssicherungssystem stellen bildbasierte Sensoren in unterschiedlichen Beobachtungskonfigurationen bereit, die zudem einen Vergleich einzelner Bildmerkmale hinsichtlich ihrer Detektionsleistung erlauben. Eine zusätzliche Bewertung der Nahtqualität findet in Form einer hybriden Modellierung der Einschweißtiefe mit anschließender Kalibration anhand spezifischer Bildmerkmale statt. Das entwickelte hybride Modell lässt eine Berechnung der Einschweißtiefe auf Basis aktueller Bilddaten und der verwendeten Prozessparameter während des Prozesses zu. Da eine Bewertung der Unsicherheit des verwendeten KI-Systems im Rahmen dieser Anwendung von großer Bedeutung ist, wird ein Ansatz vorgestellt, der die Abschätzung der epistemischen Unsicherheit des neuronalen Netzes auf Basis einer Ausreißererkennung erlaubt. Schließlich erfolgt die Umsetzung und Erprobung einer Prozessregelung mit Algorithmen aus dem Bereich des Reinforcement Learning, welche eine hohe Anpassungsfähigkeit an neue Prozessrandbedingungen versprechen. Das Gesamtsystem wird hinsichtlich seiner Echtzeitfähigkeit überprüft und schließlich anhand experimenteller Untersuchungen in Bezug auf die Leistungsfähigkeit zur Fehlererkennung und -kompensation evaluiert.

Abstract

Laser-based manufacturing technology is an indispensable tool for the cost-efficient production of products, such as battery electric vehicles, which are of utmost importance for meeting current societal challenges. However, decreasing cycle times, growing demands on product quality, and increasing flexibility requirements as well as desired increases in cost efficiency represent growing challenges from the perspective of manufacturing technology. In addition to process-specific possibilities for improvement within the framework of the respective applications, the digitalization and automation of manufacturing processes in particular offer the potential to further facilitate market access with regard to resource-saving end products. In order to tap this potential, it is necessary to collect and intelligently process extensive machine, process and production data so that data-supported recommendations for action can be derived. In the context of this work, the holistic evaluation and optimization of product quality during production is in the foreground. In this context, an AI-based process monitoring system is developed and evaluated using the example of laser-welded seams on galvanized car body components, which is able to distinguish between different seam irregularities and process deviations during the process. In addition, the neural network-based AI system will be extended to extract characteristic process features from the image data, which will provide the informational foundation for downstream process control. Application-specific optimizations of the neural network architecture are also part of the investigations. The metrological basis for the quality assurance system is provided by image-based sensors in different observation configurations, which also allow a comparison of individual image features with regard to their detection performance. An additional evaluation of the seam quality takes place in the form of a hybrid modelling of the weld penetration depth with subsequent calibration on the basis of specific image features. The hybrid model allows the weld penetration depth to be calculated based on current image data and the process parameters used during the process. Since an evaluation of the uncertainty of the used AI system is crucial in the context of this application, an approach is presented that allows the estimation of the epistemic uncertainty of the neural network based on outlier detection. Ultimately, a process control system will be implemented and tested using algorithms from the field of reinforcement learning, which promise a high degree of adaptability to new process conditions. The overall system is examined with respect to its real-time capability and finally evaluated on the basis of experimental investigations to determine the achievable defect detection and mitigation performance.

Inhaltsverzeichnis

I Formelzeichen und Abkürzungsverzeichnis

Formel-zeichen	Einheit	Beschreibung
A_0	-	Absorptionsgrad bezüglich der Laserstrahlung
ACC	-	Klassifikationsgenauigkeit
α_{L}	°	Einstrahlwinkel des Bearbeitungslasers
α_{RL}	-	Lernrate des RL-Algorithmus
a_{s}	µm	Fügespalthöhe
a_t	-	Aktion des RL-Agenten
$BACC$	-	Ausgeglichene Klassifikationsgenauigkeit
$\boldsymbol{B}_d$	-	zusätzlich anwendbarer Versatz-Tensor des CNNs (engl.: *offset)*
b_{DK}	mm	Breite der Dampfkapillare
$\boldsymbol{b}_h$	-	Versatz-Vektor ($n \times 1$) eines *hidden state*-Vektors eines GRU-RNNs
$\boldsymbol{b}_r$	-	Versatz-Vektor ($n \times 1$) eines *reset-gate* eines GRU-RNNs
B_s	-	Bildstapelgröße (Batchsize)
b_{SB}	mm	Breite des Schmelzbades
b_{N}	mm	Breite der Schweißnaht
$\boldsymbol{b}_z$	-	Versatz-Vektor ($n \times 1$) eines *update-gates* eines GRU-RNNs
CE	-	Kategorische Kreuzentropie
C_{img}	bps	Datendurchsatz eines KI-Modells
C_{RE}	bps	Datendurchsatz der Regeleinrichtung
δ_{EST}	m	Einschweißtiefe nach analytischer Formel
$\delta_{\mathrm{kalib,n}}$	-	Normierte, kalibrierte Einschweißtiefe
$\delta_{\mathrm{kalib,n,t}}$	-	Normierte, kalibrierte Einschweißtiefe zum Zeitpunkt t
δ_{mess}	mm	Gemessene Einschweißtiefe
$\delta_{\mathrm{mess,n}}$	-	Gemessene normierte Einschweißtiefe
$\delta_{\mathrm{präd}}$	mm	Unkalibrierte prädizierte Einschweißtiefe
$\delta_{\mathrm{präd,KP1}}$	mm	Prädizierte Einschweißtiefe am ersten Kalibrationspunkt
$\delta_{\mathrm{präd,KP2}}$	mm	Prädizierte Einschweißtiefe am 2. Kalibrationspunkt

δ_{soll}	mm	Soll-Einschweißtiefe
$\delta_{\text{soll,n,t}}$	-	Normierte Soll-Einschweißtiefe zum Zeitpunkt t
$\delta_{\text{soll,n}}$	-	Normierte Soll-Einschweißtiefe
Δz_f	mm	Abweichung zur Sollfokuslage
d_{HR}	mm	Kritischer Abstand zur Bildung von Heißrissen
DN	-	Dynamikbereich (Bildsensor)
$\mathcal{D}_{\text{RCNN}}$	-	Datensatz zum Training des RCNN-Modells
$\mathcal{D}_{\text{RL}}$	-	Reinforcement Learning-Datensatz
d_{s}	µm	Strahldurchmesser an der Werkstückoberfläche
$d_{\text{s,t}}$	µm	Strahldurchmesser an der Werkstückoberfläche zum Zeitpunkt t
ε_{SB}	-	Anhand der Schmelzlinie ermittelter Emissionsgrad
$\epsilon(\theta)$	-	Mittlerer quadratischer Fehler des Dynamikmodells
E_{s}	J/mm	Streckenenergie
f	-	Aktivierungsfunktion
$\hat{f}_\theta$	-	Dynamisches Prozessmodell basierend auf RF-Regressor
f_{kamera}	bps	Erforderliche Bildrate eines Kamerasystems
f_n	-	Falsch-negativ Wert
f_p	-	Falsch-positiv Wert
g	-	Aktivierungsfunktion des GRU-RNN
γ_{RL}	-	Diskontierungsfaktor des RL-Algorithmus
$\boldsymbol{h}_{\text{t}}$	-	*Hidden state*-Vektor eines GRU-RNNs zum Zeitpunkt t
$\boldsymbol{h}_{\text{t}-1}$	-	*Hidden state*-Vektor eines GRU-RNNs zum Zeitpunkt $t-1$
$\tilde{\boldsymbol{h}}_{\text{t}}$	-	Vorläufiger verdeckter *hidden state*-Vektor eines GRU-RNNs zum Zeitpunkt t
I_{im}	-	Bildintensitäten in Matrixform
I_{re}	a.u.	Mittlere Signalintensität ausgewählter Bildpixel
k	m^3/J	Proportionalitätsfaktor der Einschweißtiefe
$\boldsymbol{K}_{\text{d}}$	-	Merkmalskartenspezifischer Filtermatrizen
λ_1	nm	Messwellenlänge des VIS-450-Kamerasystems
λ_2	nm	Messwellenlänge des EXT-NIR-808-Kamerasystems
λ_3	nm	Messwellenlänge des NIR-1690-Kamerasystems

λ_{L}	nm	Wellenlänge des Bearbeitungslasers
$\lambda_{\max}$	nm	Wellenlänge bei Maximum der Strahlungsdichte
l_{DK}	mm	Länge der Dampfkapillare
l_{SB}	mm	Länge des Schmelzbades
$L_{800\mathrm{K}}$	$\mathrm{W} \cdot \mathrm{m}^{-3} \cdot \mathrm{sr}^{-1}$	Spektrale Strahldichte eines schwarzen Strahlers (800 Kelvin)
$L_{7000\mathrm{K}}$	$\mathrm{W\,m}^{-3} \cdot \mathrm{sr}^{-1}$	Spektrale Strahldichte eines schwarzen Strahlers (7.000 Kelvin)
$L_{\lambda,S}$	$\mathrm{W} \cdot \mathrm{m}^{-3} \cdot \mathrm{sr}^{-1}$	Spektrale Strahldichte
$\mathcal{L}_{\mathrm{gesamt}}$	-	Gesamtfehlerfunktion (engl.: *loss function*)
MAE	-	Mittlerer absoluter Fehler aller Regressanden
MAE_{PL}	-	Mittlerer absoluter Fehler der prädizierten Laserleistung
$MAE_{\mathrm{PL,krit}}$	-	Kritischer Schwellenwert des MAE_{PL} zur Erkennung von OOD-Datenpunkten
m_{k}	-	Anzahl der Nahtunregelmäßigkeiten (RCNN-Modell)
m_{r}	-	Anzahl der Regressanden (RCNN-Modell)
$\mu_{p,min}$	-	Kleinester messbarer Intensitätswert
$\mu_{p,sat}$	-	Intensitätswert bei dem eine Sensorsättigung eintritt
$\mu_{\mathrm{EST,t}}$	-	Zeitlicher Mittelwert der normierten Einschweißtiefe
n_{dense}	-	Anzahl der Neuronen in den vollverbundenen Schichten
n_{hist}	-	Anzahl der letzten der Zustandsvektoren
n_{inc}	-	Anzahl der *Inception*-Module (RCNN-Modell)
n_{kernel}	-	Anzahl der Faltungsmatrizen eines *Inception*-Moduls
$nMAE_{\delta}$	-	Normalisierter mittlerer absoluter Fehler der prädizierten Einschweißtiefe
$nMAE_{\mathrm{PL}}$	-	Normalisierter mittlerer absoluter Fehler der prädizierten Laserleistung
$nMAE_{\mathrm{PL,kı}}$	-	Kritischer Schwellenwert des $nMAE_{PL}$ zur Erkennung von OOD-Datenpunkten
n_{sp}	-	Anzahl der erkannten Spritzer im Bild
n_{pool}	-	Anzahl der nachgelagerten *Maxpooling*-Schichten
$n_{\mathrm{RNN,u}}$	-	Sequenzlänge der Eingabe des RCNN-Modells

$n_{\mathrm{RNN,l}}$	-	Anzahl der RNN-Schichten des RCNN-Modells
n_{seq}	-	Sequenzlänge der Eingabe des RCNN-Modells
p	-	Zustandsübergangswahrscheinlichkeit
p_{abl}	Pa	Laserinduzierter Ablationsdruck
φ_{MDF}	°	Winkel der Metalldampffackel
$\varphi_{\mathrm{NIR1690}}$	Lp/mm	Auflösungsvermögen des NIR-1690-Kamerasystems
ϕ_{sp}	mm	Spritzerdurchmesser
$\pi(\boldsymbol{s}_t)$		Policy des RL-Agenten
p_{L}	Pa	Flüssigkeitsdruck der Schmelze
P_{L}	W	Einfallende Laserleistung
$P_{\mathrm{L,soll,t}}$	kW	Soll-Laserleistung zum Zeitpunkt t
$P_{\mathrm{L,präd}}$	kW	Prädizierte Laserleistung
$P_{\mathrm{L,soll}}$	kW	Soll-Laserleistung
p_{σ}	Pa	Kapillardruck aufgrund er Oberflächenspannung
$\overline{\psi}_t$	-	Gemittelte Klassifikationswahrscheinlichkeiten zum Zeitpunkt t
ψ_{OOF}	-	Klassifizierungswkt. für die Klasse *Defokussierung*
ψ_{DSL}	-	Durchschweißlochwahscheinlichkeit
$\boldsymbol{r}_{\mathrm{t}}$	-	*Reset-gate* eines GRU-basierten RNNs
R_{EST}	-	EST-Belohnung des RL-Agenten zum Zeitpunkt t
R_{t}	-	Belohnung des RL-Agenten zum Zeitpunkt t
$R_{\mathrm{t+1}}$	-	Belohnung des RL-Agenten zum Zeitpunkt $t+1$
r_n	-	Richtig-negativ Wert
r_p	-	Richtig-positiv Wert
$\sigma_{\mathrm{EST,t}}$	-	Standardabweichung der normierten Einschweißtiefe
σ_l	-	Logistische Aktivierungsfunktion des GRU-RNNs
$\boldsymbol{s}_{\mathrm{t}}$	-	Aktueller Prozesszustandsvektor
$\boldsymbol{s}_{\mathrm{t+1}}$	-	Prozesszustandsvektor zum Zeitpunkt t+1
$\hat{\boldsymbol{s}}_{\mathrm{t+1}}$	-	Geschätzter Prozesszustandsvektor
t	s	Zeit
τ_{r}	ms	Reaktionszeit des Schweißprozesses
t_{b}	mm	Materialstärke der Fügepartner

t_{inf}	ms	Inferenzzeit eines KI-Modells
t_{lat}	ms	Latenz der Regeleinrichtung
TPR	-	Richtig-Positiv-Rate
T_{RNN}	-	Typ des verwendeten RNNs
T_{s}	K	Schmelztemperatur von Stahl (DC05+ZE)
$\boldsymbol{U}_{\mathrm{h}}$	-	Gewichtsmatrix $(n \times n)$ eines verdeckten Zustandvektors eines GRU-RNNs
U_{L}	V	Laserleistungsvorgabespannung
$\boldsymbol{U}_{\mathrm{r}}$	-	Gewichtsmatrix $(n \times n)$ des *reset-gates* eines GRU-RNNs
U_{R}	V	Referenzspannung
$\boldsymbol{U}_{\mathrm{z}}$	-	Gewichtsmatrix $(n \times n)$ des *update-gates* eines GRU-RNNs
$v_{\mathrm{s,t}}$	m/min	Vorschubgeschwindigkeit zum Zeitpunkt t
v_{s}	m/min	Vorschubgeschwindigkeit des Bearbeitungskopfes
$\dot{V}_{\mathrm{SG}}$	m³/min	Schutzgasvolumenstrom
$\boldsymbol{W}_{\mathrm{h}}$	-	Gewichtsmatrix $(n \times m)$ eines *hidden state*-Vektors eines GRU-RNNs
$\boldsymbol{W}_{\mathrm{r}}$	-	Gewichtsmatrix $(n \times m)$ eines *reset-gates* eines GRU-RNNs
$\boldsymbol{W}_{\mathrm{z}}$	-	Gewichtsmatrix $(n \times m)$ eines *update-gates* eines GRU-RNNs
$\boldsymbol{X}_{\mathbf{d}}$	-	d-te berechnete Merkmalskarte einer Faltungsschicht
x_{DK}	mm	X-Koordinate der Dampfkapillare
x_{i}	-	i-tes Prozessbild bzw. Eingabesequenz
x_{pos}	mm	Position auf der Schweißnaht in Vorschubrichtung
x_{SB}	mm	X-Koordinate des Schmelzbades
x_{t}	-	m-dimensionaler Eingabevektor eines RNNs zum Zeitpunkt t
y_{DK}	mm	Y-Koordinate der Dampfkapillare
$y_{\mathrm{c,i}}$	-	Klassifikationsausgabe der i-ten Klasse
$y_{\mathrm{r,i}}$	-	Regressionsausgabe des i-tes Regressanden
y_{SB}	mm	Y-Koordinate des Schmelzbades
$\boldsymbol{z}_{\mathrm{t}}$	-	*Update-gate* eines GRU-basierten RNNs

Abkürzung	Bedeutung
a.u.	arbitrary unit
A2C	Advantage Actor Critic (RL-Algorithmus)
ADAM	Adaptive Moment Estimation
ADC	Analog-Digital-Converter
Bagging	Bootstrap aggregating (Ensemble-learning-Methode)
bps	Bilder pro Sekunde
bzw.	beziehungsweise
CMOS	Complementary Metal-Oxide-Semiconductor
CNN	Convolutional Neural Network
CW	Continuous-Wave
d.h.	das heißt
DIN	Deutsches Institut für Normung
DK	Dampfkapillare
DL	Deep Learning
DQN	Deep Q-Learning (RL-Algorithmus)
DSL	Durchschweißloch
EN	Europäische Norm
ERN	Erstarrte Naht
EST	Einschweißtiefe
EXT-NIR-808	Kamera mit 808 nm-Bandpassfilter und Fremdbeleuchtung
FEM	Finite-Elemente-Methode
FPGA	Field Programmable Gate Array
FPY	First Pass Yield
FIR	Fernes Infrarot
Ggf.	gegebenenfalls
GPU	Graphics Processing Unit
GRU	Gated Recurrent Unit
HAV	Hauptachse parallel zur Vorschubrichtung
HDF	Hierarchical Data Format Version 5
HDR	High Dynamic Range
hins.	hinsichtlich

i.O.	In Ordnung
I/O	Input/Output
ID	In-Distribution
ILT	Fraunhofer-Institut für Lasertechnik
InAs	Indiumarsenid
InGaAs	Indiumgalliumarsenid
IR-A	Nahes Infrarot
IR-B	Mittleres Infrarot
IR-C	Fernes Infrarot
KI	Künstliche Intelligenz
LED	Light Emitting Diode
L-PBF	Laser Powder Bed Fusion
LSTM	Long Short-Term Memory
MAE	Mean Absolute Error
MBRL	Model-Based Reinforcement Learning
MDF	Metalldampffackel
MDP	Markov Decision Process
MIR	Mittleres Infrarot
ML	Maschinelles Lernen
n.i.O.	Nicht in Ordnung
Nd:YAG	Neodym-dotierter Yttrium-Aluminium-Granatkristall
NIR	Nahes Infrarot
NIR-1690	Nahinfrarotkamerasystem mit Bandpassfilter (1690nm)
OCT	Optical Coherence Tomography
OD	Optische Dichte
OOD	Out of Distribution
OOF	Out of Focus
PbSe	Bleiselenid
PID	Proportional-Integral-Derivative-Regelung
PPO	Proximal Policy Optimization (RL-Algorithmus)
PW	Pulsed-Wave
R^2	R-Quadrat bzw. Determinationskoeffizient (Regression)

RCNN	Recurrent Convolutional Neural Network
ReLU	Rectified Linear Unit
RF	Random Forest
RL	Reinforcement Learning
RSE	Relative Standard Error
RNN	Rekurrentes Neuronales Netz
ROI	Region of Interest (verwendeter Bildausschnitt)
SB	Schmelzbad
Si	Silizium
SSD	Single-Shot Detector
TFlops	Tera Floating point operations per second
TRIP	TRansformation Induced Plasticity
UV	Ultraviolett
VIS	Sichtbarer Bereich elektromagnetischer Strahlung
VIS-450	Kamerasystem mit 450 nm-Bandpassfilter
VCSEL	Vertical-Cavity Surface-Emitting Lasers
WKT	Whittaker-Kotelnikow-Shannon (Abtasttheorem)
Wkt.	Wahrscheinlichkeit
YOLO	You Only Look Once (CNN-basierter Objektdetektor)
z.B.	zum Beispiel

1 Einleitung

"The factory of the future will have only two employees, a man and a dog. The man will be there to feed the dog. The dog will be there to keep the man from touching the equipment."
- *Warren Gamaliel Bennis (1978)*

Die provokante Vision des Autors erscheint nicht unrealistisch, auch wenn diese knapp vierzig Jahre später noch nicht gänzlich eingetreten ist. Der technologische Trend ist allerdings klar und zeigt in die Richtung autonomer Systeme. Dies gilt für personenbefördernde Fahrzeuge, unbemannte Flugobjekte, Roboter in der Logistik sowie für deren Abwandlungen für Haus und Garten. Gleichermaßen lassen sich Maschinen als auch ganze Produktionslinien und Fabriken so weit automatisieren, dass menschliche Eingriffe immer seltener erforderlich sind. Unter Oberbegriffen wie *Digitalisierung* und *Industrie 4.0* sind in diesem Zusammenhang unterschiedliche Technologiebereiche wie die virtuelle Realität, das industrielle Internet der Dinge sowie die künstliche Intelligenz (KI) zusammengefasst. Insbesondere bietet der Einsatz von KI im Kontext der Fabrikautomatisierung das Potenzial, die Wertschöpfung weltweit um bis zu 45% bis zum Jahr 2035 zu steigern [PUR17, S. 18]. Eine Studie von McKinsey aus dem Jahr 2022 zum Einsatz von maschinellen Lernverfahren in der industriellen Fertigung zeigt unter anderem Verbesserungspotenziale im Bereich der Gesamtanlageneffektivität und bei der Senkung der Kosten für die Qualitätssicherung im jeweils zweistelligen Prozentbereich auf [BOE22].

In der Lasermaterialbearbeitung ermöglichen KI-basierte Methoden die Umsetzung applikationsspezifischer Lösungen im Rahmen der Produktionsoptimierung. Dazu zählen kurzfristig sowohl die Verringerung von maschinenbezogenen Wartungsphasen, die Reduktion von Maschinenausfallzeiten als auch die Produktqualitätssicherung parallel zur Prozessierung eines Bauteils. Mittel- und langfristig ermöglicht der Einsatz von KI zudem die vollständige Automatisierung von Prozessketten mit dem Ziel, nicht nur die Gesamtanlageneffektivität zu steigern, sondern gleichzeitig, im Hinblick auf die aktuellen klimabezogenen Herausforderungen, einen minimalen Ressourcenverbrauch zu erzielen. In diesem Zusammenhang eignen sich die hervorragende Automatisierbarkeit und die hohe Präzision laserbasierter Verfahren in besonderem Maße zur Umsetzung ressourceneffizienter, vollautonomer Fertigungsmaschinen. In den letzten 50 Jahren hat sich der Laser als hocheffektives Werkzeug in der industriellen Fertigung etabliert [STE72], das unter anderem beim Laserschweißen von Karosseriebauteilen [TEN17], Batterieelementen und Brennstoffzellenkomponenten seine Stärken ausspielt [HAD22]. Trotz der beständigen Forschungsbemühungen führen kontinuierliche Prozessgeschwindigkeitssteigerungen in Kombination mit anspruchsvolleren Materialkonfigurationen zu einer höheren Fehleranfälligkeit der Fügeprozesse. Dabei sind die im Karosseriebau hauptsächlich verwendeten verzinkten Stahlbleche, aufgrund der während der Bearbeitung entstehenden hochdynamischen Strömungssituationen, dem Risiko einer Bildung von Nahtfehlern in besonderem Maße ausgesetzt [ABT17, S. 110–117]; [TEN18, S. 25]. Dem überlagert bewirken insgesamt wachsende Anforderungen an die Flexibilität von Fertigungsprozessen zusammen mit steigenden Qualitätsstandards, dass bisherige Prozessüberwachungssysteme an ihre Grenzen gelangen [STA18].

Dieser Handlungsbedarf stellt die Anknüpfungspunkte für die zu adressierenden Fragestellungen in dieser Arbeit dar. Trotz der positiven Entwicklungen in den vergangenen Jahren mangelt es an Messsystemen, die eine robuste Lokalisierung und Differenzierung unterschiedlicher Nahtunregelmäßigkeiten während des Fügeprozesses erlauben. Häufig eingesetzte integrale Detektoren, wie Fotodioden, liefern meist zu wenig Informationen, um daraus zuverlässige Aussagen hinsichtlich der Art eines vorliegenden Nahtfehlers ableiten zu können. Neben der Erkennung von Nahtunregelmäßigkeiten ist die Bestimmung der Einschweißtiefe anhand prozessspezifischer Emissionen eine Herausforderung. Typische Korrelationsbeziehungen zwischen den Messsignalen der Prozessüberwachung und der Einschweißtiefe verlieren im Falle sich ändernder Prozessbedingungen häufig ihre Gültigkeit. KI-basierte Systeme können diesbezüglich einen Beitrag leisten, sodass ungültige Signalzusammenhänge erkannt und bei Bedarf korrigiert werden können. Im Bereich der Kompensation von Störgrößen sind unterschiedliche regelungstechnische Ansätze bekannt, um Abweichungen der Einschweißtiefe zu kompensieren. Diese Systeme beruhen meist auf etablierten Regelkonzepten, die zwar mit bekannten Prozesssituationen in eingeschränkten Wirkungsbereichen gut umgehen können, aber sich nicht zum Einsatz in dynamischen Fertigungsumgebungen mit komplexen Randbedingungen eignen. Dahingegen ermöglichen lernende Verfahren die Umsetzung von Strategien zur adaptiven Erkennung und Kompensation unterschiedlicher Prozessungänzen, wodurch sich insgesamt folgende Potenziale für den Endanwender ergeben:

- Reduzierung von Produktionsausschuss und Vermeidung von Fehlerfolgekosten durch die frühe Erkennung und Kompensation von Nahtunregelmäßigkeiten.
- Schnellere Behebung prozessbedingter Maschinenstillstände durch Hinweise auf die Fehlerursache, basierend auf der Klassifizierung auftretender Nahtfehler.
- Qualitätskontrolle bzw. -dokumentation durch die detaillierte Vermessung während des Bearbeitungsprozesses in Form prozessspezifischer Signalcharakteristika.
- Eine leistungsfähige in-situ Qualitätsdiagnose ermöglicht die Verringerung von Taktzeiten, da eine nachgelagerte visuelle Inspektion entfallen kann.

Zusammenfassend ist das Ziel der Arbeit die Entwicklung und Qualifizierung eines KI-basierten Systems zur bildgebenden Prozessüberwachung und -regelung, das mit hoher Zuverlässigkeit und Geschwindigkeit unterschiedliche Prozessabweichungen eindeutig identifiziert und, nach Möglichkeit, kompensiert.

Die Leistungsfähigkeit des Gesamtsystems wird am Anwendungsbeispiel des Laserstrahlschweißens von Überlappnähten untersucht, welche häufig im Automobilbau zur Anwendung kommen. Unter Berücksichtigung unterschiedlicher Anforderungen an industriell einsetzbare KI-Systeme stellt der vorgestellte Ansatz somit einen weiteren Schritt in Richtung selbstoptimierender, hochautomatisierter Fertigungssysteme als wesentlichen Bestandteil zukünftiger Fabriken dar.

2 Grundlagen und Stand der Technik

Im folgenden Abschnitt werden die Grundlagen des Bearbeitungsprozesses, die Besonderheiten beim Fügen verzinkter Stahlbleche und die relevanten Nahtunregelmäßigkeiten dargelegt. Im Anschluss wird der Stand der Technik entsprechender Qualitätssicherungs- und Regelsysteme beleuchtet. Das Kapitel endet mit der Beschreibung von Anforderungen an moderne KI-basierte Systeme, die Verbesserungen im Vergleich zu heutigen Qualitätssicherungssystemen aufweisen. Der Stand der Technik bildet somit die Grundlage zur Ableitung des Forschungsbedarfs, welcher in Kapitel 3 in Form einer Zielsetzung und entsprechenden Forschungsfragen formuliert wird.

2.1 Beschreibung des industriellen Laserstrahlschweißprozesses

Das Laserstrahlschweißen repräsentiert eines der ältesten und bekanntesten Verfahren aus der Lasermaterialbearbeitung und wurde bereits in den 1970er Jahren von der Ford Motor Company zur Verbindung von Karosseriebauteilen eingesetzt [LÖF06]. Dieses Verfahren bietet den Vorteil präziser Schweißnähte mit hohem Aspektverhältnis, sowie vergleichsweiser kleiner Wärmeeinflusszonen mit entsprechend geringerem fügetechnischen Bauteilverzug [POP11, S. 274]. Grundlage des Laserstrahlschweißens ist die Verwendung einer ausreichenden Lichtintensität, um ein lokal begrenztes Volumen des Bauteilmaterials aufzuschmelzen. Bei metallischen Werkstoffen kommt es zudem ab einem Intensitätsschwellenwert von etwa 10^6 W/cm^2 zur Ausbildung einer Dampfkapillare, welche die Laserstrahlung an den Kapillarwänden in der Regel durch Mehrfachreflexion absorbiert [POP11, S. 272].

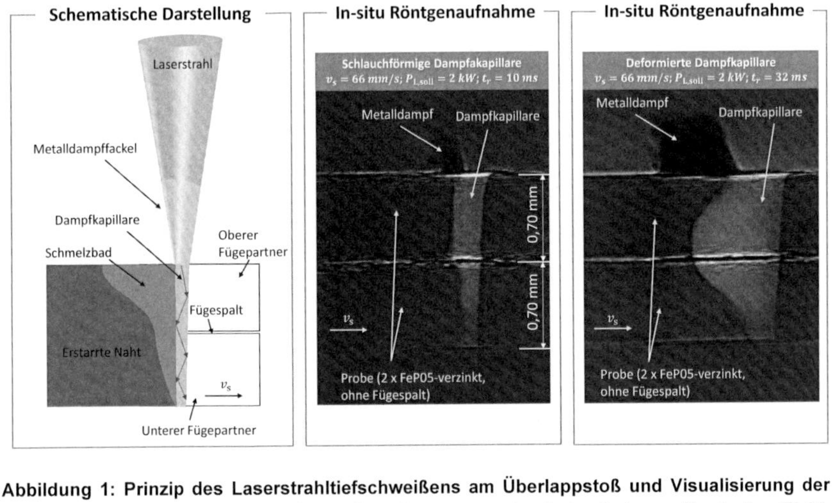

Abbildung 1: Prinzip des Laserstrahltiefschweißens am Überlappstoß und Visualisierung der Dampfkapillare mittels Röntgenvideografie aufgenommen durch den Autor am Deutschen Elektronen-Synchrotron DESY im Jahr 2022.

Der Effekt der Mehrfachreflexion innerhalb der Dampfkapillare erlaubt eine Steigerung der absorbierten Laserstrahlung an den Dampfkapillarwänden und somit die Einbringung von Wärme weit unterhalb der Werkstückoberfläche [FAB10]. Dieser sogenannte Tiefschweißeffekt ist in Form eines schematisch dargestellten Laserstrahlschweißprozesses in Abbildung 1 veranschaulicht. Zudem ist anhand der Röntgenaufnahmen ersichtlich, dass die Dampfkapillare in Abhängigkeit des lokalen Druckgleichgewichtes unterschiedliche geometrische Ausprägungen annehmen kann. Das Druckgleichgewicht einer laserinduzierten Dampfkapillare lässt sich mithilfe der folgenden Gleichung beschreiben [HÜG14, S. 332]:

$$p_{\mathrm{abl}} = p_{\mathrm{L}} + p_{\sigma} \tag{2.1}$$

Dabei entspricht p_{abl} dem Druck aufgrund der laserinduzierten Materialverdampfung an der Kapillarwand. Dem entgegen wirken der, häufig zu vernachlässigende, statische Flüssigkeitsdruck der Schmelze p_{L} sowie der Kapillardruck p_{σ}, welcher proportional zur Oberflächenspannung und antiproportional zum Radius der Dampfkapillare ist. Zudem können dynamische Drücke aufgrund von Gas- und Schmelzeströmungen das Druckgleichgewicht innerhalb der Kapillare beeinflussen [HÜG14, S. 333]. Die in Abbildung 1 gezeigte deformierte Kapillare ist nach aktuellem Kenntnisstand durch die Einströmung des rapide aufgeheizten, gasförmigen Zinks der Oberflächenbeschichtung in die Dampfkapillare entstanden, was zu lokalen Druckerhöhungen insbesondere im Übergangsbereich der Fügepartner führt. In der Praxis ist das Druckgleichgewicht der Dampfkapillare von den verwendeten Materialien, den Prozessparametern und der Schweißkonfiguration abhängig.

Ausgehend von der Dampfkapillare wird die eingebrachte Wärmeenergie beim Laserstrahltiefschweißen durch Wärmeleitung und Konvektion über das Schmelzbad in das erstarrte Material übertragen. Durch eine Relativbewegung zwischen Laserstrahl und Werkstück wird bei kontinuierlicher Energiezuführung eine Schweißnaht erzeugt. Wird hingegen der oben genannte Intensitätsschwellenwert unterschritten, kommt es nicht zur Entstehung einer Dampfkapillare. Der Prozess befindet sich dann im Regime des Wärmeleitungsschweißens, wobei üblicherweise nur geringe Einschweißtiefen und Prozessgeschwindigkeiten erreicht werden können. In den meisten industriellen Laserschweißapplikationen für metallische Werkstoffe werden Tiefschweißprozesse eingesetzt, da so die Vorteile des Lasers, in Form hoher Aspektverhältnisse und geringerer thermischer Belastung aufgrund der reduzierten Wärmeeinbringung, ausgenutzt werden können [HÜG14, S. 297]. Bei den in dieser Arbeit dargestellten Schweißprozessen handelt es sich ausschließlich um Laserstrahltiefschweißprozesse.

2.1.1 Laserstrahlschweißen im Karosseriebau

An heutige Karosseriebauteile werden anspruchsvolle Anforderungen gestellt. Beispielsweise soll eine hohe Fahrgastsicherheit bei gleichzeitig geringem Gewicht zur Minimierung unerwünschter Fahrzeugemissionen erreicht werden. Des Weiteren müssen die Komponenten wirtschaftlich in großen Stückzahlen fertigbar sein. Aus diesem

Grund werden in modernen Fahrzeugen unterschiedliche Werkstoffe mit jeweils an die Anforderungen angepassten Eigenschaften eingesetzt. Bei weniger sicherheitsrelevanten Komponenten kommen beispielsweise leicht unformbare, niedriglegierte Stähle, wie DC05+ZE zum Einsatz. Um jedoch das Gewicht des Fahrzeuges bei gleichbleibender Fahrgastsicherheit zu verringern, werden immer häufiger hochfeste, hochlegierte Stähle, wie beispielsweise der Dualphasenstahl HCT980XG+ZE, eingesetzt [LES17]. Nach den in Tabelle 1 dargestellten Angaben befinden sich in modernen PKW-Karosserien Laserschweißnähte mit einer Länge von insgesamt mehr als 32 Metern. Die am häufigsten anzutreffende Nahtkonfiguration ist die I-Naht am Überlappstoß, bei der, wie in Abbildung 1 sichtbar, zwei oder mehrere Fügepartner lokal aufgeschmolzen werden und anschließend gemeinsam erstarren.

Tabelle 1: Nahtlänge bzw. Anzahl nach Fügemethode bei der Karosseriefertigung eines VW Passat in Anlehnung an [MIC12, S. 7].

Fügemethode	Nahtlänge / Anzahl
Punktschweißen	3515
Bolzenschweißen	228
MIG / MAG - Nähte	4,07 m
Laserstrahlschweißen	32,81 m
Laserstrahllöten	3,80 m
Kleben	37,11 m
Clinchen/Nieten	71

Neben den Festigkeitsanforderungen ist insbesondere bei Stahlkarosserien auf eine Auslegung hinsichtlich einer langen Lebensdauer zu achten. Herauszustellen ist dabei die Vermeidung von Korrosion über lange Nutzungszeiträume und für unterschiedliche Witterungsbedingungen. Durch geeignete Maßnahmen wie das Aufbringen einer passiven Schutzschicht kann Korrosion an anfälligen Blechbauteilen effektiv vermieden werden. Eine industriell häufig umgesetzte Maßnahme ist die Aufbringung einer etwa 7 bis 20 µm [TEN18, S. 19] dicken Zinkschicht, welche den Stahl physisch von der korrosiven Umgebung trennt. Darüber hinaus schützt Zink den Stahl aktiv vor Korrosion, in dem es als Opferanode (unedleres Metall) fungiert und somit kleinere Beschädigungen in der Zinkbeschichtung für den Korrosionsschutz unproblematisch sind [GOM17, S. 1].

Fertigungstechnisch erfolgt das Verzinken vor dem Umformen und Fügen, was dazu führt, dass nachfolgende konventionelle oder laserbasierte Schweißverfahren mit zinkbeschichteten Oberflächen wechselwirken. Da die Verdampfungstemperatur von Zink mit 907°C deutlich unter der Schmelztemperatur des Stahls (ca. 1.464°C) liegt, führt das unkontrollierte Ausgasen des Zinks aus der Prozesszone unter Umständen zu unerwünschten Prozessbeeinträchtigungen.

2.1.2 Einflussgrößen auf die Nahtqualität beim Schweißen verzinkter Bleche

Das Laserstrahlschweißen ist ein komplexer Prozess, der in hohem Maße von einer Reihe von Prozessparametern sowie weiteren Faktoren beeinflusst wird, die sich auf die Qualität und die Eigenschaften der Schweißnaht auswirken. In Anlehnung an [SIN13]; [QUA21]; [KOT10]; [MIC12] ist eine allgemeine Einteilung der Einflussfaktoren auf die Schweißnahtqualität als Ursache-Wirkungs-Diagramm in Abbildung 2 dargestellt. Die verschiedenen Einflussparameter haben bestimmte Toleranzbereiche, innerhalb derer ein stabiler und hochqualitativer Prozess möglich ist. Eine Abweichung außerhalb des Toleranzbereichs eines Einflussparameters führt häufig zu Qualitätsabweichungen bzw. Nahtunregelmäßigkeiten.

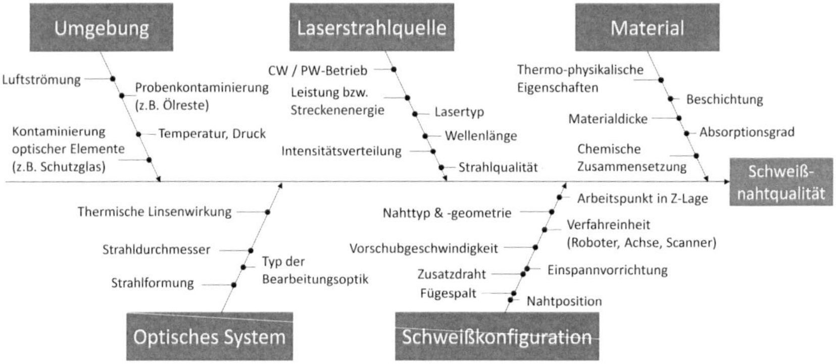

Abbildung 2: Ursache-Wirkungs-Diagramm für das Laserstrahlschweißen von verzinkten Automobilblechbauteilen auf der Grundlage von [SIN13]; [QUA21].

Aufgrund der beim Laserstrahlschweißen stattfindenden Wechselwirkung zwischen Material und Laserstrahlung haben die verwendete Laserstrahlquelle, das eingesetzte optische System sowie die Eigenschaften der Fügepartner einen deutlichen Einfluss auf die Form, Ausprägung und Stabilität der Dampfkapillare.

Durch die energetische Kopplung des Schmelzbades an die Dampfkapillare beeinflussen Prozessparameter, wie Vorschubgeschwindigkeit, Laserleistung und Strahldurchmesser, die Geometrie der Schweißnaht maßgeblich. Da der Wärmetransport innerhalb des Werkstücks durch Wärmeleitung und Konvektion erfolgt, bestimmen die Probendicke sowie die thermophysikalischen Eigenschaften des Werkstücks, wie beispielsweise Dichte und Wärmeleitfähigkeit, außerdem die geometrische Ausprägung der Schweißnaht. [CHO12a]; [KOT10]

Zudem beeinträchtigen umgebungsbezogene Einflüsse den Schweißprozess und damit das Schweißergebnis. Beispielsweise gehen mit der Verschmutzung optischer Komponenten, wie dem Schutzglas der Fokussierlinse, Laserleistungsverluste bzw. Veränderungen der Intensitätsverteilung einher [SKA16]; [HEM14]. Die Erkennung von Verschmutzungen bzw. Abweichungen im optischen System ist daher von industriellem Interesse und wird beispielsweise in Form optionaler Module zur Schutzglasüberwachung von namhaften Bearbeitungsoptikherstellern angeboten.

Beim thermischen Fügen verzinkter Karosseriebauteile sind zudem weitere Besonderheiten zu beachten. Zur Erzielung einer hohen Nahtqualität ist hinsichtlich der aufgebrachten Zinkschicht entweder die vorherige lokale Entfernung der Zinkschicht oder eine Sicherstellung der ungestörten Zinkausgasung während des Schweißens notwendig. Die Entfernung des Zinks aus der Fügezone ist beispielsweise mit einer vorherigen Überfahrt des Bearbeitungslasers (z.B. stark defokussiert) möglich [MA13]. Nachteilig ist der zusätzlich notwendige Arbeitsschritt, der sich negativ auf die Gesamtprozesszeit auswirkt. Anhand der im Rahmen der in [MA13] durchgeführten Versuche kann festgestellt werden, dass der untere Fügepartner einen vollständigen Kontakt zum oberen Fügepartner aufweisen muss, da die Energieübertragung über Wärmeleitung erfolgt. Aufgrund lokaler Unebenheiten und Toleranzen der Blechproben sowie der Einspannvorrichtung ist ein gleichmäßiger Kontakt der Fügepartner entlang der Naht in der Praxis kaum gegeben.

Bei der Erzeugung von Schweißnähten mithilfe gepulster Laserstrahlung können zwar explosionsartige Zinkausgasungen vermieden werden, jedoch kommt es weiterhin zur Entstehung von Poren und Hohlräumen in der Naht [ZHO06]. Erst bei der Verwendung geringer Pulsabstände können entstandene Poren, bei gleichzeitiger Verringerung der Produktivität, wieder verschlossen werden [TZE99]. Zudem bleibt ein Restrisiko hinsichtlich des Verbleibens kritischer Poren in der Naht.

Eine weitere Maßnahme zur Reduzierung von explosionsartigen Zinkausgasungen ist die Modifikation der Dampfkapillare. Mithilfe zweier Laserspots oder alternativ der Verwendung einer *Top-Hat*-Intensitätsverteilung können die Bedingungen in der Dampfkapillare bezüglich der Zinkausgasung optimiert werden [MIL09]; [FAB06]. Bei der Doppelspottechnik führt die Verlängerung der Dampfkapillare zu einer größeren Oberfläche, durch die das Zinkgas weitestgehend ungestört in die Umgebung entweichen kann. Bei der Verwendung einer *Top-Hat*-Intensitätsverteilung kann es bei moderaten Vorschubgeschwindigkeiten (2-4 m/min) zu einer Ablenkung des Zinkgasstroms an der hinteren Wand der Dampfkapillare kommen [FAB06]. Dies führt ebenfalls zu einer geringeren Wechselwirkung des Zinkgasstroms mit dem Schmelzbad und somit zu einer niedrigeren Auftrittswahrscheinlichkeit für Nahtfehler.

In weiteren Forschungsarbeiten wurde der Einfluss der örtlichen und zeitlichen Leistungsmodulation hinsichtlich einer Verbesserung der Zinkausgasung untersucht [SCH08]. Eine signifikante Verbesserung der Schweißnahtqualität konnte bei beiden Modulationsarten innerhalb größerer Parameterfelder nicht erreicht werden [KÄG13, S. 94].

Bei detaillierten Untersuchungen hinsichtlich der Schweißbarkeit von verzinkten Blechen in Dreifachüberlappkonfiguration konnte keine Verbesserung des Prozessergebnisses in industriell relevanten Geschwindigkeitsbereichen festgestellt werden. Zu den erprobten Maßnahmen zählen die zeitliche Modulation der Laserleistung, die Bifokaltechnik und die Verwendung von rotierenden Optiken. [SOV07]

Auf Basis der vorangegangenen Erkenntnisse kann festgestellt werden, dass die bisher gezeigten technischen Maßnahmen sich nicht zur Erzeugung lasergeschweißter Überlappnähte an verzinkten Blechbauteilen eignen, da eine fehlerfreie Schweißnaht nicht gewährleistet werden kann. Die bisher sicherste Lösung zur Vermeidung von Nahtfehlern, die aufgrund von Zinkausgasungen entstehen, bietet die Einhaltung eines Abstandes zwischen den Fügepartnern [GRA93]; [AKH91]; [ABT17]; [TEN18]. Dieser Fügespalt ermöglicht das zusätzliche Ausströmen des Zinkgases über das zwischen den Fügepartnern liegende freie Volumen. Der in die Dampfkapillare und das Schmelzbad eintretende Zinkgasstrom kann somit abhängig von der Größe des Fügespaltes deutlich verringert werden. In diesem Zusammenhang zeigen die Autoren in [MEI17] experimentell, dass die optimale Fügespaltgröße von der Blechdicke und der Schmelzbadbreite abhängt. Mit steigender Breite des Schmelzbades bzw. der Blechstärke steigt auch die optimale Größe des Fügespaltes an. Das optimale Maß des Fügespaltes ist daher neben der Zinkschichtdicke außerdem von der Streckenenergie und vom verwendeten Strahldurchmesser abhängig. Zur Vermeidung von Nahtfehlern bei Überlappverbindungen aufgrund von ausgasendem Zink gilt als allgemeine Regel für den Fügespalt, dass dieser etwa 10 % der Dicke des oberen Fügepartners betragen sollte [REE00]. In der Praxis kann der Fügespalt auf unterschiedliche Arten, beispielsweise in Form einer Rändelung [BEH93], eingearbeiteter Stufen [HOR00] oder laserinduzierter Noppen [LUT11] eingebracht werden.

Problematisch bei allen Verfahren ist jedoch, dass Verschmutzungen, Bauteilverzug, Bauteil- bzw. Einspanntoleranzen zu einer Variation der Spaltbreite entlang der Schweißnaht führen können. Die durch eine Abweichung der optimalen Fügespaltbreite induzierten Nahtfehler führen meist zu einer ungenügenden Produktqualität und werden daher zusammen mit weiteren Nahtunregelmäßigkeiten im Rahmen dieser Arbeit untersucht.

2.1.3 Untersuchte Nahtunregelmäßigkeiten

Die wesentlichen beim Laserstrahlschweißen auftretenden Unregelmäßigkeiten sind nach DIN EN ISO 13919-1 [DIN18] bzw. DIN EN ISO 6520-1 [DIN07b] definiert. Basierend auf dieser Grundlage werden die Nahtunregelmäßigkeiten wie in Abbildung 3 dargestellt, in drei Hauptgruppen eingeteilt. Die markierten Unregelmäßigkeiten sind Gegenstand der im Rahmen dieser Arbeit durchgeführten Untersuchungen, da sie beim Schweißen verzinkter Bleche aufgrund der zuvor beschriebenen Fügespaltvariabilität vermehrt auftreten und zu unzureichenden Prozessergebnissen führen können. Einzig das Auftreten von Erstarrungsrissen ist bei niedriglegierten, verzinkten Blechen eine seltene Ausnahme. Im Karosseriebau werden jedoch vermehrt hoch- und ultrahochfeste Stähle eingesetzt [BAL14]; [LES17]; [PER22], die aufgrund des hohen

Anteils an Legierungselementen, eine stärkere Neigung zur Erstarrungsrissbildung als niedriglegierte Stähle aufweisen können [GAO18]; [AGA18].

Die in dieser Arbeit betrachteten Unregelmäßigkeiten sind in Abbildung 3 gekennzeichnet und werden nachfolgend hinsichtlich ihrer Ursachen sowie ihres Einflusses auf die Nahtqualität ausführlicher beleuchtet.

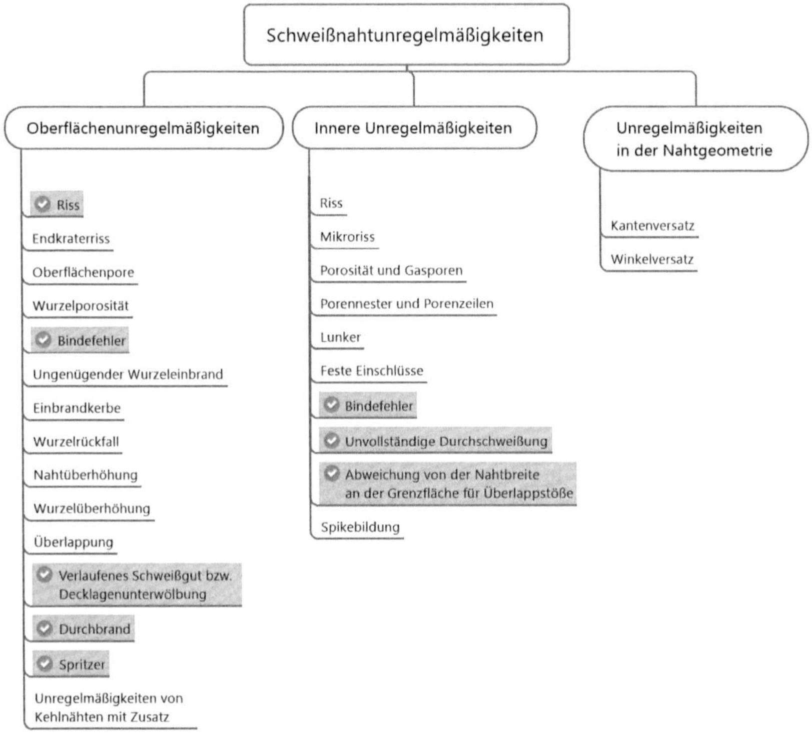

Abbildung 3: Einteilung von Nahtunregelmäßigkeiten nach DIN EN ISO 13919-1 sowie für diese Arbeit relevante Unregelmäßigkeiten (markiert).

Auf der Grundlage bildgebender In-Prozess-Messverfahren sind in Kapitel 4.3.3 (Seite 61) zudem Beispiele der gekennzeichneten Nahtunregelmäßigkeiten dargestellt. Weitere Analysen hinsichtlich der Ausprägung einzelner Bildmerkmale aus der Prozesszone in Abhängigkeit unterschiedlicher Nahtunregelmäßigkeiten werden in Kapitel 4.6.3 (Seite 91) durchgeführt.

Risse

Für die Entstehung von Rissen im Schweißgut sind unterschiedliche Ursachen bekannt, die in einer entsprechenden Kategorisierung münden. Es wird dabei grundsätzlich zwischen Kalt- und Heißrissbildung unterschieden. Insbesondere Erstarrungsrisse spielen als Teil der Heißrisskategorie aufgrund der chemischen Komposition moderner Karosseriewerkstoffe (z.B. Dualphasen- oder TRIP-Stähle) eine besondere Rolle [PER22]; [AGA18]. Erstarrungsrisse entstehen während der Kristallisation des Werkstoffs aus der flüssigen Phase. Sie treten auf, wenn das lokale Schmelzvolumen nicht ausreicht, um die durch Schrumpfspannungen entstandenen Räume zwischen dem erstarrenden Material bzw. den Dendriten zu füllen [AUC17]. Diese Risse sind, wie in Abbildung 4 dargestellt, oft bereits mit bloßem Auge an der Nahtoberfläche zu erkennen (z.B. Nahtmittelrisse, Endkraterrisse). In der Praxis ist die Vermeidung von Erstarrungsrissen von entscheidender Bedeutung und am wirksamsten über die Kontrolle der Zusammensetzung erreichbar. Die Anteile der Legierungsbestandteile können dafür beispielsweise durch Zugabe von Schweißzusätzen angepasst werden [KOU03].

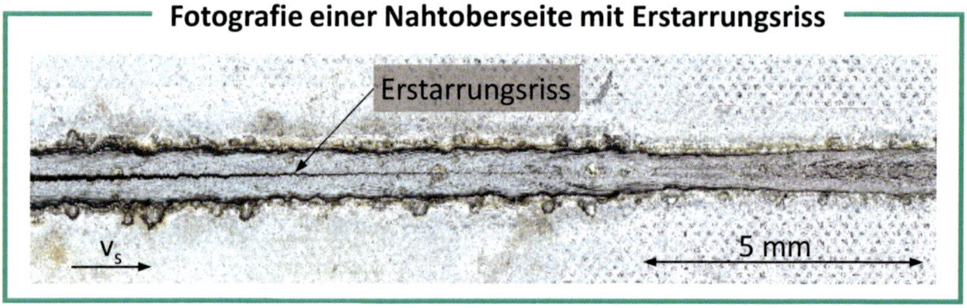

Abbildung 4: Schweißnaht mit ausgeprägtem Erstarrungsriss entlang der Nahtmittellinie.

Die Entstehung von Heißrissen während des Prozesses kann mithilfe von speziell auf das Schmelzbadende ausgerichteten Hochgeschwindigkeitskamerasystemen und Zusatzbeleuchtung beobachtet werden [AGA19, S. 48].

Bindefehler

Die häufigste Ursache für eine mangelnde Bindung der Fügepartner ist deren Position zueinander oder die Position des Laserstrahls relativ zum Werkstück [AKH91]. Der beim Schweißen verzinkter Bleche üblicherweise eingebrachte Fügespalt führt bei der Überschreitung eines bestimmten Toleranzwertes häufig zu einem Bindefehler in der Schweißnaht. Das Auftreten von Bindefehlern beim Schweißen mit Fügespalt im Überlappstoß ist besonders schwer nachzuweisen, da sich bei beiden Fügepartnern während des Prozesses jeweils sowohl eine Dampfkapillare als auch ein Schmelzbad ausbildet [MIC12, S. 32]. In einer nachgelagerten visuellen Inspektion der Nähte deuten die auf beiden Fügepartnern vorhandenen Schmelzspuren üblicherweise nicht auf einen Bindefehler hin. Wie in Abbildung 5 ersichtlich, kann der Bindefehler eindeutig im Nahtquerschliff identifiziert werden. Die ungünstige Eigenschaft verleiht dem Bindefehler in dieser Schweißkonfiguration den häufig verwendeten Beinamen „falscher Freund“. Eine robuste Erkennung derartiger Bindefehler kann während des Prozesses indirekt, beispielsweise, mit Thermografiesystemen durchgeführt werden [DOR14]; [KNA18]; [HEL17].

Voraussetzung dafür ist die Ausbildung eines messbaren Wärmestaus im oberen Fügepartner, der mit dem unterbrochenen Wärmefluss in den unteren Fügepartner im Zusammenhang steht.

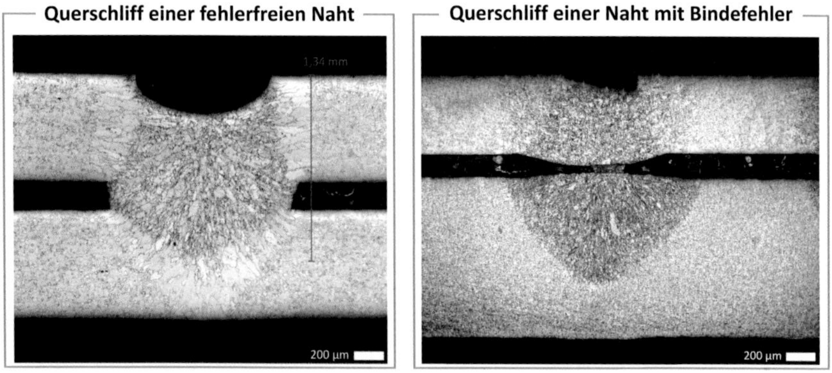

Abbildung 5: Querschliff einer fehlerfreien Naht verzinkter Bleche im Überlappstoß sowie einer Naht mit erkennbarem Bindefehler.

Der Wärmestau manifestiert sich üblicherweise in einer Temperaturerhöhung im Bereich der erstarrten Naht kurz hinter dem Schmelzbad. Zudem wird auch die Geometrie des Schmelzbades selbst von der Temperaturänderung im oberen Fügepartner beeinflusst, sodass beide genannten Parameter sich für die Identifikation von Bindefehlern eignen [DOR14].

Dabei ist zu bemerken, dass beide Einzelparameter nur Indizien für eine problematische Anbindung liefern, da sich beispielsweise auch andere Ereignisse wie Leistungsänderungen, Blechdickenvariationen oder andere Nahtfehler auf die Geometrie des Schmelzbades oder die Temperatur der erstarrten Nahtoberfläche auswirken.

Unvollständige Durchschweißung

Die Einschweißtiefe ist von der in einem Bauteilvolumen deponierten Energiemenge und damit von der Vorschubgeschwindigkeit, der Intensitätsverteilung und Wellenlänge des Laserstrahls und dem Absorptionsverhalten der Werkstückoberfläche bzw. der sich ausprägenden Dampfkapillare abhängig [HAN11]; [FAB10]. Zusätzlich beeinflussen weitere Werkstoffeigenschaften (z.B. Wärmeleitfähigkeit), die Fokuslage, der Fügespalt, Schutzgasparameter sowie Nahtdefekte die Einschweißtiefe [HEI18]. Je nach Anwendungsfall ist beim Fügen im Überlappstoß entweder eine Durchschweißung (siehe Abbildung 7) oder eine Einschweißung (siehe Abbildung 5) bis zu einer definierten Tiefe, meist mindestens 2/3 der Gesamtdicke [PAT16], in den unteren Fügepartner erwünscht. Für Stahl- und Aluminiumwerkstoffe ist die zulässige Einschweißtiefenschwankung in der EN ISO 13919-1/2 genormt und erlaubt eine Schwankung von bis zu 15 % bezogen auf die Gesamtblechstärke [DIN18]. Die

Einschweißtiefe wird typischerweise durch Variation der Laserleistung anwendungsspezifisch eingestellt und kann mit den in Kapitel 2.2.2 beschriebenen Messverfahren direkt oder indirekt während des Prozesses bestimmt werden. Zudem wird in Kapitel 2.3.2 erörtert, wie KI-basierte Ansätze genutzt werden, um die Einschweißtiefe auf Basis unterschiedlicher Messsignale vorherzusagen.

Durchbrand

Als Durchbrand wird ein offenes Loch in der Schweißnaht bezeichnet, welches durch übermäßige Energiezufuhr verursacht werden kann [ABB18]. Bei zu hoher Energiedichte führt die stark erhöhte Verdampfungsrate in der Dampfkapillare zu einem lokalen Materialverlust. In der Folge kommt es zu einem, wie in Abbildung 6 erkennbaren, Durchbrandloch in der Schweißnaht. Während eines Durchbrandes kommt es daher meist zu einer deutlichen Veränderung der thermischen Emission aus der Prozesszone, welche mithilfe entsprechender Sensorik detektierbar ist. Offen bleibt die Frage, ob sich die Emissionscharakteristik dieser Nahtunregelmäßigkeit eindeutig von den Emissionscharakteristika anderer Nahtfehler unterscheiden lässt.

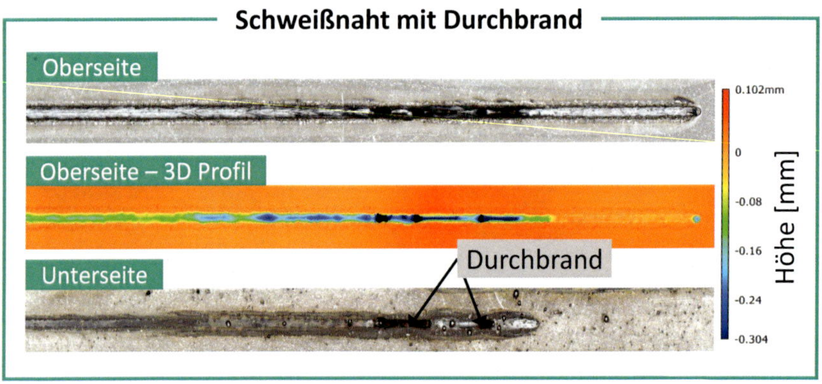

Abbildung 6: Beispiel einer lasergeschweißten Naht mit Durchbrand aufgrund lokal erhöhter Laserleistung.

Verlaufenes Schweißgut bzw. Nahteinfall

Wie in den vorangegangenen Abschnitten erwähnt, hat der Fügespalt maßgeblichen Einfluss auf das Prozessergebnis. Mit steigendem Fügespalt verstärkt sich auch der Nahteinfall, was wiederum eine Verringerung des tragenden Querschnitts mit sich führt [REE00]. Der Nahteinfall vergrößert sich außerdem mit sinkendem Strahldurchmesser und geringerer Stärke des oberen Fügepartners [ABT17]; [PAT16], da im Verhältnis weniger Schmelzevolumen zum Ausgleich des Fügespaltes zu Verfügung steht. Im Rahmen dieser Arbeit ist ein Nahteinfall so definiert, dass die messbare Tiefe, ausgehend von der Oberkante des oberen Fügepartners bis zum tiefsten Punkt der Nahtoberfläche, 0,5 mm oder mehr beträgt. In Abbildung 7 (rechts) ist ein Nahteinfall beispielhaft im Nahtquerschliff dargestellt. Nahteinfälle sind während des Prozesses in Form einer nicht-in-Ordnung (n.i.O.) -Naht unter anderem mithilfe von Fotodioden in Form einer Signalabweichung erkennbar, da sich die Dampfkapillar- und Schmelzbademissionen im Vergleich zu einer in-Ordnung (i.O.) -Naht aufgrund des absinkenden Schmelzbades deutlich verändern (siehe Abbildung 26, Seite 63).

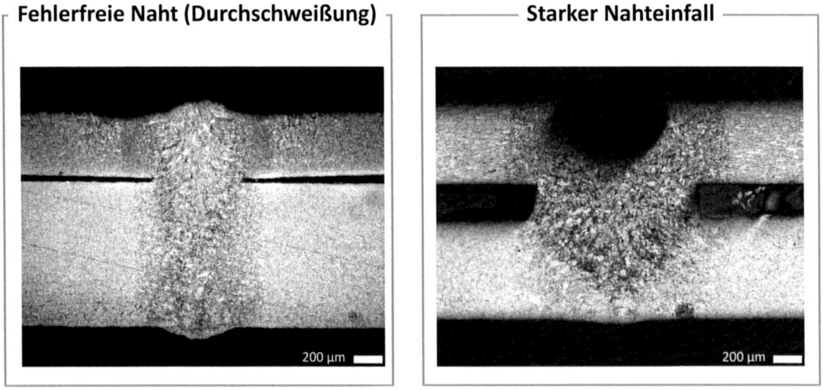

Abbildung 7: Querschliffe lasergeschweißter Nähte mit vollständiger Durchschweißung (links) und starkem Nahteinfall (rechts).

Spritzer

Spritzer bzw. Schmelzauswürfe bezeichnet schmelzflüssiges Material, das während des Schweißens aus der Prozesszone entweicht. In den letzten Jahren hat sich eine große Anzahl von Forschungsarbeiten auf die Spritzerbildung beim Laserschweißen konzentriert [PAN16]; [VOL17]; [HAU19]; [ZHA20b]. Der Entstehungsprozess von Schweißspritzern ist komplex und wird von mehreren Faktoren während des Fügeprozesses beeinflusst. Basierend auf den Mechanismen der Strahlungsabsorption innerhalb der Dampfkapillare, den Strömungs- und Druckverhältnissen in Schmelzbad und Kapillare als auch den lokalen Einflüssen von Oberflächengeometrie und -spannung, Viskosität und Gravitation ergibt sich ein dynamischer Prozesszustand [SVE15]; [KAP10]; [WEB17]. Besonders kurzfristige und heftige Abweichungen von lokal vorherrschenden Kräftegleichgewichten führen zum Auswurf von flüssigem Material aus der Prozesszone. Die Oberflächenspannung, welche stark durch die örtliche Temperatur und die dort vorherrschende chemische Zusammensetzung beeinflusst wird, gilt als besonders wichtiger Parameter bei der Entstehung von Spritzern [KAP11]. Des Weiteren ist davon auszugehen, dass unterschiedliche Prozessparameter zu unterschiedlichen Strömungsmustern im Schweißbad führen, welche die Spritzerbildung beeinflussen [LI14]; [NAK15]. Weitere Arbeiten bestätigen zudem, dass die starke

Scherkraft, die durch die laserinduzierte Metalldampfströmung auf die hintere Kapillarwand wirkt, der Hauptgrund für die Spritzerbildung bei niedrig legierten Stählen ist [KAW09]; [ZHA13b].

Zusammenfassend sind Änderungen der Dampfkapillarneigung und die daraus resultierende Wechselwirkung des abströmenden Metalldampfes mit dem Schmelzbad nach aktuellen Erkenntnissen die Hauptursache für Spritzerbildung. Zudem wird die Entstehung von Spritzern durch hohe Strahlungsintensitäten und hohen Vorschubgeschwindigkeiten begünstigt, da die Verdampfungsrate an der geneigten Kapillarfront aufgrund der gesteigerten Energieeinbringung erhöht ist [ROM18].

Neben den bereits genannten Ursachen können Spritzer durch das explosionsartige Ausgasen von Fremdstoffen verursacht werden. Beim thermischen Fügen verzinkter Werkstücke kommt es aufgrund der niedrigen Verdampfungstemperatur von Zink (907°C [ZHA11]) zu einer Entstehung von Zinkgasströmungen bzw. -reservoirs zwischen den Fügepartnern. Die hochdynamische Ausgasung des Zinks aus der Prozesszone führt vermutlich zu einer verstärkten Spritzerbildung nach den zuvor beschriebenen Mechanismen, da sich zum Impuls des Metalldampfstroms innerhalb der Dampfkapillare ggf. lokal der Impuls des Zinkgasstroms addiert. Zudem erhöht sich die Wahrscheinlichkeit für explosionsartige Schmelzauswürfe durch die Ausgasung des Zinks mit sinkender Fügespalthöhe [AKH91]. Nahtunregelmäßigkeiten, die durch zinkgasinduzierte Schmelzauswürfe entstehen, sind in Abbildung 8 beispielhaft dargestellt.

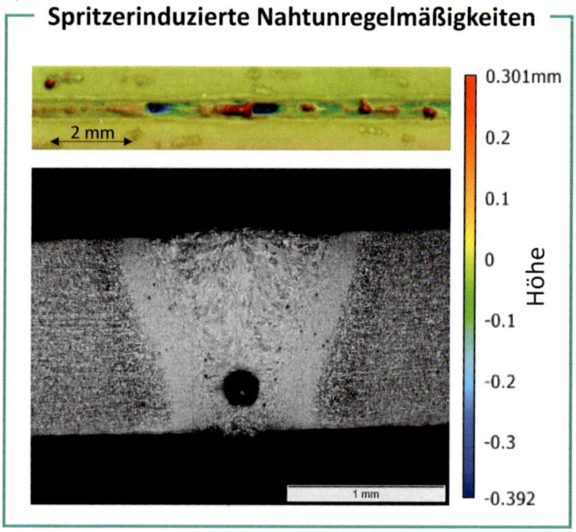

Abbildung 8: Höhenprofil einer lasergeschweißten Naht mit Unregelmäßigkeiten aufgrund starker Spritzerbildung (oben). Nahtquerschliff mit Hohlraum bzw. Pore im Schweißgut (unten).

Ein Problem bei der Entstehung von Spritzern bzw. Auswürfen hinsichtlich der Nahtqualität ist, dass ab einer kritischen Menge ausgeworfenen Materials nur noch ein unzureichender tragender Querschnitt zur Verfügung steht. Zudem kann das

Prozessergebnis, wie in Abbildung 8 gezeigt, in einer porösen Naht mit starken geometrischen Unregelmäßigkeiten resultieren.

Die durch Spritzer hervorgerufene Verschmutzung von Bearbeitungsoptiken, Einspanneinrichtungen und Werkstücken ist ebenfalls unerwünscht, da Reinigungs- und Wartungsaufwände erhöht werden. Einzelne Spritzer lassen sich mithilfe bildgebender Messverfahren erfolgreich detektieren [YOU14a]; [HAU21]. Häufig kommen dafür, insbesondere bei hohen Prozessgeschwindigkeiten, Hochgeschwindigkeitskamerasysteme zum Einsatz, welche eine ausreichende Aufnahmefrequenz zur Verfügung stellen.

Aus vorangegangenen Kapiteln lässt sich zusammenfassen, dass das Fügen verzinkter Bleche im Überlappstoß mit einer hohen Fehleranfälligkeit verbunden ist und daher besondere Anforderungen an die Prozessüberwachung stellt. Die gezeigten Unregelmäßigkeiten besitzen eine hohe praktische Relevanz für die Fertigung von Automobilkarosserien [MIC12]; [ABT17]; [PAT16]; [TEN18]. Auch bei der Fertigung metallischer Überlappschweißverbindungen in Lithium-Ionen-Batterien [NOT22] für Batterieapplikationen oder bei lasergeschweißten Nähten in Bipolarplatten im Rahmen moderner Brennstoffzellenanwendungen [WEI22] ist die Erkennung der genannten Unregelmäßigkeiten von hoher Bedeutung.

2.2 Sensorik zur Prozessüberwachung beim Laserstrahlschweißen

Die Prozessüberwachung beim Laserstrahlschweißen ist eine wichtige Maßnahme zur Bewertung der Bauteilqualität und eine wesentliche Voraussetzung für eine Vielzahl von Fertigungsprozessen. Insbesondere komplexe Fügeverfahren, wie das Laserstrahlschweißen, erfordern geeignete Messmethoden und Sensorkonzepte, um den ständig steigenden Anforderungen an qualitativ hochwertige Produkte in modernen und flexiblen Produktionsumgebungen gerecht zu werden. Das nachfolgende Kapitel gibt einen Überblick hinsichtlich der bereits eingesetzten und untersuchten Sensortechnologien zur Echtzeit-Prozessüberwachung beim Laserstrahlschweißen, mit dem Ziel, den Stand der Technik strukturiert aufzuzeigen und Forschungsbedarfe zu identifizieren.

2.2.1 Allgemeiner Überblick zur Online-Qualitätssicherung

Im automobilen Umfeld haben sich Standards wie DIN ISO 9001 [DIN15b] und IATF 16949 [IAT16] bzw. VDA 6.4 [VDA17] zur Sicherung einer hohen Fertigungsqualität durchgesetzt. Daraus resultierend ist auch die Dokumentation qualitätsbezogener Merkmale beim Laserstrahlschweißen immer wichtiger geworden. Neben der Dokumentation spielt die frühe Erkennung von fehlerhaften Bauteilen oder kritischen Prozessabweichungen eine große Rolle, da somit der Ausschuss verringert, Reinigungs- und Wartungsaufwand minimiert und schließlich Taktzeiten optimiert werden können. Grundsätzlich wird im produktionsnahen Umfeld zwischen Online-Verfahren, also

Messungen innerhalb der Fertigungslinie ohne Beeinträchtigung des Fertigungsflusses und Offline-Verfahren unterschieden [MIC12, S. 14]. Basierend auf dieser Kategorisierung ist eine Übersicht über einsetzbare Sensortypen und Prüfkonzepte in Abbildung 9 dargestellt.

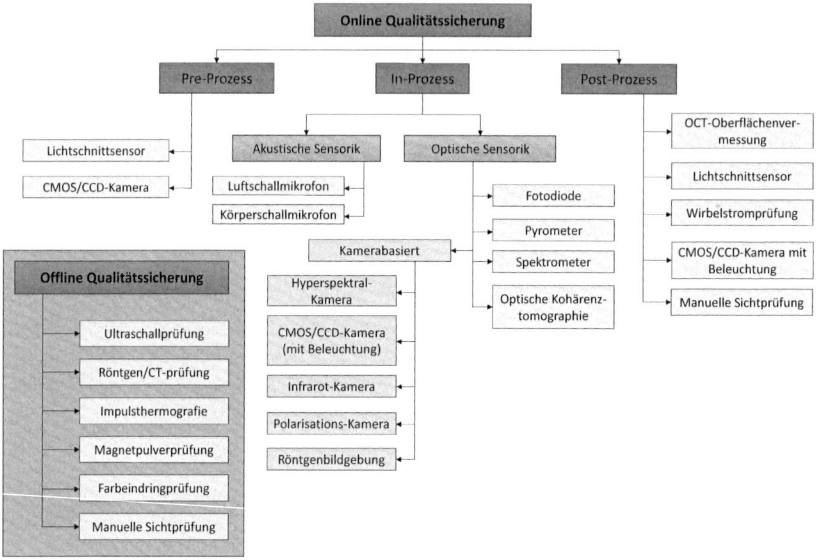

Abbildung 9: Übersicht hinsichtlich verschiedenartiger Sensortypen und Messverfahren für die Qualitätssicherung beim Laserstrahlschweißen in Anlehnung an [CAI20] und [STA18].

Die Online-Messverfahren können zudem nach dem Ort der Emissionsquelle in Pre-, In-, und Post-Prozessverfahren aufgeteilt werden [TRB06]. Abbildung 10 veranschaulicht die typischerweise während des Laserstrahlschweißens entstehenden Prozessemissionen sowie deren Einteilung in entsprechende Prozesszonen.

Vergleichsweise häufig werden beim Laserstrahlschweißen optische Sensoren verwendet, welche die emittierte oder reflektierte Strahlung unterschiedlicher Objekte innerhalb der Prozesszone erfassen [YOU13]; [SHA05]; [STA18]. Insbesondere In-Prozess-Messverfahren bieten dabei den Vorteil, dass Aussagen hinsichtlich der Schweißnahtqualität schon während des Prozesses zur Verfügung gestellt werden können. Vorteilhaft ist darüber hinaus, dass während des Prozesses einzigartige Charakteristika, wie örtliche und zeitliche Intensitätsverläufe der Schmelzbad- und Dampfkapillaremission, für eine Qualitätsbewertung erfasst werden können.

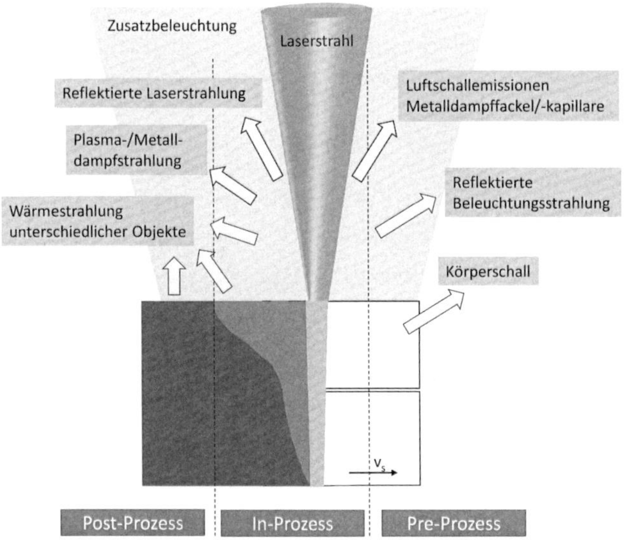

Abbildung 10: Schematische Darstellung unterschiedlicher Prozesszonen und Emissionen beim Laserstrahlschweißen nach [MÜL04].

Zudem ermöglichen diese Verfahren eine Reduzierung der sonst häufig erforderlichen nachgelagerten manuellen Sichtprüfung mit hohen Personalkosten und Zeitaufwand [TRB06]. In den nachfolgenden Abschnitten werden einzelne Online-Messverfahren und deren Vor- und Nachteile näher beleuchtet.

2.2.2 In-Prozess-Messverfahren

Nachfolgend werden häufig eingesetzte Messverfahren zur In-Prozess-Überwachung von Laserschweißprozessen erläutert. Dieser Abschnitt beschreibt die zugrundeliegenden Messmethoden und legt einen geringeren Schwerpunkt auf die Datenauswertung. In Abschnitt 2.3 (Seite 24) findet hingegen eine ausführlichere Betrachtung möglicher Auswertemethoden mit dem Fokus auf Bilddaten statt.

Akustische Messverfahren

Die Druck- und Dichteschwankungen der beim Laserschweißen entstehenden Dampfkapillare bzw. Metalldampffackel führen zu messbaren Schalldruckschwankungen in der Umgebungsluft, der mithilfe eines Mikrofons erfasst werden können. Der Literatur kann entnommen werden, dass Mikrofone schon in den neunziger Jahren eingesetzt wurden, um Aussagen über die Prozessstabilität und die Nahtqualität abzuleiten [GU96]. In den letzten Jahren sind häufiger optische Breitbandmikrofone (Frequenzbereich: 10 Hz bis 1 MHz) zum Einsatz gekommen, um Unregelmäßigkeiten bei der laserbasierten additiven Fertigung [PRI20] sowie beim Laserschweißen [SOM22] zu detektieren. Die genannten Untersuchungen zeigen zwar erfolgsversprechende Resultate, allerdings stehen detaillierte Ergebnisse hinsichtlich der Detektionssicherheit des Verfahrens noch nicht zur Verfügung. In einer Forschungsarbeit konnte gezeigt werden, dass sich der gemessene Schalldruck mit der Einschweißtiefe erhöht und für die Unterscheidung zwischen Einschweißung und Durchschweißung verwendet werden kann [HUA09]. Herausfordernd ist jedoch, dass es bei Luftschalldruckmessungen in industriellen Umgebungen aufgrund von Störgeräuschen zu Fehldetektionen und zu einer Verringerung des Signal-zu-Rausch-Verhältnisses kommen kann.

Neben der Messung des Luftschalldrucks ist die Erfassung des von der Prozesszone ausgehenden Körperschalls Gegenstand aktueller Forschung. Anhand eines an der Einspannvorrichtung befestigten Körperschallsensors konnte gezeigt werden, dass sich unterschiedliche Schweißprozessregime und Defekte mit hoher Klassifikationsgenauigkeit[1] (ACC > 85 %) erkennen lassen [SHE20]. Es konnte außerdem gezeigt werden, dass Körperschallemissionen mit den Prozessparametern sowie der Bildung und Ausbreitung von Rissen in der Schweißnaht korrelieren [ZEN01]; [LEE14]. Für die Messung von Körperschallemissionen ist eine reproduzierbare Positionierung des Sensors am Bauteil oder der Einspannvorrichtung erforderlich. Dies treibt jedoch den Justage- und Kalibrationsaufwand und damit die Kosten in die Höhe, weshalb das Verfahren nur bedingt für die Massenproduktion geeignet ist.

OCT zur Messung der Kapillartiefe

Die optische Kohärenztomographie (OCT) ist ein seit den 1980er Jahren aus der Medizintechnik bekanntes Verfahren zur dreidimensionalen Vermessung teildurchlässiger Oberflächen [SCH17a, S. 2]. Anhand des Interferenzsignals zweier kurz-kohärenter und breitbandiger Lichtstrahlen können Weglängenunterschiede ermittelt werden, was die Messung von Höhenunterschieden mit hoher Genauigkeit (1-20 µm) an technischen Bauteilen ermöglicht [SCH17a, S. 112]. Die Technologie wurde mittlerweile zu industriellen Lösungen, inklusive integriertem Scannersystem, zur ortsaufgelösten Höhenmessung des Schweißnahtoberflächenprofils, des Nahtvorlaufprofils sowie der Einschweißtiefe bei Laserschweißprozessen weiterentwickelt. Um die vollständige Kapillartiefe messen zu können, muss der OCT-Messstrahl exakt an die tiefste Stelle der Dampfkapillare positioniert werden [EßE22]. Die Bestimmung der optimalen Messposition relativ zur Position des Bearbeitungslasers ist prozessabhängig und wird üblicherweise im Rahmen von Vorversuchen am jeweiligen Schweißprozess ermittelt.

[1] Im Rahmen dieser Arbeit bezeichnet die Klassifikationsgenauigkeit, in Abhängigkeit des Kontextes bzw. des verwendeten Formelzeichens, die einfache Genauigkeit (engl.: *accuracy*, kurz ACC) oder die ausgeglichene Genauigkeit (engl.: *balanced accuracy,* kurz $BACC$) für den Fall einer Klassifikation mit mehreren Klassen. Ausführlichere Definitionen diesbezüglich sind in Anhang 8.2.3 (Seite 155) zu finden.

Das Verfahren beruht zudem auf der Annahme, dass die Einschweißtiefe der Kapillartiefe entspricht. Eine schematische Darstellung der OCT-Messposition zur Vermessung der Kapillartiefe während des Schweißens ist in Abbildung 11 gezeigt. Aufgrund der prozessbedingten Fluktuationen innerhalb der Dampfkapillare ist zur Bestimmung der Einschweißtiefe eine Aufbereitung des Messsignals mittels statistischer Methoden notwendig. Dies limitiert die erreichbare Messfrequenz in der Praxis auf etwa 1 kHz [LUT18].

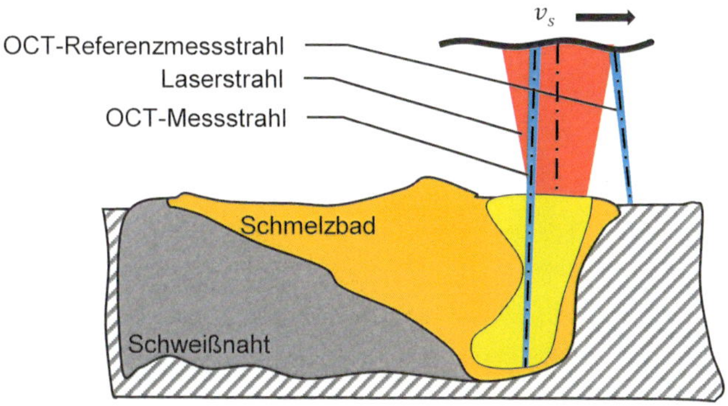

Abbildung 11: Schematische Darstellung der Einschweißtiefenmessung mittels OCT [EßE22].

Bemerkenswert ist, dass das OCT-Messverfahren bei ausreichender Scangeschwindigkeit und Abtastrate quasi-simultan als Pre-, In- und Post-Prozessmessverfahren eingesetzt werden kann. Jedoch sind derartige Umsetzungen nach heutigem Entwicklungsstand noch nicht realisierbar. Aufgrund der genannten Vorteile wird das Verfahren bei einer steigenden Anzahl von Anwendungen, insbesondere in der industriellen Fertigung von Automobilkomponenten [LUT18]; [JAN18], eingesetzt.

Räumlich integrierende optische Messverfahren

Die während des Schweißens mithilfe des Lasers eingebrachte Energie führt zur Erhitzung des Materials, das mit steigender Temperatur intensivere Wärmestrahlung emittiert. Zugleich kommt es, bei ausreichender Intensität der Laserstrahlung, aufgrund angeregter Atome innerhalb der Metalldampffackel zur Emission charakteristischer Linienstrahlung [ZAE11].

Die Beobachtung der Prozesszone mittels Fotodioden erlaubt die räumlich integrierende Erfassung der elektromagnetischen Strahlung in einem bestimmten Wellenlängenbereich, häufig mit hoher zeitlicher Auflösung [YOU13]. In der Prozessüberwachung werden Fotodioden in verschiedene Einsatzwellenlängenbereiche kategorisiert. Die nach DIN ISO 20473 definierten Spektralbereiche sowie dazu passende Sensortypen sind in Tabelle 2 aufgelistet [DIN07a]. Beispielsweise emittieren Dampfkapillare und Schmelzbad Wärmestrahlung mit temperaturabhängiger Maximalintensität im VIS bzw. im NIR-Bereich [HUB14], welche mit Detektoren auf Silizium- oder InGaAs-Basis erfasst werden kann.

Die erstarrte Schweißnahtoberfläche emittiert mit sinkender Temperatur Photonen mit geringerer Energie. Daher steigt die benötigte Detektionswellenlänge mit fallender Temperatur an [BER14]. Weiterführende Informationen zur temperaturabhängigen Wärmestrahlung und zur Temperaturkalibration finden sich in Kapitel 4.3.1 (Seite 58) bzw. in Anhang 8.7 (Seite 175).

Tabelle 2: Wellenlängenbereiche und geeignete Sensormaterialien [DIN07a].

Bezeichnung	Abkürzung	Wellenlängen-bereich	Sensitivitätsbereich (Sensormaterial bzw. -typ)
Ultraviolett	UV	0,001-0,38 µm	0,2-1,1 µm (Si)
Sichtbarer Bereich	VIS	0,38-0,78 µm	0,2-1,1 µm (Si)
Nahes Infrarot	IR-A (NIR)	0,78-1,4 µm	0,8-1,7 µm (InGaAs)
Nahes Infrarot	IR-B (NIR)	1,4-3 µm	0,9-3,5 µm (InAs)
Mittleres Infrarot	IR-C (MIR)	3-50 µm	1-5,2 µm (PbSe)
Fernes Infrarot	IR-C (FIR)	5-10^3 µm	8-14 µm (Mikrobolometer)

Ein zusätzlicher Einsatzbereich für Fotodioden ist die Messung der Intensität der reflektierten Laserleistung während des Schweißens [MÜL02]. In der fertigenden Industrie sind Fotodioden im UV/VIS-, NIR- und MIR-Bereich aufgrund ihres einfachen Aufbaus, der flexiblen Konfiguration und der geringen Kosten weit verbreitet [DI22]; [YOU13]. Vor allem die koaxiale Integration der Sensoren kann den Justieraufwand verringern und die Reproduzierbarkeit der Messungen erhöhen.

In der industriellen Praxis findet die Bewertung von Messignalen häufig mit Hilfe des Hüllkurvenverfahrens statt [SCH97]. Auf Basis mehrerer Referenzsignale eines Schweißprozesses werden dabei statistische Parameter zu Generierung eines Referenzbandes berechnet. Liegen neu gemessene Signalverläufe außerhalb des Referenzbandes, kommt es zu einer entsprechenden Bewertung (nicht in Ordnung, kurz: n.i.O.) der Schweißnaht. Das Verfahren kann grundsätzlich bei eindimensionalen zeitlichen Signalfolgen angewendet werden.

Neben einfachen Fotodioden werden im akademischen Umfeld häufig Spektrometer zur Untersuchung der spektralen Charakteristik der emittierten Prozessemission eingesetzt. Insbesondere bei der Verwendung eines CO_2-Lasers kommt es während des Schweißens zur Entstehung von Plasmen über der Wechselwirkungszone [SIB09]. Anhand spezifischer Emissionslinien im Spektrum der emittierten Strahlung kann die Elektronentemperatur des Plasmas berechnet werden, deren Fluktuation wiederum als Maß für die Prozessstabilität herangezogen werden kann [SIB09]. In weiteren Arbeiten konnten auch beim Schweißen mit Nd:YAG-Lasern charakteristische Spektrallinien, vermutlich basierend auf ionisierten Legierungselementen, nachgewiesen werden. Die daraus berechnete Elektronentemperatur zeigt eine starke Korrelation mit der

Einschweißtiefe [SIB10]. Zudem zeigen die Ergebnisse in [ZAE11], dass die In-Prozess-Spektroskopie sich dazu eignet, den Anteil einzelner Legierungsbestandteile in der Metalldampffackel bzw. dem Plasma zu bestimmen. Auf Basis dieser Messung ist eine aktive Beeinflussung der chemischen Zusammensetzung des Schweißgutes zum Beispiel durch die Zuführung eines Zusatzdrahtes möglich [HUB14].

Die Spektroskopie birgt neben den genannten Vorteilen auch Herausforderungen beim Einsatz als Prozessüberwachungstechnologie. Beispielsweise sind die Messraten (10-500 Hz) aufgrund der benötigten höheren Belichtungszeit meist geringer als bei Fotodioden mit breiterem Bandpassfilter, was den Einsatz von Spektroskopen bei hochdynamischen Prozessen weniger attraktiv macht. Der Effekt verstärkt sich aufgrund optischer Verluste bei der Integration des Sensors in die Bearbeitungsoptik.

Bildgebende Sensorik

Bildgebende Verfahren gehören laut Literatur zu den am häufigsten eingesetzten In-Prozess-Messmethoden im wissenschaftlichen Bereich [STA18]; [DI22]. Kamerasysteme erlauben die zeitlich und örtlich aufgelöste Erfassung der aus der Prozesszone emittierten oder reflektierten elektromagnetischen Strahlung innerhalb eines durch das Sensormaterial und die verwendete Optik begrenzten Wellenlängenbereichs. Mithilfe von Videoaufnahmen können folgende Informationen aus der Prozesszone gewonnen werden:

- Geometrische Parameter unterschiedlicher Objekte wie:
  - Dampfkapillare [MÜL09]; [LUO15]; [KIM12]; [ZHA13a]; [ZHA19b]; [KNA18]
  - Schmelzbad [MÜL09]; [KNA19]; [KOV97]; [REG13]; [POS03]; [STA06]
  - Spritzer [YOU14a]; [HAU19]; [GAO13]; [YOU14b]; [ABT17]
  - Metalldampffackel [GAO13]; [BRO13]; [YOU14b]; [BRO14]
- Bauteil bzw. Fugenposition [KRÄ14]; [REG13]; [XIA12]; [REG09]
- Oberflächen Temperaturverteilung [DOR14]; [HEL17]; [YAM15]
- Durchschweißloch innerhalb der Dampfkapillare [KRA03]; [ZHA20a]; [ABT17]; [BAR05]; [BLU15]
- Morphologie und Textur der Nahtoberfläche [UNG19]; [KNA19]
- Vorschubgeschwindigkeit des Handling-Systems [UNG19]; [REG13]

Ähnlich zu räumlich integrierenden optischen Messverfahren können, in Abhängigkeit der Messaufgabe, unterschiedliche Wellenlängenbänder zur Erfassung der Prozessemission genutzt werden. Zudem besteht die Möglichkeit, die Prozesszone mithilfe zusätzlicher Beleuchtungssysteme auszuleuchten. Bei ausreichend hoher Strahlungsintensität der Zusatzbeleuchtung, kann die Prozessemission weitestgehend unterdrückt und anhand der reflektierten Strahlung ein klares Bild der Prozesszone erzeugt werden [REG18]. In Abbildung 12 ist die Aufnahme eines Laserschweißprozesses dargestellt, die mithilfe einer koaxial integrierten CMOS-Kamera (Siliziumdetektor) und Zusatzbeleuchtung auf Basis von VCSEL-Modulen (engl.: *vertical-cavity surface-*

emitting laser, kurz: VCSEL) realisiert wurde. Neben der Dampfkapillare mit Durchschweißloch sind die Schmelzbad-, Naht- und Werkstückoberflächen anhand ihrer charakteristischen Texturen deutlich erkennbar.

Herausfordernd bei diesem bildgebenden Verfahren ist die Sicherstellung einer adäquaten Beleuchtungssituation für die jeweiligen Schweißkonfigurationen, um im produktionsnahen Umfeld robuste Messgrößen zu erhalten. Insbesondere beim Schweißen komplexer Karosseriebauteile können Einspann- und Bauteiltoleranzen zu Abweichungen von einer optimalen Ausleuchtung der Prozesszone führen [KRÄ14]; [UNG19]. Als Resultat kann es in einzelnen Bildbereichen zur Unter- bzw. Überbelichtung kommen, was die Qualität der nachfolgenden Bildauswertung gegebenenfalls stark beeinträchtigt. Abhilfe diesbezüglich können HDR-Aufnahmetechniken, adaptive Beleuchtungssysteme oder robustere Auswerteverfahren schaffen.

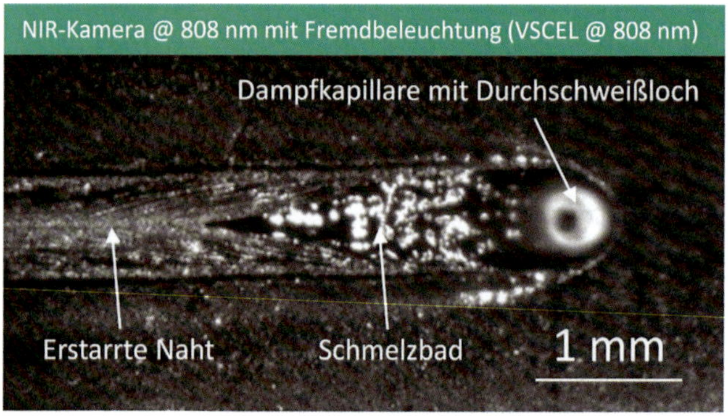

Abbildung 12: Beispiel einer koaxialen Aufnahme der Prozesszone beim Laserschweißen mit VCSEL-basierter Zusatzbeleuchtung.

Als Alternative zu Kamerasystemen mit Zusatzbeleuchtung bieten sich passive bildgebende Verfahren an, die zur orts- und zeitaufgelösten Erfassung der optischen Prozessemission eingesetzt werden [CAI20]; [KNA18]; [ABT17]. Kostengünstige, passive Kamerasysteme basieren häufig auf Silizium-Detektoren. Aufgrund ihres Sensitivitätsbereichs eignen sie sich besonders zur Aufnahme der Dampfkapillare, der Metalldampffackel und des kapillarnahen Schmelzbades [KNA18]; [DI22]. Ist hingegen die kameratechnische Erfassung der thermischen Emission der gesamten Schmelzbadoberfläche und der sichtbaren Schweißnaht das Ziel, kommen häufig die in Tabelle 2 gezeigten alternativen Sensortypen zum Einsatz.

Beim Laserschweißen von I-Nähten an Überlappstoßverbindungen und einer koaxialen bildbasierten Prozessüberwachung ist die vollständige Durchschweißung, wie in Abbildung 12 dargestellt, anhand des Durchschweißlochs am Dampfkapillargrund erkennbar. Somit ist es möglich, mithilfe geeigneter Auswertealgorithmen einen Anhaltspunkt bezüglich der vorliegenden Einschweißtiefe zu bestimmen [BAR05]; [BLU15]. Außerdem kann die computergestützte Extraktion geometrischer Merkmale, wie zum Beispiel die Schmelzbadlänge und der Dampfkapillardurchmesser, aus den

Prozessbilddaten mithilfe traditioneller Bildverarbeitungsalgorithmen umgesetzt werden. Dafür ist in den meisten Fällen einer Binärisierung des Eingangsbildes auf Basis eines Schwellenwerts notwendig. Anschließend können Konturapproximationsalgorithmen verwendet werden, um einzelne Bildobjekte zu segmentieren. Auf Basis der gefundenen Objektkonturen ist es möglich, geometrische Merkmale und statistische Parameter bezüglich der Pixelintensitäten innerhalb der Objektkonturen zu berechnen. Beispiele für geometrische Merkmale, die aus den Bilddaten extrahiert werden können, sind in Abbildung 13 illustriert. Die Beschreibung der Algorithmen sowie vertiefende Informationen zu der Vorgehensweise sind in [MÜL09]; [KNA21a] zu finden.

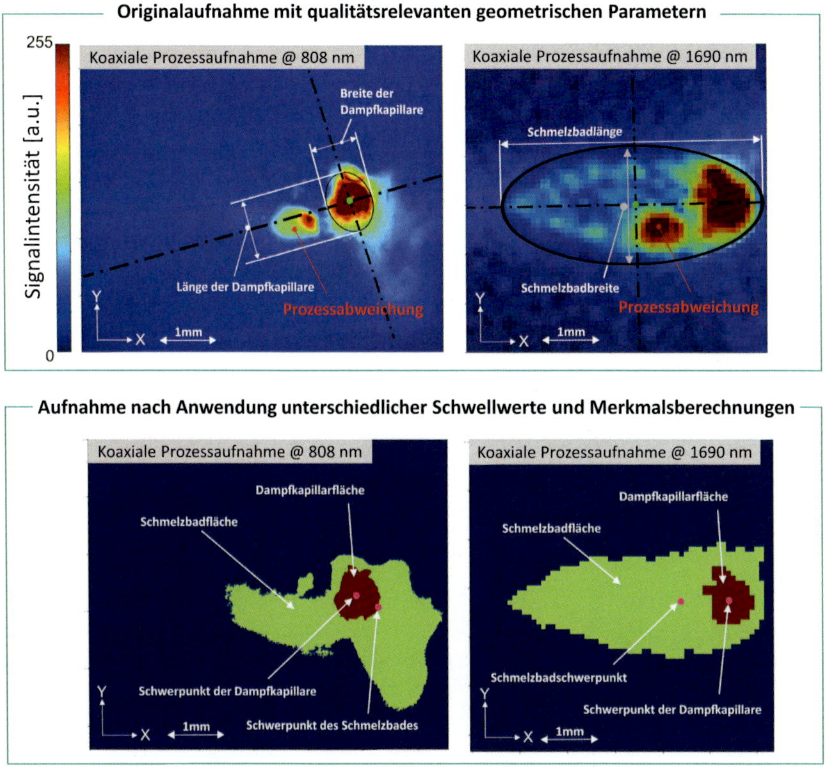

Abbildung 13: Prozessaufnahmen mittels Kamerasystemen ohne den Einsatz von Zusatzbeleuchtung und mithilfe traditioneller Bildverarbeitung berechnete geometrische Merkmale.

Da die KI-basierte Auswertung von Kameraaufnahmen ein wesentlicher Bestandteil dieser Arbeit ist, wird auf den Stand der Technik hinsichtlich dieser Art der Bildverarbeitungsalgorithmen in Kapitel 2.3 (Seite 24) detaillierter eingegangen. Dies gilt ebenfalls für den Stand der Technik zur Regelung der Einschweißtiefe basierend auf bildgebenden Messverfahren und Methoden des maschinellen Lernens. Weiterführende Informationen dazu sind in Kapitel 2.5 (Seite 35) zu finden.

2.3 Maschinelles Lernen zur Bilddatenauswertung

Dieses Kapitel beschreibt den Stand der Technik zum maschinellen Lernen für die unterschiedlichen Anwendungsfälle, die im Rahmen der Arbeit betrachtet werden. Dazu zählen die Klassifikation von Nahtunregelmäßigkeiten, die Erkennung von Bildobjekten und die Prädiktion und Regelung der Einschweißtiefe mithilfe von Algorithmen aus dem Bereich des maschinellen Lernens (ML). Zudem werden Grundlagen zur Bewertung der Modellunsicherheit erörtert. Ziel ist es, die bisher verwendeten Methoden und Ansätze sowie deren Leistungsfähigkeit abzuschätzen, um somit die Grundlage weiterer Entwicklungsarbeiten zu schaffen.

ML als Teilgebiet der künstlichen Intelligenz beschreibt Verfahren zur Generierung datengetriebener Vorhersagemodelle, typischerweise anhand von Trainingsbeispielen [BIS13, S. 141]. Im Vergleich zu klassischen Methoden der Bildverarbeitung, bei der Informationen beispielsweise anhand manuell definierter Schwellenwerte gewonnen werden, stellen ML-Methoden eine attraktive Alternative dar. Insbesondere Verfahren basierend auf *Deep Learning* (DL) haben sich als effektive Werkzeuge im Rahmen der Signal- und Bildverarbeitung erwiesen [SCH15]. DL unterscheidet sich vom konventionellen maschinellen Lernen grundsätzlich dadurch, dass die Merkmalsextraktion ein Bestandteil des zu erlernenden statistischen Modells ist. DL-Architekturen basieren unter anderem auf den Erkenntnissen der Neurowissenschaften, dass mehrstufige tiefe neuronale Netze es Primaten bzw. Menschen ermöglichen, komplexe Signalverarbeitungsaufgaben wie Objekt- und Spracherkennung zu lösen [KRÜ13].

Mit dem Aufkommen DL-basierter Methoden und insbesondere den faltungsbasierten neuronalen Netzen (engl.: *convolutional neural network*, kurz: CNN[2]), wurden in Bilderkennungswettbewerben wie *ImageNet* bereits im Jahr 2012 Spitzenplätze erreicht [KRI12]. CNNs sind mit diesem Siegeszug domänenübergreifend zu einer präferierten Lösung für viele Bilderverarbeitungsaufgaben geworden. Das Konzept der CNNs wurde im Jahr 1989 maßgeblich von Yann LeCun weiterentwickelt [LEC89]; [LEC98]. Die besonderen Eigenschaften des Konzepts eignen sich für unterschiedliche Eingangsdatentypen, bringen jedoch bei der Verarbeitung rasterförmiger Bilddaten besondere Vorteile mit sich. Beispielsweise erhöht sich durch das Teilen der Filtergewichte in einzelnen Schichten und die lokale Konnektivität der künstlichen Neuronen in Form der genutzten Filtermatrix die statistische Effizienz[3], wobei gleichzeitig der Speicherbedarf des Modells deutlich reduziert wird [GOO16]. Ein grundsätzlicher Vorteil von CNNs ist die Fähigkeit zur automatischen Extraktion maßgeschneiderter

---

[2] Die Abkürzung CNN ist nicht zu verwechseln mit dem *Cellular Neural Network*, welche ebenfalls zur Prozessüberwachung beim Laserstrahlschweißen eingesetzt wurden [BLU15].

[3] Im Kontext dieser Arbeit bedeutet eine hohe statistische Effizienz eines neuronalen Netzes, dass vergleichsweise weniger Beispieldaten für das erfolgreiche Training benötigt werden, als bei Netzen mit geringer statistischer Effizienz [DU18].

Bildmerkmale ohne den zusätzlichen Einsatz potenziell komplexer und zeitkritischer Bildverarbeitungsalgorithmen.

Ein weiteres effektives Werkzeug aus dem Bereich des maschinellen Lernens sind rekurrente neuronale Netze (RNN). RNNs bieten die Möglichkeit, Informationen innerhalb des neuronalen Netzes zurück zu koppeln und eignen sich daher besonders zur Verarbeitung von Sequenzen mit zeitlicher Abhängigkeit. Aus diesem Grund werden RNNs häufig im Rahmen von Spracherkennungsaufgaben [YIN17] oder zur Erkennung von zukünftigen Maschinenausfällen [WON18] eingesetzt. Bei der Analyse von Videodaten, die während des Schweißens gewonnen wurden, ermöglichen RNN-Architekturen die Berücksichtigung zeitlicher Zusammenhänge und Muster innerhalb der Bildsequenzen. Zwar ist es auch möglich, Informationen aus der zeitlichen Dimension von Videodatenströmen zu extrahieren, indem 3D-CNNs verwendet werden. Im Vergleich zu Ansätzen, die CNNs mit RNN-Methoden kombinieren, erweisen sich 3D-CNNs jedoch aufgrund ihrer hohen Rechenkomplexität und wegen des exzessiven Speicherverbrauchs als nachteilig [KIM19]. Dies gilt besonders für Anwendungen, die geringe Inferenzzeiten[4] bzw. eine geringe Systemlatenz erfordern und gleichzeitig beschränkte Speicher- und Rechenressourcen aufweisen, wie es bei industriell eingesetzten eingebetteten Systemen überwiegend der Fall ist.

Weitere grundlegende Informationen zu statistischen Modellen auf der Basis von CNN- und RNN-Ansätzen sind in Anhang 8.2 (Seite 162) zu finden.

2.3.1 Objekterkennung und Klassifizierung von Nahtunregelmäßigkeiten

Die visuelle Inspektion mithilfe bildgebender Verfahren und CNNs hat ebenfalls Einzug in die industrielle Fertigung erhalten, um die Produktqualität zu überwachen und zu verbessern [WAN18]; [WU17]. Auch in der Lasermaterialbearbeitung wurden CNNs bereits zur Prädiktion unterschiedlicher Unregelmäßigkeiten beispielsweise beim Schneiden [FRA20], in der additiven Fertigung [SCI18] und beim Schweißen [KNA19] eingesetzt.

Wie die Autoren in [GON19] zeigen, lassen sich Infrarotbilddaten mithilfe von CNNs effektiv auswerten. Die Autoren schlagen eine CNN-Architektur zur Vorhersage von Schichtdicke beim Laserauftragsschweißen sowie von Defekten beim Laserschweißen auf der Grundlage von Infrarotbildern vor. Experimentelle Ergebnisse zeigen vielversprechende Resultate in Form hoher Klassifikationsgenauigkeiten (ACC > 96 %) bei der binären Klassifikation von Nahtunregelmäßigkeiten (i.O. / n.i.O.).

[4] Als Inferenzzeit wird im Rahmen dieser Arbeit die Ausführungszeit eines trainierten KI-Modells auf einem Computersystem zur Erzeugung einer Ausgabe unter Berücksichtigung geeigneter Eingabedaten und konstanter Modellparameter bezeichnet.

In [YOU15] werden unterschiedliche In-Prozess-Diagnosesysteme für das Laserstrahlschweißen entwickelt und an einem Laborsystem evaluiert. Dabei wurde ein umfangreicher Versuchsaufbau umgesetzt, um die vorgeschlagenen Signalverarbeitungsmethoden im Rahmen eines direkten Vergleichs unterschiedlicher Sensortypen zu bewerten. Das In-Prozess-Sensorkonzept beinhaltet zwei Fotodioden, ein Spektrometer, einen Bildsensor mit Fremdbeleuchtung und Kameratechnik zur In-Prozess-Röntgenanalyse. Die Datenverarbeitung basiert auf der Extraktion von Merkmalen mit Wavelet-Paket-Transformation, einfacher Bildverarbeitung und Techniken zur Dimensionsreduktion in Kombination mit Klassifizierungsalgorithmen zur Fehlererkennung. Bei der Klassifikation vier unterschiedlicher Fehlerkategorien konnte eine Klassifikationsgenauigkeit von $ACC = 81{,}34\,\%$ erreicht werden. Es bleiben jedoch beispielsweise die Fragen offen, welche Merkmale notwendig sind, um eine hohe Genauigkeit der Fehlererkennung zu erreichen und wie verschiedene Lernalgorithmen die Erkennungsleistung verbessern können.

In Voruntersuchungen zu dieser Arbeit konnte gezeigt werden, dass die Ergänzung eines CNN mit einem RNN die Klassifikationsgenauigkeit bei Laserschweißanwendungen weiter verbessern kann [KNA21a]. Mit dem am Fraunhofer-Institut für Lasertechnik (ILT) entwickelten Ansatz konnten in ersten Versuchen auf Basis eines bildgebenden Infrarotsensors (64 x 64 Pixel) Klassifikationsgenauigkeiten für einzelne Nahtfehler von bis zu $ACC = 95{,}2\,\%$ bei gleichzeitig geringen Bildverarbeitungszeiten von 1,1 ms pro Bild erreicht werden.

Die bisher eingesetzten ML-basierten Auswertestrategien umfassen einerseits klassische ML-Algorithmen wie *Random Forest*, *Hidden Markov Model*, künstliche neuronale Netze und *Support Vector Machines*. Jüngste Entwicklungen deuten auf einen vermehrten Einsatz DL-basierter Algorithmen insbesondere den CNNs hin, welche hohe Klassifikationsgenauigkeiten ($ACC > 98\,\%$) auf der Basis von Datensätzen einzelner Forschergruppen erreichen [DI22]. Eine detaillierte Übersicht bereits untersuchter ML-Verfahren zur Detektion von Nahtunregelmäßigkeiten während des Laserschweißens ist in Tabelle 3 dargestellt.

Tabelle 3: Stand der Technik bezüglich KI-basierter Methoden zur Prozessüberwachung beim Laserstrahlschweißen auf der Basis von [DI22]

Sensor	Eingabe	Ausgabe	Methode	Leistung	Messfreq. / Durchsatz (Latenz)	Quelle
Kamera @ 532 nm	Prozessparameter und Dampfkapillargeometrie-Merkmale	Einschweißtiefe und Kapillarneigung	Neuronale Netze (RBF)	RSE (0,08-0,15)	33 bps / NA	[LUO15]
Kamera @ 808 nm	Dampfkapillargeometrie-Merkmale	Einschweißstatus	*Random Forest*-(Klassifikation)	ACC (98,5 %)	3000 bps / 33,3 bps (30ms)	[ZHA20c]
Kamera @ 1690 nm / Kamera @ 808 nm	Schmelzbad-geometrie-Merkmale	Naht i.O.; Nahtbreite zu hoch; Bindefehler; Nahteinfall	*Random Forest*-(Klassifikation)	ACC (99,9 %)	500 bps / NA	[KNA18]
Kamera @ 808 nm	Dampfkapillargeometrie-Merkmale	Naht i.O.; Bindefehler; Durchbrand; Porosität	*Hidden Markov Model* (Klassifikation)	ACC (93,27%)	120 bps / NA	[TAN20]
3x Fotodioden @ 450-850nm / 1250-1700nm / 1070nm	Relative Energie spezifischer Frequenzbänder	Kein Prozess; Wärmeleitungsschweißen; Porosität; Naht i.O.	*Support Vector Machine* (Klassifikation)	ACC (85,9-99,9 %)	500 kHz – 10 MHz / 14 Hz (70ms)	[SHE19]
3x Fotodioden @ 260-400nm / 700-1700nm	Signal-Merkmale von drei Fotodioden	Einschweißtiefe und Nahtbreite	Neuronales Netz (Regression)	R^2 (0,929) RSE (0,137)	1000 Hz / NA	[PAR99]
OCT-System @ 1550 nm	Prozessparameter und OCT-Daten	i.O. / n.i.O.	Neuronales Netz (Klassifikation)	ACC (81,8)	70 kHz / 1428 Hz (700µs)	[STA20]
Kamera + Bel. @ 808 nm	In-Prozess-Bilddaten (fremdbeleuchtet)	Naht i.O.; Oberflächenpore (Lötnähte)	*K-nearest neighbors* (Klassifikation)	Richtig-Positiv-rate: 68,1%; Richtig-Negativ-rate: 98,9%	108 bps / 108 bps	[UNG19]
Kamera @ 1690 nm, Kamera @ 840 nm	Geometrische Merkmale aus In-Prozess-Bilddaten (MWIR/NIR)	Naht i.O.; Nahteinfall, Bindefehler; ungenügende Durchschweißung	*Support Vector Machine; Random Forest; K-nearest neighbors;* neuronales Netz (Klassifikation)	ACC: 91,4 %	500 bps / 73 bps (13,68 ms)	[KNA21a]

	In-Prozess-Bilddaten (MWIR/NIR)		CNN+GRU (Klassifikation)	ACC: 95,1 %	500 bps / 925 bps (1,1 ms)	
Kamera @ 810 nm	In-Prozess-Bilddaten (NIR)	Erfolgreiche / keine Anbindung, Spritzer	Bildverarbeitung + CNN (Klassifikation)	ACC (95%) @ +/- 5 Spitzer	1250 bps / NA	[HAU21]
Kamera @ 808 nm + OCT@ 890 nm	3D-Merkmale der Dampfkapillarfläche	Innere Poren (4 Klassen)	CNN (Klassifikation)	ACC: 96,13 %	~1000 bps / NA	[MA22]
Kamera @ 532 nm	In-Prozess-Bilddaten (Schmelzbad & Kapillare)	Innere Poren	CNN (Klassifikation)	ACC: 96,1 %	395 bps / NA	[ZHA20d]
Kamera + Bel. @ 808 nm	In-Prozess-Bilddaten (Schmelzbad & Kapillare, fremdbeleuchtet)	Einschweißstatus	CNN (Klassifikation)	ACC: 94,6 %	3000 bps / 300 bps	[ZHA20a]
2 x Kamera + Bel. @ 532 nm	In-Prozess-Bilddaten	Dampfkapillargröße; Absorption	YOLOv4, ResNet (Regression)	R^2: 99,76 %	1000-4000 bps / 156 bps	[KIM21]
Fotodiode @ 800-1800 nm + Körperschallsensor	Wavelet-Spektrogramme	Pore, keine Pore	CNN (Klassifikation)	ACC: 71-99 %	50 kHz – 10 MHz / 500 Hz (2 ms)	[SHE20]
MWIR-Kamera @1-5 µm	In-Prozess-Bilddaten (MWIR)	i.O.; n.i.O.	CNN (Klassifikation)	ACC: 96,8 %	1000 bps / NA	[GON19]
Kamera + Bel. 976 nm sowie Fotodiode @ 1030 nm & Spektrometer @ 0,4-0,9 µm	351 Bild- & Signalmerkmale	i.O.; Auswurf; Humping; Nahteinfall	*Deep Belief Network* (Klassifikation)	ACC: 96,93 %	500 bps / NA	[ZHA19a]
Kamera + Bel.@ 810 nm	In-Prozess-Bilddaten	Humping, Ja, Nein / Laserleistung & Vorschubgeschw.	CNN mit *particle swarm optimization* (Klassifikation & Regression)	ACC: 100 % R^2: 0,957	500 bps / 446 bps (2,24 ms)	[XUE21]
Kamera @ 976 nm + RGB-Kamera	7 Merkmale	i.O.; n.i.O.	1D-CNN	ACC: 99,21 %	5000 bps / NA	[HUA23]
Kamera (monochrom, kein Filter)	In-Prozess-Bilddaten	Spritzer / Prozessleuchten	SDU-Net (CNN)	ACC: 94-98 %	320 bps / 333 bps	[HAR24]

Hinsichtlich der in der Literatur eingesetzten Methoden ist erkennbar, dass unterschiedliche klassische ML-Verfahren aber auch DL-basierte Ansätze, insbesondere CNNs, bereits eingesetzt und untersucht wurden. Die berichteten Klassifikationsgenauigkeiten liegen im Bereich von 81,8 % bis 99,9 %, wobei in den Fällen regressionsbasierter Ansätze Determinationskoeffizienten von 0,929 bis 99,76 erreicht wurden. Dabei ist jedoch von einer starken Abhängigkeit der untersuchten Vorhersagegrößen (Anzahl und Typ) und dem Umfang des Versuchsplans auszugehen, was einen direkten Vergleich der Vorhersageleistung erschwert. Hinsichtlich des Datendurchsatzes erreichen aktuelle ML-Verfahren nach Tabelle 3, die Bilddaten als Eingabe verwenden, Bildverarbeitungsraten von im Bereich von 446 bps bis 925 bps.

Neben der Klassifikation von Nahtfehlern können maschinelle Lernverfahren auch verwendet werden, um geometrische Informationen bezüglich der in einem Bild vorhandenen Objekte zu bestimmen. In [KNA19] wurde beispielsweise ein neuronales Netz zur Segmentierung der Schmelzbad- , Dampfkapillar-, und Nahtoberflächen in fremdbeleuchteten Prozessaufnahmen gezeigt. Zwar konnten mit dem Verfahren hohe Segmentierungsgenauigkeiten erzielt werden, jedoch sind der Aufwand zur Erzeugung von Trainingsdaten sowie die erreichbare Inferenzzeit bei diesem Ansatz verhältnismäßig hoch. Eine Alternative ist der Verzicht auf lernende Verfahren zur Erkennung der Objekte. Bei der Verwendung von passiven bildgebenden Sensoren können die geometrischen Parameter der Dampfkapillare sowie des Schmelzbades, wie in Abbildung 13 (Seite 23) dargestellt, mithilfe von Schwellenwertverfahren und Konturapproximationsalgorithmen bestimmt werden.

Außerhalb der Lasertechnik werden zur Objekterkennung vermehrt Deep-Learning-basierte Verfahren, wie *Single Shot MultiBox Detector* (SSD) [LIU16] oder *You Only Look Once (YOLO)* [BOC20] eingesetzt. Die genannten Objektdetektortypen eignen sich zur gleichzeitigen Erkennung mehrerer, unterschiedlicher Objekte in einem Eingangsbild. Ermöglicht wird dies, indem jeweils die Objektklasse, die Wahrscheinlichkeit für das Vorhandensein eines Objektes in einem definierten Bildsegment, sowie die Koordinaten des objektumschließenden Rechtecks parallel für mehrere Objekte innerhalb eines Bildes prädiziert werden. Zur Erstellung eines Trainingsdatensatzes ist neben den Bilddaten die Bereitstellung der einzelnen Objektannotationen notwendig. Für eine Anwendung in der Prozessüberwachung sind die Verfahren bisher kaum geeignet, da die erreichbaren Datendurchsätze aktueller DL-basierter Objektdetektoren mit etwa 36-286 bps meist zu gering sind [WAN22]. Weiterführende Informationen zu DL-basierten Objektdetektoren sind in [XIA20] zu finden.

2.3.2 Bestimmung der Einschweißtiefe

Nach heutigem Stand ist die direkte Messung der Einschweißtiefe während des Prozesses möglich, indem die Kapillartiefe mittels OCT gemessen wird. In der Literatur existieren außerdem Verfahren, um die Einschweißtiefe auf Basis von Signalkorrelationen zu bestimmen. In [BIR11] kommt ein koaxial integriertes Messsystem basierend auf Fotodioden zum Einsatz. Die Sensorsignale aus dem Infrarotbereich können anhand hochauflösender Längsschliffe an radialsymmetrischen Schweißproben auf Basis mikroskopischer Signalschwankungen mit der Einschweißtiefe korreliert werden. Die bestimmten Korrelationskoeffizienten liegen in einem Bereich von 80 % bis 89,9 %.

Es ist zudem nachgewiesen, dass akustische Messsignale [TOM22], optische Messignale von Spektrometern [KAN22] und geometrische Merkmale [CHO12b], die aus Bilddaten extrahiert werden, unter bestimmten Bedingungen mit der gemessen Einschweißtiefe korrelieren. In den genannten Beispielen werden mehrere Signalmerkmale mithilfe von maschinellen Lernverfahren für die Generierung eines Vorhersagemodells verwendet, um die Einschweißtiefe in Form eines kontinuierlichen Wertes zu prädizieren. Als Referenzdaten dienen anhand von Schliffbildern ermittelte sowie mithilfe der OCT gemessene Einschweißtiefen.

Der ermittelte Zusammenhang beruht häufig auf der Variation eines einzelnen Prozessparameters, wie zum Beispiel der zugeführten Laserleistung, und den daraus resultierenden Änderungen der Prozessemission. Die gemessene Prozessemission ist allerdings, ähnlich wie die in Abbildung 2 (Seite 6) dargestellte Nahtqualität, von mehreren Einflussgrößen abhängig. Kommt es zu einer Veränderung der Prozessrandbedingungen, wie beispielsweise einer Defokussierung des Laserstrahls oder zum Materialwechsel, kann dies in unpräzisen oder ungültigen Vorhersagen des korrelationsbasierten Modells zur Einschweißtiefenbestimmung resultieren. Abhilfe kann zum Beispiel die Berücksichtigung eines Prozessmodells schaffen, das unterschiedliche Prozessparameter und Randbedingungen berücksichtigt.

Zusammenfassend bietet Tabelle 3 (Seite 27) einen Überblick hinsichtlich bisher untersuchter KI-Ansätze zur Prädiktion qualitätsbezogener Kenngrößen, inklusive der Einschweißtiefe, beim Laserstrahlschweißen. Nach Analyse der genannten Literatur kann festgestellt werden, dass zu den größten verbleibenden Herausforderungen die Entwicklung robuster und aussagekräftiger In-Prozess-Messmethoden gehört. Darüber hinaus wird die Notwendigkeit identifiziert, qualitätsrelevante Signalcharakteristika aus den erfassten Messsignalen mit hoher Genauigkeit zu extrahieren, um quantitative und physikalisch plausible Aussagen bezüglich des Prozesszustandes ableiten zu können. In der industriellen Praxis ist es zudem herausfordernd, eine geeignete Menge an Trainingsdaten inklusive entsprechender Annotationen für das überwachte Lernen zu generieren.

2.3.3 Modellunsicherheit und Erkennung neuartiger Prozesssituationen

Eine weitere offene Fragestellung beim Einsatz KI-basierter Methoden in der Qualitätssicherung betrifft die Zuverlässigkeit und Generalisierungsfähigkeit der KI-Modelle. Da diese oftmals einen indirekten Zusammenhang zwischen einem gemessenen Signal und der Nahtqualität bzw. prozessbezogenen Größen abbilden, ist darauf zu achten, dass dieser Zusammenhang während der Verwendung des Modells seine

Gültigkeit behält. Dies gilt insbesondere für DL-basierte Ansätze, da die Nachvollziehbarkeit der resultierenden Modelle, im Vergleich zu klassischen KI-Modellen, deutlich eingeschränkt ist. In diesem Zusammenhang wird im folgenden Kapitel auf bestehende Ansätze zur Bewertung der Modellunsicherheit und zur Erkennung neuartiger Prozesssituationen eingegangen.

Ein vertrauenswürdiges KI-System zur Erkennung von Nahtunregelmäßigkeiten oder zur Prädiktion weiterer Prozessgrößen sollte nicht nur genaue Vorhersagen auf Basis des gegebenen Datensatzes treffen können, sondern auch neuartige Sensordateninhalte erkennen. Beispielsweise kann bei sicherheitskritischen Anwendungen, wie dem autonomen Fahren, eine Erkennung ungewöhnlicher Bildinhalte genutzt werden, um Warnungen auszugeben und die Kontrolle an den Fahrer zu übergeben [NIT20].

Zudem beruhen die meisten statistischen Modelle auf der Annahme, dass jegliche Eingabedaten aus der gleichen statistischen Verteilung wie die Trainingsdaten stammen[5]. Die Erkennung anormaler Inhalte in Eingabedaten, die statistisch außerhalb der Trainingsverteilung liegen (engl.: *Out-of-Distribution*, kurz: OOD), ist daher eine sinnvolle Ergänzung für den Einsatz eines KI-Systems in realen Produktionsumgebungen. Insbesondere, wenn das System in Form einer Regelung aktiv in den Bearbeitungsprozess eingreift, ist die Sicherstellung der Nutzung eines validen statistischen Modells erforderlich. Die Ursachen für eine Differenz in den statistischen Verteilungen (engl.: *distribution shift*) der betrachteten Daten können in zwei unterschiedliche Kategorien unterteilt werden [YAN22]:

- Semantische Verschiebung (engl.: *semantic shift*),
  z. B. Datenpunkte einer anderen Klasse)
- Kovarianzverschiebung (engl.: *covariate shift*,
  z. B. Datenpunkte aus einer anderen Domäne)

Ein Beispiel für Daten aus unterschiedlichen statistischen Verteilungen ist in Abbildung 14 für eine binäre Klassifikation mit zwei Eingangsmerkmalen skizziert. Die dargestellten OOD-Datenpunkte unterschieden sich deutlich von den übrigen Datenpunkten im Merkmalsraum. Aus Sicht des Klassifikationsmodells besteht eine hohe epistemische Unsicherheit im Fall einer Klassifizierung der OOD-Datenpunkte, da die Trainingsdatenpunkte diesen Bereich nicht ausreichend repräsentieren und somit keine zuverlässige Vorhersage des Modells möglich ist [PEA21].

---

[5] Im englischsprachigen Raum wird bei dieser Annahme im Rahmen der Statistik von "*independent and identically distributed*", kurz i.d.d. gesprochen.

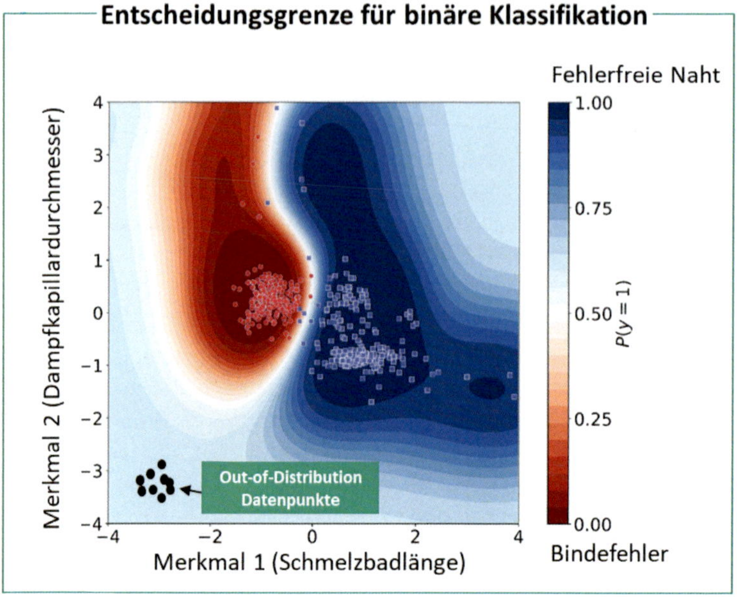

Abbildung 14: Beispiel für OOD-Daten bei einer binären Klassifikation (Neuronales Netz) mit zweidimensionalen Merkmalsraum.

Zur Erkennung von OOD-Datenpunkten existieren unterschiedliche Ansätze [YAN22]. Darunter fallen Methoden wie Clusteranalyse, der *k-Nearest-Neighbor*-Algorithmus oder Berechnung des *Mahalanobis*-Abstands [MCL99]. Die genannten Methoden werden zur Erkennung von OOD-Datenpunkten in niedrigdimensionalen Merkmalsräumen verwendet, liefern jedoch bei hochdimensionalen Problemstellungen (z.B. bei Bilddaten) unzureichende Ergebnisse. [SRI22]

Im Fall von neuronalen Netzen, die zur Klassifikation eingesetzt werden, ist ein naheliegender Ansatz, die ausgegebenen Klassifikationswahrscheinlichkeiten der jeweiligen Klassen als Maß für die Unsicherheit bzw. OOD-Wahrscheinlichkeit einer Vorhersage zu verwenden. Dabei ist jedoch zu beachten, dass tiefe neuronale Netze aufgrund der großen Anzahl an Parametern und wegen des Einsatzes bestimmter Regulierungstechniken zur Überkonfidenz hinsichtlich der generierten Klassifikationswahrscheinlichkeiten neigen [GUO17]. Damit eignen sich die ausgebenden Klassifikationswahrscheinlichkeiten nur bedingt für eine Aussage hinsichtlich der Modellunsicherheit.

Die OOD-Erkennung kann weiter in implizite und explizite Erkennungstechniken unterteilt werden. Bei impliziten Methoden, wie zum Beispiel *Bayesian Neural Networks,* können OOD-Datenpunkte als Nebenprodukt des zugrunden liegenden Lernalgorithmus erkannt werden. Dahingehend nutzen explizite OOD-Erkennungsansätze zusätzliche Fehlerfunktionen während des Trainings, weitere Architekturkomponenten oder Post-hoc-Statistiken. [NIT20]

Ein Beispiel für explizite OOD-Erkennung ist die Verwendung eines CNN-basierten Autoencoders unter der Prämisse, dass bei hohen Rekonstruktionsfehlern der Eingangsdaten eine Anomalie bzw. ein OOD-Datenpunkt vorliegt [KER19]. Nachteilig bei dieser Methode ist, dass ein zusätzliches Modell implementiert werden muss, wodurch Rechenkapazitäten im Rahmen der Echtzeitdatenverarbeitung belegt werden.

Anhand aktueller Entwicklungen im Normungsbereich zeigt sich, dass die Ausgabe von Unsicherheiten bezüglich eines KI-Modells bzw. dessen Vorhersagen eine Voraussetzung für den Einsatz von zukünftigen KI-Systemen sein könnte. Die Anwendungsregel zur Entwicklung und Vertrauenswürdigkeit von autonom/kognitiven Systemen (VDE-AR-E 2842-61-2) erwähnt den Einsatz von Methoden zur Unsicherheitsabschätzung [VDE21]. Allerdings ist die Anwendungsregel bisher nicht als harmonisierte Norm vorgesehen und wird daher auch von etwaigen Prüfstellen nur mit geringer Wahrscheinlichkeit eingefordert.

2.4 Hybride Modellierung in der Lasermaterialbearbeitung

Aktuelle Algorithmen aus dem Bereich des maschinellen Lernens, insbesondere *Deep Learning*-Verfahren benötigen große Datenmengen, um einsatzfähige ML-Modelle generieren zu können. In der industriellen Produktionstechnik ist die Bereitstellung großer Datenmengen für ML-Systeme jedoch eine Herausforderung, da die Erzeugung annotierter Daten üblicherweise mit hohen Kosten und Zeitaufwand verbunden ist. Das maschinelle Lernen unter Berücksichtigung physikalischer Prinzipien (engl.: *physics-informed machine learning)* ist heute ein eigener Forschungsbereich und kann dazu beitragen, physikalisch konsistente Lösungen zu erzielen und die für das Training erforderliche Datenmenge beträchtlich zu reduzieren. Dabei ist die Miteinbeziehung physikalischen Wissens in datengetriebene Modellierungsansätze auf unterschiedliche Arten möglich. Nachfolgend wird auf drei in der Literatur bekannte Kategorien näher eingegangen [KAR21].

Einbringung von Vorwissen mithilfe von Daten

Bei dieser Form der Einbringung von physikalischem Vorwissen (engl.: *observational bias*) werden beispielsweise komplexe numerische Simulationen entsprechender physikalischer Prozesse genutzt, um die Datengrundlage für die Erstellung eines ML-Modell zu generieren. Im Bereich der laserbasierten additiven Fertigung ist die Kombination von physikalischen Modellansätzen und maschinellem Lernen in letzter Zeit vermehrt Gegenstand wissenschaftlicher Untersuchungen. Beispielsweise zeigen die Autoren in [WAN19], dass die Daten von zeitaufwändigen Multiskalen-FEM-Simulationen genutzt werden können, um schnell ausführbare ML-Modelle zu generieren. Mithilfe des Ersatzmodells können Eigenschaften des Schmelzbades oder der entstehenden Mikrostruktur prädiziert werden.

Berücksichtigung von Vorwissen in Form physikalischer Annahmen

Eine weitere Art der Berücksichtigung von physikalischem Vorwissen (engl.: *inductive bias*) kann durch die Modifikation der Architektur des KI-Modells erfolgen, damit den physikalischen Randbedingungen oder Gesetzmäßigkeiten Rechnung getragen wird. Dieser Ansatz beinhaltet beispielsweise die Auswahl physikalisch relevanter Eingangsmerkmale im Zuge der Entwicklung eines ML-Modells.

In einem Beispiel aus der additiven Fertigung wird ein datengetriebenes Modell verwendet, dass zunächst physikalische Größen, wie die Energiedichte des Lasers, auf Basis der Prozess- und Maschinenparameter prädiziert. Anschließend werden diese physikalischen, maschinenunabhängigen Größen zur Vorhersage der Porosität additiv gefertigter Bauteile verwendet [LIU21]. Der Vorteil besteht in der Entkopplung von maschinenabhängigen Größen und der finalen Bauteilporosität, was die Übertragbarkeit des Ansatzes erhöht.

Zudem wurden Verfahren zur hybriden Modellierung bei Ultraschallschweißprozessen verwendet, um die Festigkeit der Schweißverbindungen vorherzusagen [MEN22]. Die Integration von physikalischem Wissen findet über die Berücksichtigung globaler Festigkeitstrends auf Basis der Prozessparameter und Werkzeugzustände statt. Die lokalen Residuen werden mithilfe von Sensordaten ausgeglichen.

Einbringung von Vorwissen über den Lernprozess

Außerdem kann durch die geeignete Wahl von Fehlerfunktionen oder Randbedingungen der Trainingsprozess eines ML-Modells derart erfolgen, dass die Konvergenz zu Lösungen, die den zugrunde liegenden physikalischen Gesetzen entsprechen, begünstigt wird (engl.: *learning bias*). Dieser Ansatz kann als spezieller Anwendungsfall des Multitasking-Lernens betrachtet werden, bei dem ein Lernalgorithmus einerseits die beobachteten Daten berücksichtigen und gleichzeitig definierte physikalische Bedingungen (z. B. Impuls- oder Massenerhaltung) erfüllen muss.

Am Applikationsbeispiel des Laserauftragschweißens wurde die Modifikation der Fehlerfunktion eines CNNs, auf Basis physikalischer Randbedingungen, zur Detektion von Porosität verwendet [MCG22]. Die Arbeit zeigt, wie die Integration von simulierten und gemessenen Daten in ein CNN-Modell durch Modifikation der Verlustfunktion die Vorhersagequalität des Modells beeinflusst. Als Messdaten wurden in-situ Wärmebildaufnahmen verwendet. Die Anwendung der Methode hat in diesem Fall zu einer teilweisen Verbesserung der Vorhersageergebnisse geführt.

Die steigende Anzahl an Veröffentlichungen im Bereich der hybriden Modellierung zeigt, dass in der Wissenschaft ein hohes Potenzial hinsichtlich dieses Ansatzes gesehen wird. Gleichzeitig besteht noch ein großer Forschungsbedarf, um die möglichen Vorteile in den jeweiligen Anwendungsfällen wirtschaftlich nutzbar zu machen.

2.5 Regelung der Einschweißtiefe beim Laserstrahlschweißen

Während des Prozesses entstehende und erkannte Unregelmäßigkeiten können nur unter bestimmten Voraussetzungen ausregelt werden. Eine Bedingung ist, dass Stellgrößen zur Verfügung stehen, mit denen die erkannte Abweichung beeinflusst werden kann. Bei spontan auftretenden Ereignissen wie Schmelzauswurf oder Spritzern, besteht keine Möglichkeit, diese mit entsprechenden Regeleingriffen zu verhindern, da der physikalische Ablauf zum Zeitpunkt der Erkennung bereits in Gang gesetzt ist. Nahteinfälle oder Bindefehler, die aufgrund ungeeigneter Spaltgrößen entstehen und über längere Abschnitte der Schweißnaht bestehen bleiben, sind grundsätzlich mit Hilfe einer Regelung des Blechabstandes kompensierbar aber nicht vollständig vermeidbar [TEN18, S. 142].

Neben der Auftrittshäufigkeit von unterschiedlichen Unregelmäßigkeiten ist die Einschweißtiefe einer der wichtigsten Parameter zur Bewertung einer Schweißnaht. Zusammen mit der Nahtbreite und weiteren Formparametern, welche die Geometrie des Nahtquerschnitts beschreiben, ist sie ein Maß für die Festigkeit der Schweißverbindung. Mit dem Ziel, den Autonomiegrad von Produktionseinheiten und -linien zu erhöhen, sind Systeme erforderlich, die den Eingriff in das aktuelle Prozessgeschehen ermöglichen. Das aktive Eingreifen in den Bearbeitungsprozess ermöglicht die Kompensation äußerer Störeinflüsse (z.B. Abweichung der Fokuslage, Verschmutzung optischer Bauelemente) sowie die langfristige Optimierung der Prozessparameter auf Basis umfangreicher und aktueller Datenbestände.

Klassische Ansätze zur Prozessregelung

Erste Systeme zur Prozessregelung kamen beim Laserstrahlschweißen zu Beginn des 21. Jahrhunderts zum Einsatz [BEE04]; [BAR05]; [POS03]. Die in dieser Zeit entwickelten Lösungen nutzen den Bildmittelwert der mithilfe eines Kamerasystems erfassten Prozessemissionen [BEE04], das Auftreten des Durchweißlochs [ABT17]; [BAR05]; [BLU15] oder das Signal einer Fotodiode [BIR11]; [POS03], um äußere Störgrößen auszugleichen. In den genannten Fällen wird der Regelkreis mithilfe eines P-, PI-, oder PID-Reglers geschlossen, welcher anhand der Differenz zwischen Führungsgröße und rückgeführter Messgröße, eine geeignete Stellgröße (z.B. Laserleistung) generiert. Außerdem ist es möglich, die Einschweißtiefe, wie in Kapitel 2.2.2 (Seite 17) beschrieben, mithilfe der OCT zu regeln. Untersuchungen zu dem Thema sind in [KOG16]; [SCH22] zu finden und zeigen die experimentelle Umsetzung eines geschlossenen Regelkreises auf Basis eines PID bzw. eines Fuzzy-Reglers. Die Güte des Reglers ist unmittelbar abhängig von der Qualität der OCT-basierten Einschweißtiefenmessung. Wie bereits in Kapitel 2.2.2 (Seite 17) erwähnt, ist es aufgrund der sich ändernden Dampfkapillargeometrie erforderlich, dass die OCT-Messposition für jede neuartige Schweißaufgabe erneut eingerichtet wird.

Weitere Regelsysteme auf der Basis von Fotodioden wurden in Vergangenheit ebenfalls ausführlich untersucht. In [BIR11] kommt beispielsweise ein PID-Regler zur

Verringerung von Einschweißtiefenschwankungen zum Einsatz. Auf Grundlage der NIR-Prozessemission aus der Prozesszone wird ein Fotodiodenmesssignal mit einer Abtastfrequenz von 200 kHz generiert und dem Regler als Rückführungsgröße zur Verfügung gestellt. Es konnte gezeigt werden, dass Verbesserungen der bauteilbezogenen Einschweißtiefenschwankung in Form einer Reduktion der Standardabweichung um 66,9 % erreichbar sind. Die Spannweite der gemessenen Einschweißtiefe sinkt dabei um 52,9 % im Vergleich zum ungeregelten Prozess. Ändern sich jedoch die Korrelationsbeziehungen, zum Beispiel aufgrund von Modifikationen der Schutzgasführung oder der Nahtgeometrie, erfordert dies eine erneute Anpassungen des Regelsystems [BIR11].

Die Untersuchungen in [BRO14] zeigen, dass ein fotodiodenbasierter Sensor (insgesamt 8 Dioden) mit einer zeitlichen Auflösung von 20 µs und einer räumlichen Auflösung von 100 µm zur Verfolgung der Metalldampffackelposition genutzt werden kann. Die Beziehungen zwischen der Position der Metalldampffackel und der Geometrie der Dampfkapillare werden genutzt, um eine Regelung der Einschweißtiefe umzusetzen. Nach einem aus Hochgeschwindigkeitskamerasequenzen abgeleiteten Modell deutet eine stabile Metalldampffackel auf eine stabile Dampfkapillare hin. Daher passt der entwickelte Regler die Laserleistung an, um die Position der Metalldampffackel bei einer effektiven Regelfrequenz von 100 Hz zu stabilisieren. Im Experiment mit einem offenen Regelkreis führen Änderungen der Vorschubgeschwindigkeit und des Arbeitsabstands zu Schwankungen der Einschweißtiefe. Bei aktiver Regelung führt die Stabilisierung der Fackelposition in einem eingeschränkten Prozessparameterbereich zu einem qualitativ homogenen Profil der Fackelposition bzw. der Einschweißtiefe.

Eine kamerabasierte Regelung der Einschweißtiefe wird in [ABT11] vorgestellt. Bei diesem Ansatz wird die statistische Häufigkeit für das Auftreten des in den Prozessbilddaten erkennbaren Durchschweißloches beim Übergang der Kapillare zum unteren Fügepartner errechnet. Der Schweißprozess ist in Form einer I-Naht im Überlappstoß mit verzinkten Blechen und Fügeabstand umgesetzt worden. Mithilfe einer in die Kamera integrierten Auswerteeinheit (*Cellular-Neural-Network*) wird der Schweißprozess derart geregelt, dass die Auftrittshäufigkeit des Durchschweißloches im zeitlichen Mittel etwa 30 % beträgt und somit eine sichere Einschweißung in den unteren Fügepartner erreicht werden kann. Weitere umfangreichere Untersuchungen zeigen, dass sich die Methode zur Regelung der Durch- und Einschweißung auf Basis des Durchschweißlochs bei bestimmten verzinkten Stählen und Aluminiumwerkstoffen eignet [ABT17]. Die Untersuchungen weisen auf qualitative Verbesserungen des Einschweißtiefenverlaufs bei der Kompensation der Fokuslage, der Materialstärke, der Vorschubgeschwindigkeit sowie verschmutzter Optikkomponenten hin. Das Verfahren ist unmittelbar abhängig von der Sichtbarkeit eines Durchschweißlochs, die nicht bei allen Konfigurationen, Materialien und Parameterbereichen gegeben ist.

Ein alternatives Regelungskonzept wird in [BOL03] vorgestellt. In diesem Fall kommt ein künstliches neuronales Netz als Approximation für ein dynamisches Prozessmodell im Rahmen einer modellprädiktiven Regelung zum Einsatz. Modellprädiktive Regler erlauben die Berücksichtigung mehrerer Regel- und Stellgrößen sowie Nebenbedingungen während der Online-Optimierung hinsichtlich einer definierten Gütefunktion. In der genannten Arbeit konnte gezeigt werden, dass die mittlere Pixelintensität eines koaxial integrierten Kamerasystems in Kombination mit modellprädiktiver Regelung zur Optimierung der Einschweißtiefe genutzt werden kann. Die benötigte Rechenkapazität der zur iterativen Online-Lösung des Optimierungsproblems des Ansatzes ist bei hochdynamischen Laserschweißprozessen als nachteilig einzustufen. Zudem benötigen PID-Regler sowie modellprädiktive Regler ein bestimmtes Maß an Know-how, um implementiert, gewartet und an neue Prozesssituationen angepasst werden zu können.

Reinforcement Learning beim Laserstrahlschweißen

Mit dem steigenden Aufkommen datengetriebener Lösungen zur Qualitätssicherung werden in jüngster Vergangenheit vermehrt lernbasierte Verfahren untersucht, um adaptive Prozessregelungen umzusetzen, die anhand der aktuellen Datenlage eine effiziente und möglichst automatisierte Anpassung an neue Anforderungen erlauben. Besonders das bestärkende Lernen (engl.: *reinforcement learning*, kurz: RL) eignet sich auf Grund des Belohnungsmechanismus für die Generierung einer Regelstrategie unter Berücksichtigung kurz- und langfristiger Optimierungsziele. Mit RL kann ein Optimierungsproblem ganzheitlich gelöst werden, ohne dass eine Gütefunktion explizit angegeben werden muss. Weil RL-Algorithmen wichtige Informationen aus der Bewertung unterschiedlicher Aktionssequenzen und den daran gekoppelten Belohnungen gewinnen, eignet sich die Methodik besonders für wechselnde Umgebungen und unterschiedliche Bedingungen [SUT18].

Ein RL-Ansatz findet im Rahmen des Laserschweißens erstmals Erwähnung in [GÜN16]. Das Verfahren *actor-critic reinforcement learning* wird mit dem Ziel eingesetzt, die Einschweißtiefe mithilfe der Laserleistung zu regeln. In der genannten Arbeit wurde der RL-Ansatz ohne den Einsatz realer Messdaten eines Schweißprozesses mithilfe einer einfachen Prozesssimulation erprobt, welche die Einschweißtiefe anhand der Laserleistung berechnet. Die Belohnung wird auf Basis der Differenz der Zieleinschweißtiefe und der simulativ bestimmten Einschweißtiefe ermittelt. Es wird gezeigt, dass der verwendete RL-Algorithmus im Rahmen der Simulation innerhalb kurzer Zeit zu einer Lösung konvergiert und dass eine Erprobung im realen Prozess aussichtsreich erscheint.

Die experimentellen Untersuchungen in [MAS20] zeigen den erfolgreichen Einsatz eines RL-basierten Ansatzes zur Prozessregelung beim Laserstrahlschweißen. Das Sensorkonzept beinhaltet drei Fotodioden (VIS, NIR-Laserrückreflexion, NIR) sowie einen Körperschallsensor zur Erfassung akustischer Signale aus dem Bauteilinneren. Die gemessenen Signale werden mithilfe eines neuronalen Netzes klassifiziert und dem RL-Algorithmus in komprimierter Form zur Verfügung gestellt. Die eingestellte Laserleistung bzw. daraus resultierende Einschweißtiefe bestimmt die Belohnung, die der RL-Agent während der Trainingsphase erhält. Nach einer Trainingszeit von 20 Minuten, was 110 Einzelschweißungen von 10 mm Länge entspricht, erlernt der RL-Agent auf Basis der Sensorsignale und der Belohnung, die Auswahl der optimalen Laserleistung aus fünf unterschiedlichen Leistungswerten, um die Zieleinschweißtiefe zu erreichen. Die Regelfrequenz des KI-Systems beträgt 50 Hz. Weitere Untersuchungen hinsichtlich der Eignung des Ansatzes zur Kompensation von Prozessstörungen stehen noch aus. Im Hinblick auf eine industrielle Anwendbarkeit ist zudem fraglich, inwiefern eine rein auf Versuch und Irrtum basierte Parametersuche wirtschaftlich umsetzbar ist. Ein Schritt zur Verringerung des Trainingsaufwandes könnte die Miteinbeziehung von Vorwissen in der Form von Prozessmodellen und Simulationen sein.

Im Bereich der laserbasierten additiven Fertigung wird in [OGO21] eine Methode basierend auf *Deep Reinforcement Learning* zur Verbesserung der Qualität beim L-PBF vorgestellt. Mithilfe des *Proximal Policy Optimization*-Algorithmus kann eine Regelstrategie zur Reduzierung der Defektbildung anhand simulativ erzeugter Temperaturverteilungen abgeleitet werden. Die erlernte Regelstrategie ist in der Lage, die Scangeschwindigkeit zu erhöhen oder die Leistung zu verringern, um einen Wärmestau bzw. Überhitzung in kritischen Bereichen des Bauteils während des Druckvorganges zu vermeiden. Der Einsatz an realen Prozessen konnte bisher aufgrund technischer Begrenzungen nicht gezeigt werden. Mit einem ähnlichen Ziel wurde im Rahmen von Voruntersuchungen zu dieser Arbeit der Ansatz des modellbasierten Reinforcement Learning (MBRL) erprobt [KNA21b]. Auf Basis von Bilddaten der Bauteiloberfläche aus der jeweiligen Schicht eines L-PBF-Bauteils, konnten optimale Prozessparameter zur schichtweisen Verringerung der Oberflächenrauheit und des thermischen Verzuges gefunden werden. Die Methode wurde anhand experimenteller Daten evaluiert, jedoch steht eine Integration in die Bearbeitungsmaschine sowie Überprüfung des Echtzeitverhaltens noch aus.

2.6 Fazit zum Stand der Technik

Die während eines Schweißvorgangs auftretenden Prozessabweichungen können insbesondere bei Applikationen mit beschichteten Werkstoffen vielfältige Ursachen haben und schließlich zu unterschiedlichen, teilweise kritischen Nahtunregelmäßigkeiten führen. Bisher eingesetzte Prozessüberwachungssysteme sind nur selten in der Lage, das Auftreten unterschiedlicher Unregelmäßigkeiten eindeutig zu erkennen. Eine wesentliche Herausforderung ist, dass die Prozessemissionen von weiteren Faktoren, wie den Prozessparametern, der Bauteilverschmutzung, der Nahtgeometrie oder der Materialcharge wesentlich beeinflusst werden können. Dies führt insbesondere bei integral messenden Sensoren (z.B. Fotodioden), aufgrund des geringeren Informationsgehaltes, zu Uneindeutigkeiten, die schließlich die Pseudofehlerrate erhöhen sowie die Anzahl der erkannten Nahtunregelmäßigkeiten senken können.

Um unterschiedliche Einflussgrößen in Bezug auf die Schweißnahtqualität differenzieren zu können, ist ein Sensorkonzept erforderlich, das geeignete Informationen bereitstellt. In diesem Zusammenhang bietet der Einsatz bildgebender Verfahren das Potenzial, detaillierte Informationen aus der Prozesszone zu erfassen. Dies können einerseits geometrische Parameter der Dampfkapillare, der Metalldampffackel oder des Schmelzbades sein. Außerdem eignen sich Intensitätsverläufe der Wärmestrahlung oder prozessspezifische Merkmale, wie das Durchschweißloch, zur Generierung eines eindeutigen Prozessfingerabdrucks, der schließlich zu einer präzisen Bewertung der Nahtqualität herangezogen werden kann. Zudem ermöglicht die ganzheitliche Analyse unterschiedlicher Sensoren, durch den Einsatz moderner KI-basierter Auswertestrategien, eine detaillierte Bewertung der Leistungsfähigkeit einzelner Sensorsignale hinsichtlich der Erkennung verschiedenartiger Nahtunregelmäßigkeiten.

Anhand von Tabelle 3 (Seite 27) wird ersichtlich, dass in einzelnen Forschungsarbeiten bereits KI-basierte Verfahren in Kombination mit unterschiedlichsten Sensoren zur Prozessüberwachung und -regelung eingesetzt und untersucht wurden. In Abbildung 15 wurden aus Veröffentlichungen bekannte, kamerabasierte sowie vorwiegend KI-gestützte Qualitätssicherungssysteme hinsichtlich ihrer Eigenschaften in unterschiedliche Kategorien eingeordnet.

Bisher untersuchte Systeme erreichen mittlere bis hohe Vorhersageleistungen hinsichtlich einzelner Nahtunregelmäßigkeiten oder geometrischer Prozessmerkmale. Es ist jedoch weiterhin fraglich, wie eine industriell einsetzbare Lösung eines KI-basierten In-Prozess-Qualitätssicherungssystems zur Detektion mehrerer kritischer Prozessabweichungen (z.B. *Erstarrungsrisse, Bindefehler, Nahteinfall, Durchbrand*) mit einer hohen Leistungsfähigkeit erreicht werden kann und welche Parameter die Leistungsfähigkeit des Systems beeinflussen. Des Weiteren stellt die robuste Extraktion qualitätsrelevanter Merkmale, wie die Einschweißtiefe oder die Schmelzbadlänge, aus In-Prozess-Bilddaten eine Herausforderung dar.

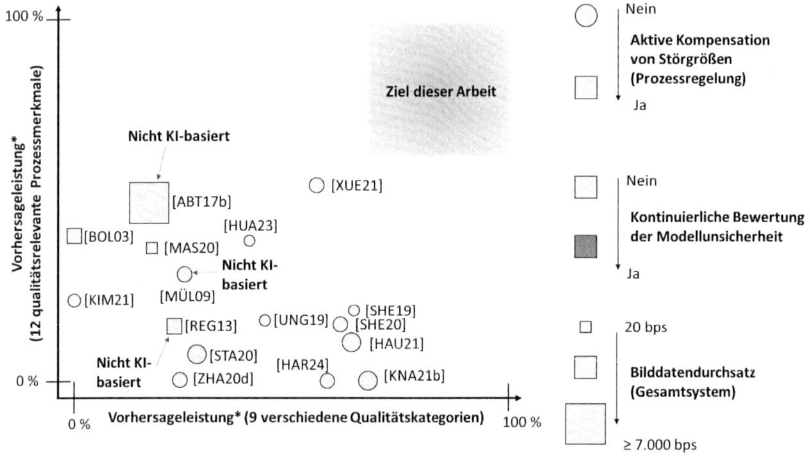

* Die hier genannten Autoren nutzen teils unterschiedliche Vorhersagegrößen (Anzahl und Typ) sowie verschiedene Metriken zur Bewertung, was einen direkten Vergleich erschwert (siehe Tabelle 3). Die Vorhersageleistungen werden daher, soweit möglich, unter Berücksichtigung der jeweiligen Anzahl der untersuchten Qualitätsmerkmale abgeschätzt.

Abbildung 15: Einordnung bisheriger In-Prozess-Qualitätssicherungssysteme auf Basis bildgebende Messverfahren hinsichtlich unterschiedlicher Systemeigenschaften.

In Kombination mit einer Regelung des Schweißprozesses können weitere Potenziale zur Automatisierung und Optimierung des Fertigungsprozesses gehoben werden. Hinsichtlich der Prozessregelung ist zu bemerken, dass bisher nur wenige Hersteller aktive Einschweißtiefenregelsysteme als industrietaugliche Lösungen anbieten. Eine wesentliche Hürde bei der Umsetzung zuverlässiger Regeleinrichtungen ist die eindeutige Interpretation der Messsignale. Dies gilt besonders für Signale basierend auf Fotodioden, aber auch für die OCT-basierte Vermessung der Dampfkapillare, da die relative Position der maximalen Kapillartiefe zum Bearbeitungslaserstrahl von unterschiedlichen Faktoren, wie beispielsweise den Prozessparametern, abhängt. Dahingegen bieten bildgebende Messverfahren den Vorteil, dass konkrete geometrische Parameter (z.B. die Dampfkapillarbreite an der Bauteiloberfläche) positionsunabhängig aus den Bilddaten extrahiert werden können.

Zwar erreichen heutige KI-basierte Systeme Bildraten von bis zu 925 bps (siehe Tabelle 3). Allerdings können hohe Prozessdynamiken sowie kurzfristig auftretende Prozessunregelmäßigkeiten, wie Schweißspritzer oder Schmelzbadfluktuationen, die Notwendigkeit einer deutlich höheren Bildrate von 6.000 bps im Rahmen einer lückenlosen Überwachung des Prozesses erfordern (siehe Kapitel 4.1.4, Seite 48).

Zudem ist aus Abbildung 15 ersichtlich, dass in bisherigen Arbeiten eine kontinuierliche Bewertung der Modellunsicherheit nicht Bestandteil der jeweiligen Systeme bzw. Untersuchungen war. Bisherige Prozessüberwachungssysteme bieten somit nicht die Möglichkeit einer automatisierten Erkennung unsicherer bzw. ungültiger Ausgaben oder einer Degradation des zugrundliegenden statistischen Modells. Dies ist jedoch für KI-basierte Qualitätssicherungssysteme, die im produktionsnahen Umfeld zum Einsatz kommen von wesentlicher Bedeutung, da die von den Systemen generierten qualitätsbezogenen Bewertungen, die Produktionskosten beeinflussen können. In diesem Zusammenhang ermöglicht die Erkennung einer hohen Modellunsicherheit, dass bei entsprechenden Indikatoren eine Rekalibrierung des KI-Systems durchgeführt wird, sodass weiterhin valide Messsignale bereitgestellt werden können.

Insgesamt besteht weiterhin Entwicklungsbedarf bezüglich zuverlässiger In-Prozess-Qualitätssicherungssysteme, die für ein breites Spektrum an Prozessen robuste Detektionsergebnisse liefern. Darüber hinaus sind geringe Anlern- und Prüfzeiten sowie eine hohe Integrationsfähigkeit in übergeordnete Systeme eine Grundvoraussetzung für den Einsatz eines Prozessüberwachungssystems im industriellen Kontext. Aus dem Stand der Wissenschaft und Technik und unter der Berücksichtigung vergleichbarer Systeme zur Qualitätssicherung im produktionsnahen Umfeld können folgende Anforderungen an zukünftige, intelligente Prozessüberwachungs- und Regelsysteme abgeleitet werden:

- Erkennung und Unterscheidung unterschiedlicher kritischer Nahtunregelmäßigkeiten und Prozessabweichungen
- Hohe Detektionsgenauigkeit, geringe Pseudofehlerrate
- Erkennung und Verfolgung qualitätsrelevanter Prozessmerkmale (z.B. Nahtbreite, Durchschweißloch, Durchmesser der Dampfkapillare, Einschweißtiefe)
- Ortsaufgelöste Prüfung der Schweißnaht
- Hohe Robustheit gegenüber sich verändernder Randbedingungen (z.B. Prozessparameter, Beleuchtung)
- Fähigkeit zur Bewertung der Zuverlässigkeit der generierten Prädiktionen
- Kompensation kritischer Nahtunregelmäßigkeiten während des Prozesses
- Fähigkeit zur Adaption an neuartige Prozesssituationen

3 Zielsetzung und Vorgehensweise

Auf Grundlage der im Stand der Technik festgestellten Potenziale wird das Ziel verfolgt, unterschiedliche bildgebende Sensorsysteme hinsichtlich ihrer Fähigkeit zur Erkennung kritischer Naht- und Prozessunregelmäßigkeiten zu bewerten. Zum Einsatz kommen verschiedene In-Prozess-Kamerasysteme, welche jeweils unterschiedliche Eigenschaften in wirtschaftlicher sowie messtechnischer Dimension repräsentieren.

Ein weiterer wichtiger Baustein für die Leistungsfähigkeit eines bildbasierten Qualitätssicherungssystems ist die verwendete Strategie zur intelligenten und automatisierten Datenauswertung. Aus diesem Grund wird die Entwicklung eines KI-basierten Systems angestrebt, welches eine hohe Leistungsfähigkeit hinsichtlich der Bilderkennung sowie geringe Latenzzeiten (< 2,6 ms, siehe Kapitel 6.1, Seite 125) für eine nachgelagerte Prozessregelung erreicht. Aufgrund der hohen erforderlichen Bildrate zur Detektion von Nahtunregelmäßigkeiten und Prozessabweichungen wird zudem ein Durchsatz von mindestens 6.000 bps (siehe Kapitel 4.1.4, Seite 48) bei der Auswertung der Bilddaten angestrebt. Die dafür notwendige Untersuchung und Optimierung geeigneter KI-basierter Verfahren ist ein weiterer Bestandteil der Arbeit.

In der Praxis ist ein KI-System immer wieder neuen Situationen bzw. Prozesszuständen ausgesetzt, mit denen das System umgehen muss. Heutige Prozessüberwachungseinrichtungen werden in solchen Situationen aufgrund zu hoher Pseudofehlerrate oder zu geringer Detektionsgenauigkeit meist abgeschaltet, bis eine erneute, manuelle Kalibration des Messsystems durchgeführt wird. Der Einsatz KI-basierter Verfahren kann diesen Prozess vereinfachen, indem die Zuverlässigkeit des Systems kontinuierlich bewertet wird, um bei Bedarf eine Rekalibrierung des Systems einzuleiten. In diesem Zusammenhang wird eine Erweiterung des KI-Systems mit dem Ziel angestrebt, die Unsicherheit des zugrundeliegenden KI-Modells kontinuierlich zu überprüfen und neuartige Prozesszustände automatisiert zu erkennen.

Überdies ist die Einschweißtiefe ein wichtiges Qualitätskriterium für Schweißnähte, deren Wert sich jedoch nicht ohne Weiteres direkt aus den Prozessbilddaten ableiten lässt. In diesem Zusammenhang wird untersucht, welche Vorteile sich aus der Kombination von KI-Verfahren und physikalischen Modellierungsansätzen hinsichtlich einer robusten Bestimmung der Einschweißtiefe ergeben. Ziel ist es, die Einschweißtiefe möglichst präzise auf Basis der Prozessbilddaten und unter Berücksichtigung physikalischer Randbedingungen zu berechnen.

Auf Grundlage des entwickelten KI-basierten Qualitätssicherungssystems soll schließlich eine modellgestützte, adaptive Regelung der Einschweißtiefe auf Basis lernender Verfahren umgesetzt werden. Ein Ziel dabei ist es, die benötigte Datenmenge für das Erlernen einer Regelstrategie aus praktischen Gründen so gering wie möglich zu halten. Gleichzeitig soll das System in der Lage sein, unbeabsichtigte Abweichungen der Einschweißtiefe zu erfassen und zu kompensieren.

3.1 Forschungsfragen

Die genannten Ziele lassen sich wie folgt in konkrete Forschungsfragen überführen, deren Beantwortung den wesentlichen Inhalt dieser Arbeit darstellt:

- Wie muss ein KI-System konzipiert sein, um eine hohe Leistungsfähigkeit und Zuverlässigkeit bei der Erkennung kritischer Nahtunregelmäßigkeiten sowie der Kompensation von Störgrößen während des Laserstrahlschweißens zu erzielen?
  1. Welche Modellarchitektur und welcher bildgebende Sensor eignen sich für die präzise Erkennung unterschiedlicher kritischer Unregelmäßigkeiten während des Prozesses bei hohen Datendurchsätzen (≥ 6.000 bps)?
  2. Wie kann die Zuverlässigkeit der mittels KI-Modell erzeugten Ausgaben während des produktiven Einsatzes bestimmt werden?
  3. Wie lässt sich eine automatisierte Kalibration bzw. eine robuste Schätzung der Einschweißtiefe auf Basis der Bilddaten erreichen?
  4. Wie kann ein dateneffizientes KI-System zur Kompensation von Störgrößen bzw. zur Regelung der Einschweißtiefe mit geringen Latenzzeiten (< 2,6 ms) umgesetzt werden?

3.2 Vorgehensweise & Gliederung

Ausgehend von den zuvor gestellten Forschungsfragen sowie den im Stand der Technik (Kapitel 2) festgestellten Anforderungen an heutige Prozessüberwachungs- und Regelsysteme wird in Kapitel 4 das Konzept einer bildbasierten In-Prozess-Qualitätssicherung für Laserschweißnähte erörtert. Der dort vorgestellte sensorische Ansatz zur Erfassung relevanter Messsignale aus der Prozesszone sowie die auf der Basis maschinellen Lernens entwickelte Bildauswertung dienen als Grundlage für nachfolgende Untersuchungen hinsichtlich der Erkennung von Nahtunregelmäßigkeiten und Prozessregelung.

In Kapitel 5 ist die Ausarbeitung zur hybriden Modellierung und Kalibration der Einschweißtiefe dargestellt. Mithilfe der zuvor entwickelten KI-basierten Bildauswertung in Kombination mit bestimmten Bildmerkmalen wird unter Berücksichtigung eines analytischen Modells die Berechnung der Einschweißtiefe umgesetzt. Zudem wird ein automatisierbares Verfahren entwickelt, welches die Kalibrierung der Einschweißtiefe mithilfe des hybriden Modells und anhand des Verlaufs spezifischer Bildmerkmale ermöglicht. Schließlich findet die Abschätzung der Unsicherheit des KI-Modells in Form einer *Out-of-Distribution*-Erkennung in diesem Kapitel statt.

Die Entwicklung und Evaluierung der mittels *Reinforcement Learning* umgesetzten Prozessregelung zur Kompensation von Störgrößen sind in Kapitel 6 dargestellt. Das Kapitel beinhaltet die Definition der Belohnungsfunktion, die Beschreibung des Gesamtansatzes zur Prozessregelung sowie quantitative und qualitative Analysen der *Reinforcement Learning*-Methode zur Optimierung der Nahtqualität. Schließlich beinhaltet Kapitel 7 die Zusammenfassung der Arbeit sowie einen Ausblick hinsichtlich möglicher Forschungs- und Entwicklungspfade in der Zukunft.

4 Bildbasierte Prädiktion der Schweißnahtqualität

Im folgenden Kapitel ist das Konzept zur multiperspektivischen und ortsaufgelösten Erfassung der optischen Prozessemission dargestellt. Basierend auf den in Kapitel 2.6 (Seite 39) definierten Anforderungen wird die Architektur eines KI-basierten Bildverarbeitungssystems abgeleitet und weiterentwickelt. Die anschließende Einflussgrößenanalyse und Hyperparameteroptimierung zeigen die wichtigsten Stellhebel hinsichtlich der Leistungsfähigkeit der Methode auf. Anhand experimenteller Daten wird die Implementierung der finalen Modellarchitektur hinsichtlich ihrer Performanz evaluiert. Des Weiteren wird die Relevanz einzelner Bildmerkmale sowie der Einfluss unterschiedlicher Sensortypen bezüglich ihres Beitrages zur Erkennungsleistung des Systems aufgezeigt. Schließlich findet eine Bewertung hinsichtlich der Modellunsicherheit statt, indem bestimmt wird, ob die Datenpunkte einer Schweißung außerhalb der Verteilung des ursprünglichen Trainingsdatensatzes liegen. Diese sogenannte *Out-of-Distribution* (OOD)-Erkennung hat die Bewertung der Modellunsicherheit zum Ziel, um anhand dieser festzustellen, ob das betrachtete Modell für den Einsatz in der aktuellen Prozesskonfiguration geeignet ist. Das entwickelte Bildverarbeitungsmodul, bestehend aus Datenerfassungshardware und Signalverarbeitungsssoftware, dient als Grundlage für die Arbeiten in den anschließenden Kapiteln.

4.1 Aufbau des bildgebenden Prozessbeobachtungssystems

Der folgende Abschnitt enthält die Beschreibung des Versuchsaufbaus, bei dem insbesondere auf die hinsichtlich der Überwachungsaufgabe abgestimmten Eigenschaften der einzelnen Kamerasysteme eingegangen wird.

4.1.1 Koaxial integriertes Thermografie-System

Die in dieser Arbeit eingesetzte Sensorik setzt sich aus drei Hochgeschwindigkeitskamerasystemen zur simultanen Erfassung unterschiedlicher Emissionen aus der Prozesszone zusammen.

Eine Wärmebildkamera basierend auf einem InGaAs-Halbleiterchip ist dabei koaxial in die Bearbeitungsoptik integriert und erfasst die thermische Strahlung aus der Wechselwirkungszone, welche die Dampfkapillare, das Schmelzbad sowie Teile der erstarrten bzw. abkühlenden Schweißnahtoberfläche beinhaltet. Dieser Kameratyp eignet sich besonders für die Beobachtung des Schmelzbades, da das Maximum der relevanten Wärmestrahlung nach Gleichung 4.1 innerhalb des Wellenlängenbereichs der Empfindlichkeit des Sensors (0,9-1,7 µm) auftritt.

Die Beziehung zwischen einer bestimmten Temperatur eines schwarzen Körpers und der Wellenlänge, bei der das Maximum der Strahlungsintensität liegt, wird nach dem Wienschen Verschiebungsgesetz durch folgende Gleichung beschrieben [DEW88]:

$$\lambda_{\max}(T_s) = \frac{2.897{,}8\ \mu m\ K}{T_s} \tag{4.1}$$

Für die Temperatur $T_s = 1.737\ \mathrm{K}$, die dem Schmelzpunkt des für diese Versuche verwendeten kohlenstoffarmen Stahls (DX56D+Z) entspricht, liegt die maximale Intensität der Wärmestrahlung nach Abbildung 16 bei einer Wellenlänge von $\lambda_{\max} = 1.634\ \mathrm{nm}$.

Zur Einhaltung eines optimalen Signal-zu-Rausch-Verhältnisses sowie zur Verminderung chromatischer Aberrationen kommt ein Bandpassfilter mit einer Wellenlänge von $\lambda_3 = 1.690\ \pm 82\ nm$ zum Einsatz. Zusätzlich wird die thermische Strahlung im Bereich der Dampfkapillare lokal mit einem Neutraldichtefilter mit einer optischen Transmissivität von 0,01 % (OD4) verringert. Dadurch können die in Abbildung 16 dargestellten, deutlich erkennbaren Strahldichteunterschiede zwischen Dampfkapillarstrahlung (bis zu 7.000 K [KAW08]) und der thermischen Strahlung des Schmelzbades bzw. der erstarrten Schweißnaht reduziert werden.

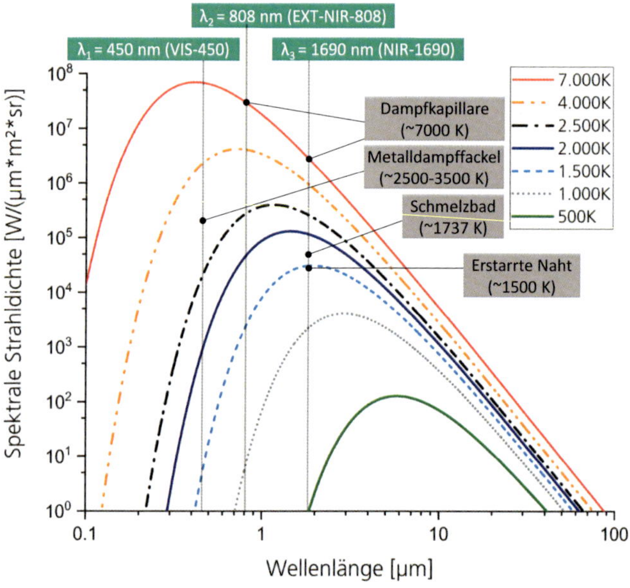

Abbildung 16: Spektrale Strahldichte nach dem Planckschen Strahlungsgesetz [BER14] für unterschiedliche Temperaturen in Abhängigkeit der Wellenlänge.

Wie in Abbildung 17 dargestellt, führt die Modifikation zu einer Erhöhung der Bilddynamik und ermöglicht eine detailreiche Erfassung der unterschiedlichen Prozesszonen. Im Rahmen der in Abschnitt 4.3.1 beschriebenen Temperaturkalibrationsmethode, wird das gesamte NIR-1690-Kamerasystem inklusive Bearbeitungsoptik und Neutraldichtefilter kalibriert, um im Bereich des Schmelzbades Temperaturen an der Bauteiloberfläche messen zu können.

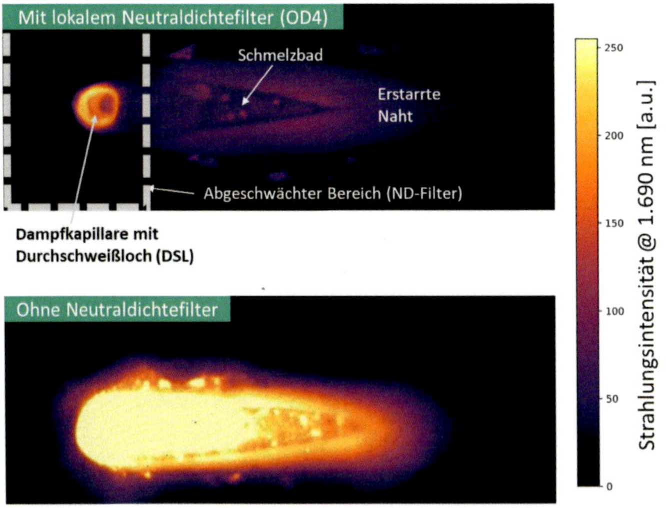

Abbildung 17: Vergleich der thermischen Signalintensität (NIR-1690) von Prozessbilddaten mit und ohne lokalem Neutraldichtefilter.

4.1.2 Laterale Prozessüberwachungskamera mit Fremdbeleuchtung

Ergänzend zum Thermografie-System (NIR-1690) kommt eine seitlich an die Bearbeitungsoptik befestigte CMOS-Kamera mit einer fotoaktiven Sensorfläche aus Silizium zum Einsatz. Die Kamera erfasst, wie das zuvor beschriebene System, die gesamte Prozesszone inklusive der Dampfkapillare, dem Schmelzbad sowie der erstarrten Naht im Nachlauf. Im Gegensatz zum Thermografie-System wird bei dieser Kamera ein Bandpassfilter mit einer Wellenlänge von $\lambda_2 = 810 \pm 10\ nm$ eingesetzt. Dies entspricht annähernd dem Emissionswellenlängenbereich (808 nm) der ebenfalls lateral installierten Oberflächenemitter (VCSEL), welche die Prozesszone homogen ausleuchten. Ziel des Einsatzes der Zusatzbeleuchtung ist es, die Prozessemissionen weitestgehend zu überstrahlen, um so eine ungestörte Aufnahme der prozessnahen Bauteiloberfläche zu ermöglichen. Die Untersuchung der Messstrategie mit Zusatzbeleuchtung ist in den deutlich geringeren Systemkosten im Vergleich zu Hochgeschwindigkeits-Thermografiesystemen begründet (siehe Tabelle 5). Die Untersuchung soll unter anderem darüber Aufschluss geben, ob mit diesem System (EXT-NIR-808) eine vergleichbare Fehlererkennungs- bzw. Prozessüberwachungsleistung erreichbar ist und somit kamerabasierte Prozessüberwachungssysteme im industriellen Umfeld weiter an Attraktivität gewinnen.

4.1.3 Ortsaufgelöste Erfassung der thermischen Metalldampffackelemission

Ein weiteres bildgebendes Messsystem (VIS-450), welches auf einer CMOS-Kamera mit Si-Detektor basiert, ist lateral unter einem Winkel von 30° zur Werkstückoberfläche montiert und erfasst die Metalldampffackel oberhalb der Werkstückoberfläche. Da der ausströmende Metalldampf oberhalb der Dampfkapillare eine Temperatur von etwa 3500°C [ŠČE12] aufweist, lässt sich dessen emittierte Wärmestrahlung bereits bei Wellenlängen beobachten, die im typischen Sensitivitätsbereich siliziumbasierter (300-900 nm) Detektoren liegen. Daher wird für das System eine Beobachtungswellenlänge von $\lambda_1 = 450 \pm 42\ nm$ gewählt. In Abbildung 16 sind die Beobachtungswellenlängen der einzelnen Kamerasysteme bezüglich der Planckschen Strahlungsspektren für unterschiedliche Temperaturen dargestellt. Die typischen Temperaturbereiche der einzelnen Prozessmerkmale bzw. Prozesszonen für das Laserstrahlschweißen von Stahlwerkstoffen sind in Abbildung 16 ebenfalls markiert.

4.1.4 Abschätzung der erforderlichen Bildrate

Im folgenden Abschnitt erfolgt die Abschätzung der erforderlichen Bildrate bzw. der Datenverarbeitungsgeschwindigkeit, welche für eine lückenlose Erfassung der in Abschnitt 2.1.3 (Seite 8) definierten Nahtunregelmäßigkeiten und Prozessabweichungen notwendig ist.

Im Rahmen dieser Arbeit werden Kamerasysteme zur Beobachtung mehrerer Objekte innerhalb der Prozesszone eingesetzt, denen unterschiedliche Prozessdynamiken zugrunde liegen. Neben der erstarrten Schweißnaht treten in der Prozesszone Objekte mit hoher Dynamik (d.h. Dampfkapillare, Metalldampffackel, Schmelzbad, Spritzer) auf, sodass eine wesentlich höhere Messfrequenz bzw. Bildrate erforderlich sein kann.

Beispielsweise lassen sich nach Volpp et al. beim Laserstrahlschweißen metallischer Werkstoffe, Schmelzbäder mit Oszillationsfrequenzen von 100-600 Hz beobachten [VOL13]. Zudem zeigen neun unabhängige von Volpp zusammengefasste Untersuchungen, dass experimentell ermittelte Oszillationsfrequenzen der Dampfkapillare im Bereich von 500 Hz bis zu 100 kHz auftreten können [VOL17, S. 11]. Dabei häufen sich die gemessenen Frequenzen insbesondere im Bereich von etwa 3 kHz. Aufgrund des physikalischen Zusammenhangs zwischen Dampfkapillare und Metalldampffackel ist von einer hohen Ähnlichkeit hinsichtlich der Dynamik der beobachtbaren Prozessmerkmale auszugehen, die in weiteren experimentellen Untersuchungen bestätigt wurde [KÄG13, S. 92]. Insgesamt sind die Oszillationscharakteristika der Objekte innerhalb der Prozesszone eines Schweißprozesses abhängig von den verwenden Prozessparametern, den verwendeten Werkstoffen und der Schweißkonfiguration [VOL17, S. 12]; [KÄG13, S. 92].

Prozessabweichungen sowie geometrische Parameter der Dampfkapillare können nach dem WKS-Abtasttheorem[6] wesentlich zuverlässiger mit Bildraten von mindestens dem Doppelten der am häufigsten auftretenden Oszillationsfrequenzen der Dampfkapillare (3 kHz) detektiert werden. Die minimal erforderliche Bildrate beträgt demnach $f_{kamera} = 6.000\ bps$.

Im Rahmen der industriellen Umsetzung einer bildbasierten Vorhersage der Nahtqualität ist ein entsprechender Datendurchsatz des Bildverarbeitungssystems in der Höhe der Bildrate des Kamerasystems notwendig, da ansonsten Prozessinformationen ungenutzt verworfen werden. Demnach ist ein Datendurchsatz des Bildverarbeitungssystems von $C_{img} \geq 6.000\ bps$ notwendig.

4.1.5 Benötigter Dynamikbereich für die Prozessüberwachung

Um zu beschreiben welche Bandbreite an Lichtintensitäten ein Kamerasystem messen und differenzieren kann, wird häufig der gerätespezifische Dynamikbereich DN herangezogen. Der Dynamikbereich gibt das Verhältnis aus dem Intensitätswert $\mu_{p,sat}$, bei welchem eine Sättigung des Sensors eintritt und dem kleinsten messbaren Intensitätswert $\mu_{p,min}$ des Sensors an [EMV21]:

$$DN = \frac{\mu_{p,sat}}{\mu_{p,min}} \tag{4.2}$$

In diesem Zusammenhang ist der kleinste messbare Intensitätswert $\mu_{p,min}$ als der Pegel definiert, bei dem das Signal-zu-Rausch-Verhältnis, unter Berücksichtigung eines linearen Kameramodells, den Wert 1 beträgt [ISO23]. Das Signal-zu-Rauschverhältnis repräsentiert den Quotienten aus Intensität des gemessenen Signals und des Signalrauschens in Form der Standardabweichung. Eine Verringerung des Rauschniveaus verbessert den Dynamikbereich, da eine die Detektion geringer Signalpegel ermöglicht wird, ohne dass diese im Rauschboden verloren gehen. Tabelle 4 gibt einen Überblick über verschiedene Arten von Bildrauschen, deren Entstehungsursachen sowie mögliche Ansätze zu deren Kompensation.

Zur Verringerung von Bildrauschen wurden die in dieser Arbeit verwendeten Kamerasysteme mittels Dunkelbildsubtraktion kalibriert. Das NIR-1690-Kamerasystem wird zudem aktiv mit Luft gekühlt und die Bilddaten aller Systeme werden verlustfrei mittels GZIP-Kompression im Datenformat HDF5 (engl.: *Hierarchical Data Format*) gespeichert [HDF24]; [DEU96].

---

[6] Das Whittaker-Kotelnikow-Shannon-Theorem besagt im Kontext der Informationstheorie, dass ein Signal begrenzter Bandbreite vollständig rekonstruiert werden kann, wenn dieses mit mehr als der doppelten der maximal auftretenden Frequenz abgetastet wird [LAN19, S. 23–26].

Zur Ermittlung des benötigten Dynamikbereichs des NIR-1690-Kamerasystems kann die spektrale Strahldichte als Maß für auftretende Intensitätswerte herangezogen werden. Basierend auf den im Folgenden beschriebenen Abschätzungen lassen sich so Rückschlüsse auf den erforderlichen Dynamikbereich ziehen.

Tabelle 4: Übersicht unterschiedlicher Bildrauschtypen [ERZ11, S. 14]; [JÄH12, S. 215].

Rauschtyp	Ursache	Reduktion
Thermisches Rauschen	Sensorwärme/ Bewegung von Ladungsträgern	Kühlung, Kalibrierung
Photonenrauschen	Quantennatur des Lichts	Längere Belichtungszeit, lichtempfindlichere Sensoren
Ausleserauschen	Elektronische Bauteile, Analog-Digital-Wandler (ADC)	Hochwertige Schaltungen, optimierte ADC-Wandler
Quantisierungsrauschen	Wandlung analog zu digital	Hochqualitative Wandler mit hoher Bittiefe (12 / 16 Bit)
Fixed Pattern Noise	Fertigungsbedingte Bauteilabweichungen, Sensordesign	Dunkelbildsubtraktion, Sensor-Kalibrierung
Kompressionsartefakte	Bildkompression	Keine oder verlustfreie Kompression

Nach dem Planckschen Strahlungsgesetz (siehe Gleichung 8.10, Seite 175) besitzt ein schwarzer Körper mit einer Temperatur von 800 K (z.B. erstarrte Naht) bei einer Wellenlänge von $\lambda_3 = 1.690\,nm$ eine spektrale Strahldichte von etwa $L_{800\mathrm{K}} = 9{,}7 \times 10^9\ \mathrm{W\,m^{-3}\,sr^{-1}}$. Unter der Annahme, dass der niedrigste zu messende Temperaturwert 800 K beträgt, resultiert aus der genannten spektralen Strahldichte, der kleinste durch das Kamerasystem zu messende Intensitätswert $\mu_{p,min}$. Der größte zu messende Intensitätswert $\mu_{p,sat}$ bezieht sich auf die Temperaturen innerhalb der Dampfkapillare von bis zu 7.000 K beziehungsweise einer spektralen Strahldichte von etwa $L_{7000\mathrm{K}} = 1{,}22 \times 10^{13}\ \mathrm{W\,m^{-3}\,sr^{-1}}$. Daraus ergibt sich nach Gleichung 4.2 ein erforderlicher Dynamikbereich von $DN = 1257{:}\,1$ bzw. 62 dB für die zu beobachtenden Objekte im Bildbereich des NIR-1690-Kamerasystems. Es ist zu bemerken, dass die Beobachtungswellenlänge und der Messtemperaturbereich einen starken Einfluss auf die erforderliche Bilddynamik haben. Würde sich unter den gleichen Randbedingungen die kleinste zu messende Temperatur von 800 K auf 300 K verringern, wäre ein Dynamikbereich von $DN = 1277318 : 1$ bzw. 122 dB notwendig.

Bei der Beobachtung von Prozessemissionen während des Laserschweißens sind grundsätzlich hohe Dynamikbereiche vorteilhaft, da die messbare Strahlungsintensität eine exponentielle Temperaturabhängigkeit aufweist. Ein großer Dynamikbereich ist auch für Kamerasysteme mit Fremdbeleuchtung von Vorteil, da somit gleichzeitig Details in dunklen Bildbereichen (z.B. mit Ruß bedeckte Naht) und in Bereichen mit hoher Signalintensität (z.B. thermische Emission der Dampfkapillare) erfasst werden können.

Neben den in Kapitel 4.1.1 beschriebenen Anpassungen des optischen Systems zur Erhöhung der Bilddynamik des NIR-1690-Kamerasystems, sind die

Verstärkungsfaktoren aller Kamerasysteme auf den jeweils geringsten Wert eingestellt worden, sodass der größtmögliche Dynamikbereich des jeweiligen Systems verwendet wird. Ein Verstärkungsfaktor größer 1 kann das Signal in Bildbereichen geringer Strahlungsintensitäten (z.B. aufgrund minimaler Belichtungszeiten) zwar verbessern, allerdings führt ein erhöhter Verstärkungsfaktor dazu, dass hohe Signalintensitäten schneller die Sättigungsgrenze des Sensors erreichen. Die Dynamikbereiche der einzelnen Kamerasysteme sind in Tabelle 5 aufgeführt.

4.1.6 Gesamtsystemübersicht

Die wichtigsten technischen Parameter der einzelnen Kamerasysteme können aus Tabelle 5 entnommen werden. Der beschriebene Versuchsaufbau dient zur Erhebung zeitlich und örtlich aufgelöster In-Prozess-Messdaten und stellt damit die Grundlage der experimentellen Untersuchungen im Rahmen dieser Arbeit dar.

Tabelle 5: Übersicht der zur Prozessüberwachung eingesetzten Kamerasysteme.

Abkürzung	**NIR-1690**	**VIS-450**	**EXT-NIR-808**
Hersteller/Modell	Xenics Cheetah 640 TE1 1700	Mikrotron EoSens 3CXP	Mikrotron EoSens 4CXP
Objektiv	Eigenbau (koaxial), siehe Anhang 8.5	KOWA LM35HC (f=35 mm)	OPTEM ZOOM 70XL
Sensortyp / Sensitivitätsbereich	InGaAs / 900-1700 nm (NIR)	Si (CMOS) / 400-950 nm (VIS)	Si (CMOS) / 350-850 nm (VIS)
Pixelgröße	20 µm	8 µm	7 µm
Bildfeld	2,82mm x 8,45mm	27,22mm x 29,47mm	3,98mm x 7,46mm
Auflösung (ROI)	160x480 pixel	256x480 pixel	768x1.440 pixel
Belichtungszeit	85 µs	110 µs	40 µs
Dynamikbereich	60 dB (ohne ND-Filter, siehe Kapitel 4.1.1)	80 dB	60 dB
Bildrate	7.000 bps	7.000 bps	1.000 bps
Optischer Filter	BP 1.690 nm ±82 nm	BP 450 ±42 nm	BP 810 ±40 nm
Integration	koaxial	Lateral (70°)	Lateral (30°)
Fremdbeleuchtung	Nein	Nein	Ja, 4x VCSEL @ 810 nm; 35 W
Schnittstelle	CameraLink	CoaxPress	CoaxPress
Datenrate	512 Mbyte/s	820 Mbyte/s	1055 Mbyte/s
Kosten[7]	~78.000 €	~4.200 €	~5.200 €

Die in dieser Arbeit verwendeten Kamerasysteme erreichen Bildraten von bis zu 7.000 bps, um die zeitliche Veränderung der zu beobachtenden Objekte, bei gleichzeitiger Beibehaltung der örtlichen Auflösung, bestmöglich zu erfassen. Nach dem WKS-Abtasttheorem ermöglichen die Kamerasysteme die Erfassung von

[7] Basierend auf Angeboten der Hersteller aus dem Jahr 2019

Oszillationsfrequenzen von bis zu 3,5 kHz. Im Hinblick auf die Detektion von Nahtunregelmäßigkeiten eröffnet die detaillierte Erfassung der Prozessdynamik die Extraktion weiterer Prozessmerkmale als Grundlage für eine KI-basierte Auswertung.

Zur Echtzeitdatenübertragung sind die eingesetzten Hochgeschwindigkeits-Kameras jeweils über einen *Framegrabber*, wie in Abbildung 18 dargestellt, mit einem Industrie-Rechner verbunden. Dabei erfassen die *Framegrabber* die von der jeweiligen Kamera generierten Bilddaten mithilfe eines genormten Übertragungsprotokolls wie CoaxPress oder CameraLink und überführen sie in ein Zielformat [TEL20]. Mittels *Direct Memory Access* (DMA) werden die Kamerabilder unmittelbar in den Hauptspeicher des Host-PC transferiert, ohne dabei signifikant CPU-Last zu generieren [AAR15]. Dies hat den Vorteil, dass wichtige Rechenressourcen für die nachfolgende Datenverarbeitung zur Verfügung stehen.

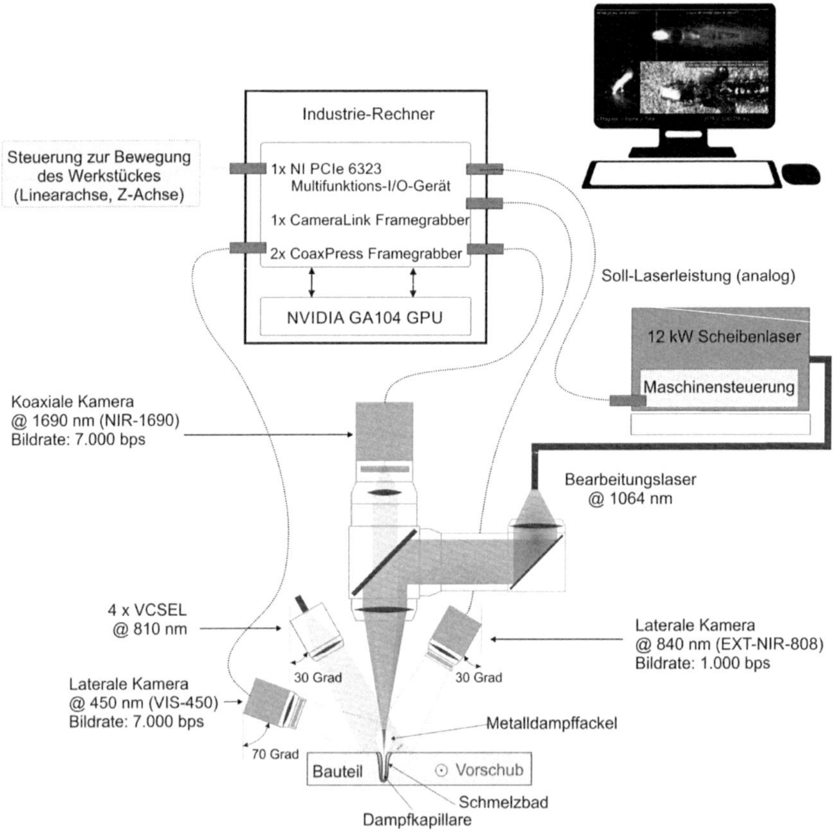

Abbildung 18: Experimenteller Aufbau mit Sensorik und Auswertehardware zur Durchführung von Laserstrahlschweißexperimenten.

Die Einbindung der Hardwarekomponenten in ein gemeinsames Software-Modul zur Datenakquisition ermöglicht die zeitliche Zuordnung der Datenströme. Zudem verfügt der Industrie-Rechner ebenfalls über ein Multifunktions-I/O-Gerät, das zur Erfassung und Erzeugung zusätzlicher digitaler und analoger Signale verwendet wird. Das Gerät ist ebenfalls in die Datenakquisitionssoftware integriert und erfasst die Achspositionen der Verfahreinheit sowie die Soll-Laserleistung synchron zu den Bilddaten der verwendeten Kameras.

4.2 Werkstoffe und Probenvorbereitung

Die im Rahmen der Arbeit durchgeführten Schweißversuche betreffen die Erzeugung lasergeschweißter Nähte unter Verwendung unterschiedlicher im Karosseriebau eingesetzter Materialien. In diesem Zusammenhang kommen verzinkte Bleche aus niedriglegiertem Kaltumformstahl (DC05+ZE) zum Einsatz. Die Fügepartner werden in Überlappkonfiguration unter Berücksichtigung der in Tabelle 6 dargestellten Prozessparameterbereiche verschweißt. Der Strahldurchmesser d_s an der Werkstückoberfläche wird durch eine Veränderung des Arbeitsabstandes bzw. der Fokuslage Δz_f in z-Richtung variiert. Aus Gründen der Prozessstabilität befindet sich bei einer Abweichung der Sollfokuslage von $\Delta z_f = 0\ mm$ der Brennfleck des Laserstrahls 2 mm über Werkstückoberfläche, was in einem Strahldurchmesser $d_s = 390\ \mu m$ an der Werkstückoberfläche resultiert.

Tabelle 6: Untersuchte Prozessparameterbereiche für das Schweißen in Überlappkonfiguration.

Parameter	Formelzeichen	Wert	Einheit
Laserleistung	P_L	1-6	kW
Wellenlänge des Lasers	λ_L	1030	nm
Geschwindigkeit	v_s	1-9	m/min
Strahldurchmesser	d_s	224-710	µm
Schutzgasvolumenstrom	$\dot{V}_{SG}$	0	m³/min
Einstrahlwinkel	α_L	2,5 schleppend	°
Fügespalthöhe	a_s	0-0,3	mm
Materialstärke	t_b	0,9; 1,6; 1,8	mm
Fokuslage	Δz_f	-2,-1,0,1,2	mm

Weitere Informationen zur Strahlkaustik und bezüglich des Zusammenhangs zwischen Strahldurchmesser und Fokuslagenabweichung sind in Anhang 8.1 (Seite 161) zu finden. Die notwendige Laserleistung wird von einem Nd:YAG Scheibenlaser der Firma TRUMPF SE + Co. KG mit einer maximalen Nennleistung von $P_L = 12\ kW$ bereitgestellt. Abbildung 19 zeigt im linken Teilbild eine Fotografie des vorgestellten Versuchsaufbaus inklusive der eingesetzten Kamerasysteme.

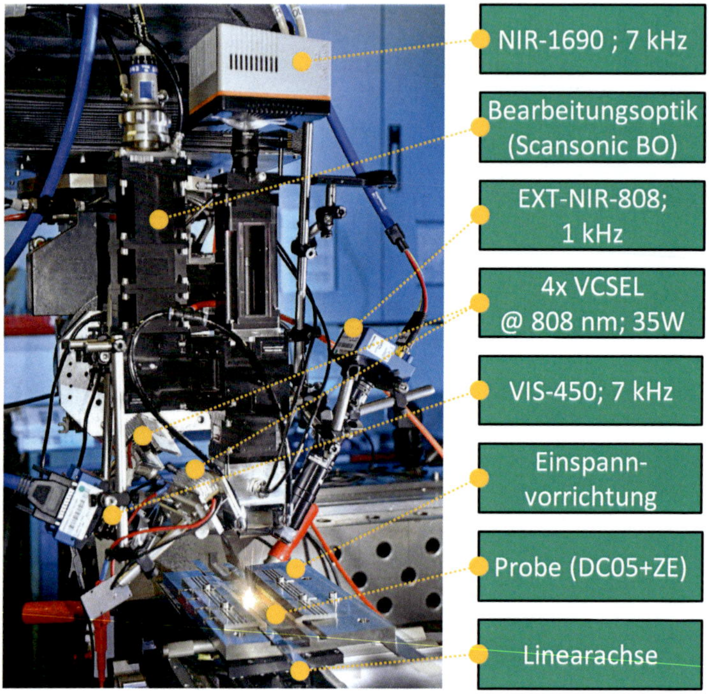

Abbildung 19: Fotografie des Versuchsaufbaus bestehend aus Bearbeitungsoptik und drei Kamerasystemen inklusive Zusatzbeleuchtung zur Prozessbeobachtung.

Neben der zufälligen bzw. natürlichen Erzeugung der in Tabelle 8 (Seite 67) definierten Unregelmäßigkeiten während der Durchführung der Überlappschweißversuche, findet bei ausgewählten Versuchen außerdem eine gezielte Provokation bestimmter Nahtfehler statt.

In diesem Zusammenhang ist in Abbildung 20 die geometrische Konfiguration der einzelnen Fügepartner schematisch dargestellt. Die beiden Fügepartner sind in Überlappkonfiguration angeordnet und weisen, falls nicht anders angegeben, eine Fügespalthöhe von $a_s = 0{,}2\ mm$ auf. Die gezielte Einbringung von Nahtunregelmäßigkeiten wie *Nahteinfall* und *Bindefehler* findet mithilfe der nach Abbildung 20 (a-c) modifizierten Blechproben statt. Dabei führen die eingebrachten Quernuten zu lokal vergrößerten Fügespalttiefen, welche die Entstehung von Bindefehlern und Nahteinfällen begünstigen. Die konkrete Fehlerausprägung ist dabei abhängig von den verwendeten Prozessparametern, insbesondere der Laserleistung P_L, der Vorschubgeschwindigkeit v_s und dem Strahldurchmesser d_s, da diese einen maßgeblichen Einfluss auf die Schmelzbildung bzw. Spaltüberbrückbarkeit haben.

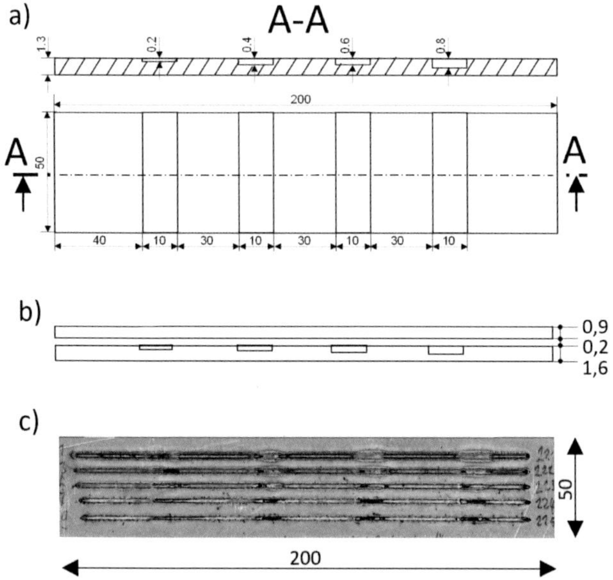

Abbildung 20: a) Skizze der Schweißbleche mit unterschiedlichen Nuttiefen (unteres Blech); b) Seitenansicht der Überlappkonfiguration mit modifiziertem Unterblech; c) Fotografie (Draufsicht) fehlerbehafteter Schweißnähte.

Insgesamt beträgt der Anteil der mithilfe der modifizierten Bleche erzeugten Nahteinfälle und Bindefehler im Verhältnis zu allen im Datensatz vorhandenen Unregelmäßigkeiten dieser Art etwa 60 %.

Zur Überprüfung der Detektionsfähigkeit von Heißrissen während des Schweißens kommt außerdem ein hochfester und zur Kaltumformung geeigneter Dualphasenstahl (HCT980XG+ZE; Zugfestigkeit: 980-1130 MPa) nach Tabelle 7 zum Einsatz. Aufgrund des höheren Anteils an Legierungselementen wie Schwefel, Phosphor, Silizium und Bor wird davon ausgegangen, dass diese Stahlsorte eine erhöhte Heißrissneigung aufweist [SCH18, S. 29].

Tabelle 7: Chemische Zusammensetzung der untersuchten verzinkten Stähle in Gewichtsprozent (maximal).

Material (EU-Norm)	C	Mn	P	S	Si	Al	Cr+ Mo	Nb+ Ti	V	Cu
DC05+ZE	0,06	0,35	0,025	0,025	-	-	-	-	-	-
HCT980XG+ZE	0,12	2,35	0,04	0,005	0,650	0,06	1,0	0,120	0,06	0,15

Zur gezielten Erzeugung von Erstarrungsrissen längs zur Schweißnaht wird ein aus der Literatur bekannter Heißrisstest eingesetzt [GAO18]; [VDE11]. Dieser Heißrisstest sieht eine einseitige Einspannung der Blechprobe vor, wobei der Nahtanfang, wie in

Abbildung 21 ersichtlich, auf die Blechkante verlegt wird. Die Schweißnaht verläuft parallel zur nicht eingespannten Probenkante.

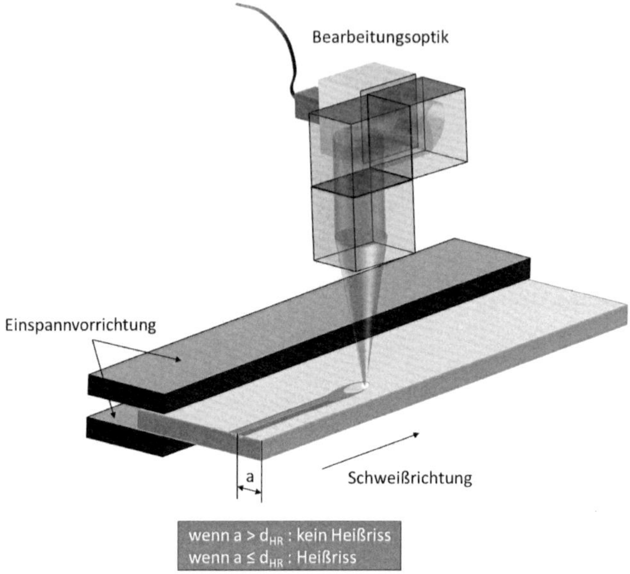

Abbildung 21: Schematische Darstellung des Heißrisstests mit freier Probenkante in Anlehnung an die technische Regel SEP1220-3 des VDEh [VDE11]; [GAO18].

Bei der Durchführung von Heißrisstests mit eigenbeanspruchten Proben sind die beim Schweißen induzierten Spannungen für die Entstehung und Ausbreitung von Erstarrungsrissen verantwortlich. Durch den Schweißvorgang wird dabei in Abhängigkeit des Abstandes zur freien Probenkante aufgrund thermischer Ausdehnung und den geometrischen Randbedingungen ein Spannungsfeld induziert. Wird der Abstand zur freien Probenkante vergrößert, nimmt die Risslänge typischerweise ab, bis ab einem prozess- und materialspezifischen Schwellenwert d_{HR} keine Rissbildung mehr beobachtet wird [WOL06]; [GAO18]. Die Untersuchungen zur In-Prozess-Erkennung von Heißrissen finden mit den in Tabelle 7 dargestellten Werkstoffen bei einer Probenstärke von $t_b = 1{,}6\,mm$ statt.

4.3 Voruntersuchungen zur multiperspektivischen Diagnostik

Nachfolgend sind Beispiele von Prozessaufnahmen gezeigt, die mithilfe der zuvor beschriebenen Kamerasysteme aufgezeichnet wurden. Wie in Abbildung 22 ersichtlich, erhöht sich bei konstanter Streckenenergie E_S und gleichzeitig steigender Vorschubgeschwindigkeit v_S sowie Laserleistung P_L die Intensität der thermischen Strahlung aus der Prozesszone. Insbesondere in den Prozessaufnahmen des NIR-1690-Kamerasystems sind mit wachsender Vorschubgeschwindigkeit und Laserleistung vergrößerte Schmelzbäder und Dampfkapillaren zu erkennen.

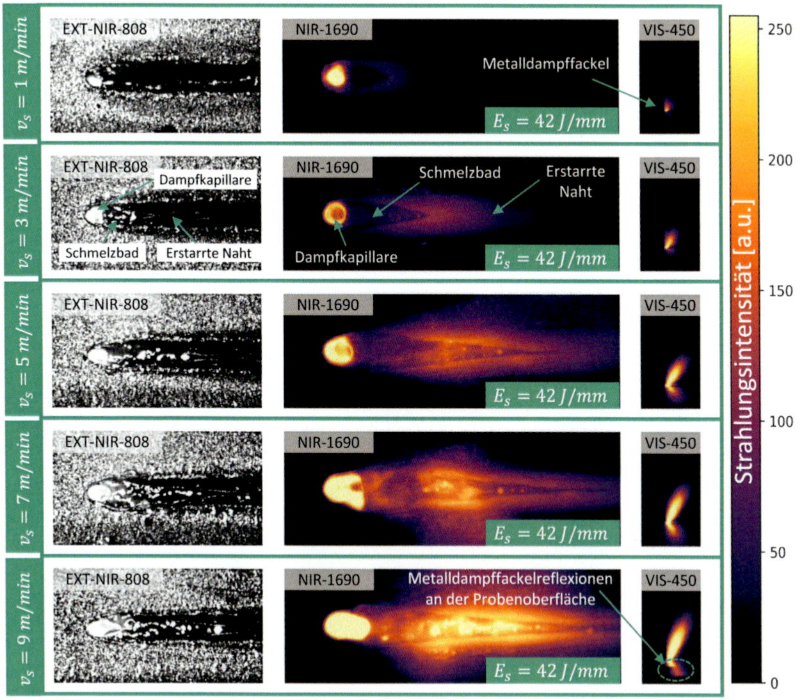

Abbildung 22: Prozessaufnahmen bei unterschiedlichen Vorschubgeschwindigkeiten v_s, angepasster Laserleistung P_L und konstanter Streckenenergie E_s.

Steigt die Vorschubgeschwindigkeit bei entsprechend steigender Laserleistung (konstante Streckenenergie) erhöht sich das Schmelzevolumen aufgrund der benötigten Abkühl- und Erstarrungszeit der Schmelze. Zudem sinkt mit steigender Vorschubgeschwindigkeit und konstanter Streckenenergie der Anteil der Energieverluste durch Wärmeleitung beim Schweißen, bis asymptotisch ein Maximum des Prozesswirkungsgrades erreicht wird [PAT16, S. 157]. Eine Steigerung der Prozesseffizienz kann ebenfalls zu einer Vergrößerung der Schmelzbad- und Dampfkapillarvolumen führen.

Des Weiteren neigt sich die Dampfkapillare mit wachsender Vorschubgeschwindigkeit entgegengesetzt der Vorschubrichtung [WEB10, S. 32]. Mit steigender Neigung der Dampfkapillare erhöht sich aufgrund des wachsenden Einfallswinkels die Absorption der Laserleistung an der Kapillarwand bis zum Erreichen des Brewster-Winkels [HEL22, S. 9]. Dies könnte ursächlich für die Erhöhung der Verdampfungsrate innerhalb Dampfkapillare sein, die in Abbildung 22 in Form einer mit der Vorschubgeschwindigkeit wachsenden Metalldampffackelhöhe beobachtbar ist. Korrespondierend weisen vergrößerte geometrische Parameter der Dampfkapillare auf eine entsprechend veränderte Situation innerhalb der Kapillare hin.

In den Prozessaufnahmen auf Basis des Kamerasystems mit Fremdbeleuchtung (EXT-NIR-808) ist eine Unterscheidung zwischen Schmelzbad und erstarrter Naht aufgrund der oxidierten und leicht abgesenkten Nahtoberfläche mit Herausforderungen verbunden. Die Bilddaten des NIR-1690-Systems beinhalten neben den Informationen über die oberflächennahe Schmelzbadgeometrie zusätzlich Informationen bezüglich der thermischen Emission im Bereich des Schmelzbads und der erstarrten Naht. Bildmerkmale aus diesen Bereichen können hinsichtlich einer robusten Detektion unterschiedlicher Nahtunregelmäßigkeiten von großer Bedeutung sein und werden daher in Kapitel 4.6.3 (Seite 91) näher betrachtet.

4.3.1 Strahlungsbasierte Temperaturmessung in der Prozesszone

Für die Erkennung von Nahtunregelmäßigkeiten können messbare zeitliche Änderungen der lokalen Temperatur innerhalb der Prozesszone eine wesentliche Rolle spielen. Die Messung solcher Temperaturänderungen ist grundsätzlich mithilfe des NIR-1690-Kamerasystems umsetzbar, erfordert jedoch zusätzliche Kalibrationsschritte, die in Anhang 8.7 (Seite 175) beschrieben sind. In diesem sowie im nachfolgenden Abschnitt werden die Möglichkeiten und Grenzen einer In-Prozess-Temperaturmessung zur Erkennung von Nahtfehlern bzw. als Grundlage für eine Prozessregelung erörtert.

Eine nachgelagerte Kalibration des optischen Gesamtsystems (d.h. NIR-1690-Kamera inklusive Abbildungsoptik, Neutraldichtefilter und Bearbeitungsoptik) mithilfe eines schwarzen Strahlers ermöglicht die Berechnung der Temperaturverteilung anhand der thermischen Prozessemission. Dazu wird der zunächst unbekannte Emissionsgrad bezüglich der NIR-1690-Bilddaten (siehe Abbildung 23 - oben) derart angepasst, dass die Temperatur an der Erstarrungsgrenze (schmelzbadseitig) der Schmelztemperatur des Werkstoffes von $T_s = 1.737\ \mathrm{K}$ entspricht. Der somit anhand der thermischen Strahlung an der Schmelzlinie bestimmte Emissionsgrad von $\varepsilon_{\mathrm{SB}} = 0{,}42$ wird als konstant angenommen.

In der Praxis ist der Emissionsgrad von vielen Faktoren, wie Rauheit, Wellenlänge und Temperatur der emittierenden Oberfläche abhängig [BER14]. Im Rahmen des vorgestellten Anwendungsfalls unterliegt der Emissionsgrad zudem, aufgrund variierender Oberflächenbedingungen, örtlichen und zeitlichen Fluktuationen, welche das Ergebnis der berechneten Temperatur beeinflussen. Weitere Informationen zur pixelweisen Temperaturkalibration mithilfe eines schwarzen Strahlers sind in Anhang 8.7 zu finden.

Ein Beispiel für ein während des Laserstrahlschweißens aufgenommenes und anschließend kalibriertes Temperaturbild ist in Abbildung 23 dargestellt. Im Vergleich zum Intensitätsbild in Abbildung 23 (oben) zeigt das Temperaturbild in Abbildung 23 (unten) eine Anhebung des Signals im Bereich der Dampfkapillare, als Ausgleich für die Abschwächung des eingesetzten Neutraldichtefilters. Aufgrund von Emissionsgradunterschieden zwischen Schmelze (~1.450 K) und erstarrtem Material (~1.600 K), kommt es weiterhin zu deutlich sichtbaren Temperatur- bzw. Signaldifferenzen im Bereich des Schmelzbadrandes. Zudem wird die berechnete Temperatur des erstarrenden Materials trotz Emissionsgradanpassung unterschätzt. Bei der strahlungsbasierten Temperaturmessung stellt die Überlagerung von zeitlich und örtlich variierenden Temperaturunterschieden und Emissionsgradänderungen (z.B. beim Phasenwechsel von flüssig zu fest) eine Herausforderung dar.

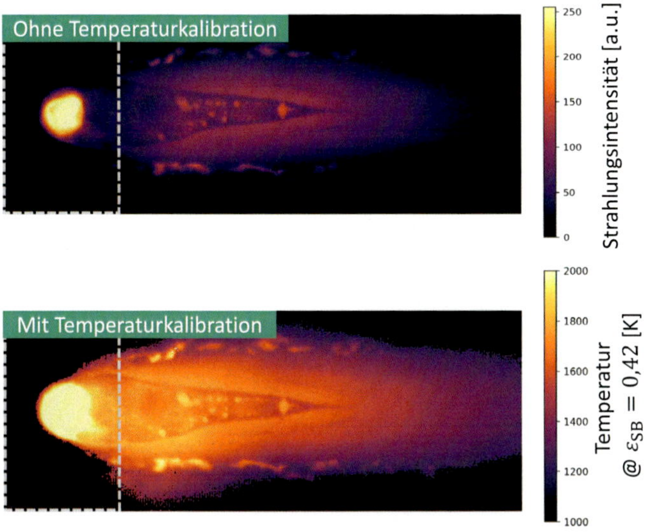

Abbildung 23: Falschfarbendarstellung der NIR-1690-Bilddaten vor und nach der Temperaturkalibration des Gesamtsystems an einem schwarzen Strahler.

Die in Abbildung 22 (Seite 57) gezeigten Aufnahmen legen außerdem nahe, dass die gemessene Signalintensität des NIR-1690-Kamerasystems nicht ausschließlich auf die Wärmestrahlung der Werkstückoberfläche zurückzuführen ist. Aufgrund der koaxialen Beobachtungsposition, ist davon auszugehen, dass signifikante Anteile der Metalldampffackel, welche in Abbildung 22 (rechts) ebenfalls dargestellt sind, zur Intensität der erfassten Wärmestrahlung beitragen [AAL05].

4.3.2 Auswirkungen der Metalldampffackel auf das thermische Messsignal

Um den Einfluss der Metalldampffackel auf eine mögliche strahlungsbasierte Temperaturmessung zu überprüfen, sind in Abbildung 24 die Verläufe der mittleren Strahlungsintensität aus dem Bereich des Schmelzbads bzw. der erstarrten Naht unterschiedlicher Schweißversuche gezeigt. Die in den Prozessaufnahmen markierte Zone zeigt den Bereich, über den die gemessene Signalintensität pro Zeiteinheit gemittelt wird. Kommt es beispielsweise bei einer Vorschubgeschwindigkeit von $v_s = 5\ m/min$ zu einer Reduktion der Laserleistung von $P_{L,soll} = 3{,}6\ kW$ (Laser an) auf $P_{L,soll} = 0{,}0\ kW$ (Laser aus), treten nach etwa 142 µs deutliche Veränderung der mittleren Signalintensität in dem markierten Bildbereich auf. Zum einen nimmt die Fluktuation des

Signals sichtbar ab, zum anderen ist das Signalniveau insgesamt geringer als vor dem Ausschalten des Lasers.

Im unteren Teil von Abbildung 24 ist das Abklingverhalten der mittleren Signalintensität I_{re} des markierten Bildbereiches dargestellt. Erst etwa 53 ms nachdem der Laser ausgeschaltet wurde, klingen die mittleren Intensitäten aufgrund des Abkühlvorganges auf Werte außerhalb des Messbereiches (< 1.000 K) ab. Die abrupte Signaländerung unmittelbar nach der Leistungsverringerung kann daher auf den Einfluss der Metalldampffackel im Zusammenhang mit der koaxialen Messposition des Sensors zurückgeführt werden. Wird die Laserleistung auf null verringert, und damit die notwendige Energie zur Aufrechterhaltung der Dampfkapillare nicht mehr eingebracht, sind die thermischen Emissionen des Schmelzbades und dessen Umgebung unbeeinflusst durch die Metalldampffackel beobachtbar.

Anhand von Abbildung 24 wird deutlich, dass die Temperaturstrahlung der Metalldampffackel, trotz optisch geringer Dichte des Gases [ŠČE12], die gemessene Signalintensität im Vergleich zur Eigenstrahlung der Bauteiloberfläche um 20-80 % erhöht. Zudem können Reflexionen der Metalldampffackel, wie sie in Abbildung 22 (Seite 57) beobachtbar sind, an Komponenten des Versuchsaufbaus zusätzlich zu Veränderungen der gemessenen Signalintensität im Schmelzbadbereich führen. Die genannten Effekte sind abhängig von der zugeführten Laserleistung und der Vorschubgeschwindigkeit, welche die Verdampfungsrate beeinflussen und können in diesem Fall außerdem durch das ausgasende Zink verstärkt werden.

Einen weiteren Einfluss haben jeweils die Art und Menge des gegebenenfalls zugeführten Schutzgases, welches während des Schweißvorganges zu einer deutlichen Abkühlung bzw. Unterdrückung der Metalldampffackel beitragen kann und somit störende Einflüsse auf das thermische Messsignal verringert.

Die in dieser Arbeit durchgeführten Versuche werden ohne Schutzgas durchgeführt, da bei Laserschweißprozessen im industriellen Karosseriebau aus praktischen Gründen weitestgehend kein Schutzgas zum Einsatz kommt [MIC12, S. 29].

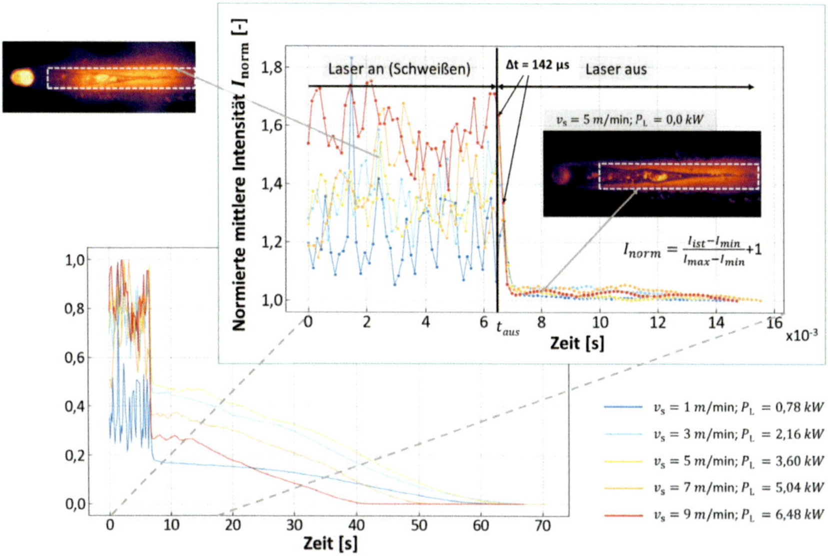

Abbildung 24: Visualisierung der mittleren Signalintensität (markierter Bereich im Prozessbild) vor und nach dem Abschalten des Lasers bei unterschiedlichen Vorschubgeschwindigkeiten.

Basierend auf den vorangegangenen Ergebnissen werden geometrische Prozessmerkmale (d.h. Schmelzbad- bzw. Dampfkapillargeometrieparameter) als wesentlich aussagekräftiger für eine Nahtfehlererkennung und Prozessregelung erachtet, da sie in geringem Maße von überlagerten Metalldampffackelsignalen beeinflusst werden. Dementsprechend ist das im Rahmen dieser Arbeit zu entwickelnde KI-basierte Bildverarbeitungsverfahren so auszulegen, dass möglichst eindeutig erkennbare und zeitlich stabile Bildmerkmale bzw. Merkmalssequenzen zur Bewertung der Nahtqualität herangezogen werden.

4.3.3 Messtechnischer Vergleich von Nahtfehlern und Prozessabweichungen

Im folgenden Abschnitt sind Beispiele der in Kapitel 2.1.3 (Seite 8) beschriebenen Nahtunregelmäßigkeiten in Form von In-Prozess-Bilddaten dargestellt. Die gezeigten Unregelmäßigkeiten repräsentieren die Qualitätskategorien, die mithilfe des KI-Systems erkannt und unterschieden werden sollen. In Abbildung 25 sind die unterschiedlichen Ausprägungen einzelner Prozessmerkmale aus Sicht der verwendeten Kamerasysteme dargestellt. Gezeigt ist eine fehlerfreie Durchschweißung, bei der die Dampfkapillare an der Unterseite der beiden Fügepartner austritt und ihre Tiefe somit der Gesamtstärke der Fügepartner (2 x 0,9 mm) entspricht. Aus der koaxialen Beobachtungsposition ist dabei das Bildmerkmal Durchschweißloch (DSL) als Bereich geringerer Intensität innerhalb der stark erhitzten Dampfkapillare im NIR-1690-Kamerabild zu erkennen. Die erkennbare lokal verringerte thermische Emission innerhalb der Dampfkapillare wird durch den Austritt der Kapillare auf der Unterseite der Schweißprobe hervorgerufen. Das Durchschweißloch ist ebenfalls in Abbildung 22 (Seite 57), in den Zeilen 1 bis 4, bei unterschiedlichen Schweißgeschwindigkeiten erkennbar.

Die fremdbeleuchtete Prozessaufnahme (EXT-NIR-808) zeigt ebenfalls eine Region geringer Signalintensität innerhalb der Dampfkapillare. Allerdings handelt es sich dabei mit hoher Wahrscheinlichkeit um den erforderlichen Entgasungsspalt zwischen den Fügepartnern, da der Austritt der Dampfkapillare an der Probenunterseite aufgrund geometrischer Randbedingungen (d.h. Beobachtungswinkel des EXT-NIR-808-Systems) nicht beobachtbar ist. In Abhängigkeit der Schweißapplikation ist eine vollständige Durchschweißung entweder erforderlich oder zu vermeiden, da die Bauteilsicherheit davon abhängt oder die Nahtunterseite aus ästhetischen Gründen nicht sichtbar sein darf.

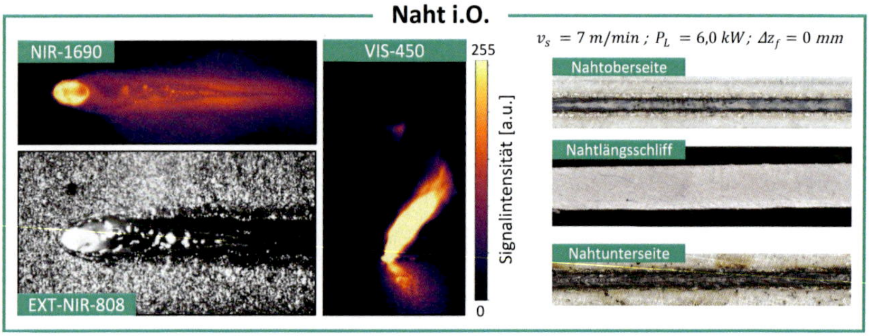

Abbildung 25: In-Prozess-Aufnahmen einer fehlerfreien Schweißung sowie korrespondierende Bilder der Nahtober- bzw. Unterseite und des Längsschliffes.

Beispiele für die zu erkennenden Nahtunregelmäßigkeiten sind in Abbildung 26, Abbildung 27 und Abbildung 28 dargestellt. Neben den bereits in Kapitel 2.1.3 (Seite 8) erörterten Nahtunregelmäßigkeiten wurden die zu klassifizierenden Qualitätskategorien um drei weitere Prozessabweichungen ergänzt.

Abbildung 26 (oben) zeigt die Prozessbilddaten eines Bindefehlers, welcher sich durch eine deutliche Überhitzung des oberen Fügepartners auszeichnet. Zum Vergleich können die in Abbildung 22 (Seite 57) dargestellten Aufnahmen, eines fehlerfreien Prozesses mit identischen Prozessparametern, herangezogen werden. Die Abbildungen zeigen, dass die Schmelzbadlänge im Unterschied zum fehlerfreien Prozess deutlich vergrößert ist. Die NIR-1690-Bilddaten weisen zudem, aufgrund der erhöhten Signalintensität, auf eine höhere Temperatur im Bereich der erstarrten Naht hin. Im Fall des Nahteinfalls bzw. der Decknahtunterwölbung ist in den Aufnahmen des EXT-NIR-808- sowie des NIR-1690-Systems eine signifikante Deformation bzw. Verlängerung im oberflächennahen Bereich der Dampfkapillare zu erkennen. Aufgrund der hohen zeitlichen Fluktuation der VIS-450-Aufnahmen können anhand von Einzelbildern keine belastbaren Aussagen abgeleitet werden.

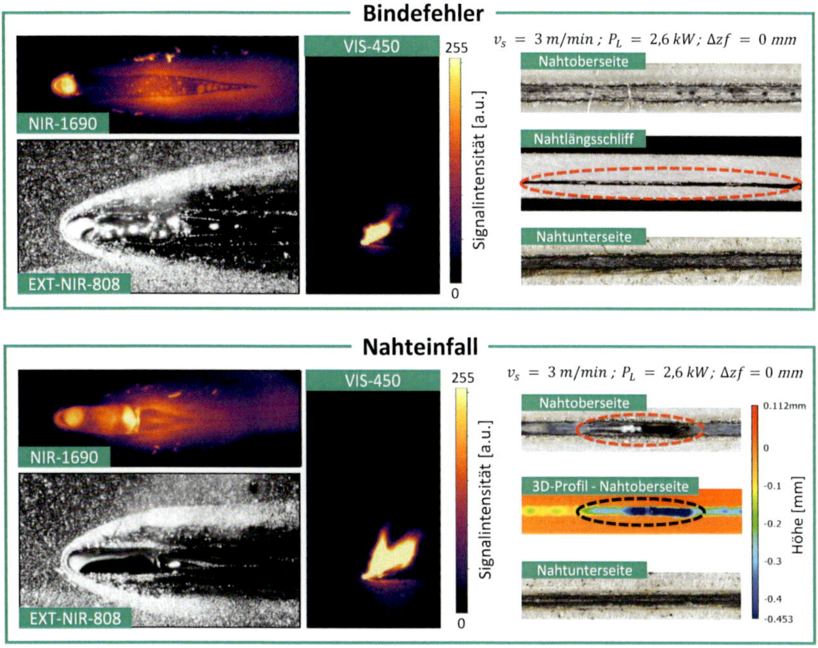

Abbildung 26: In-Prozess-Aufnahmen der Fehlerklassen *Bindefehler* und *Nahteinfall* sowie korrespondierende Bilder der Nahtober- bzw. Unterseite und des Höhenprofils.

Prozessaufnahmen von weiteren kritischen Nahtunregelmäßigkeiten sind in Abbildung 27 dargestellt. Im oberen Teil der Abbildung sind die Bilddaten eines Prozesses mit einem ausgeprägten Erstarrungsriss im Bereich der erstarrten Naht gezeigt. Der während der Erstarrung entstehende Riss ist in den Aufnahmen des NIR-1690-Systems im Bereich der erstarrten Naht als schmale Linie erhöhter Signalintensität erkennbar. Der Erstarrungsriss kann unter optimalen Beleuchtungsbedingungen ebenfalls als Linie geringer Signalintensität in den EXT-NIR-808 Aufnahmen erkannt werden. Jedoch führt die aufgrund der Nahtoxidierung und -wölbung verringerte Reflexion der Beleuchtungsstrahlung an der Nahtoberfläche häufig zu einem unzureichenden Kontrast, sodass eine Risserkennung auf Basis dieser Bilddaten in der Praxis deutlich erschwert wird. Die laterale Beobachtung (VIS-450) der Metalldampffackel hingegen eignet sich nicht zur direkten Detektion des Erstarrungsrisses. Da das Auftreten von Erstarrungsrissen jedoch abhängig von den verwendeten Prozessparametern ist, können Korrelationsbeziehungen zwischen den Messsignalen und den Prozessparametern eine Detektion des Nahtfehlers ermöglichen. Dies ist durch die Auswahl eines geeigneten

Trainingsdatensatzes, bei denen Nahtfehler möglichst unabhängig von den verwendeten Prozessparametern auftreten, zu vermeiden.

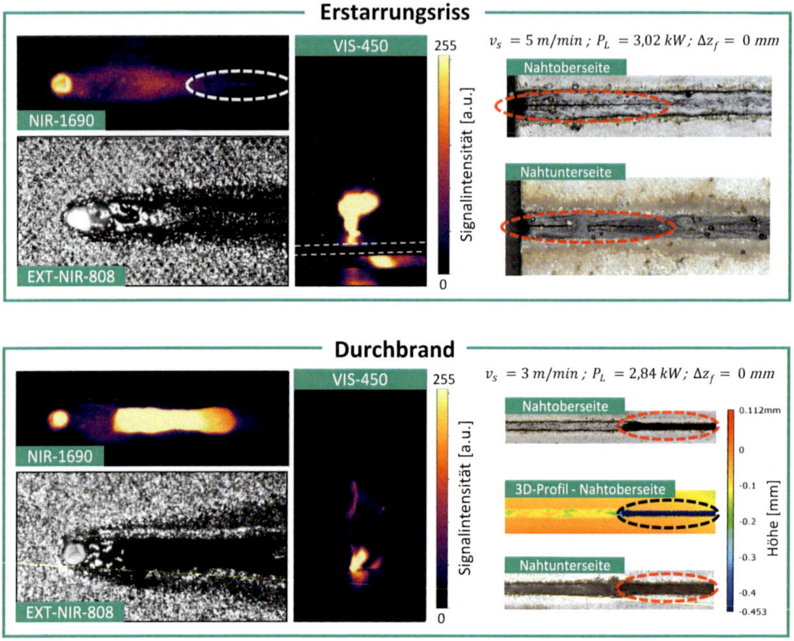

Abbildung 27: In-Prozess-Aufnahmen der Fehlerklassen *Erstarrungsriss* und *Durchbrand* sowie korrespondierende Bilder der Nahtober- bzw. Unterseite und des Höhenprofils.

Die Nahtunregelmäßigkeit *Durchbrand* ist durch ein in den Bilddaten erkennbares Loch in der Schweißnaht gekennzeichnet. Durch den Energieüberschuss wird die Einspannvorrichtung unterhalb der Naht ebenfalls aufgeheizt. Die thermische Emission der erhitzten Einspannvorrichtung führt in diesem Fall zu einer hohen gemessen Signalintensität im Bereich des Durchbrandes. In den EXT-NIR-808-Aufnahmen weist der Bereich aufgrund des fehlenden Materials eine sehr geringe Intensität auf. Durch den hohen Energieeintrag und die daraus resultierende hohe Verdampfungsrate kommt es bei der abgebildeten Metalldampffackel ebenfalls zu deutlichen Veränderungen der gemessen Intensitätsverteilung.

Weniger kritische, aber dennoch relevante Unregelmäßigkeiten sind in Abbildung 28 dargestellt. Beispielsweise zeigen sich Auswürfe flüssigen Metalls oder Spritzer in den Prozessaufnahmen als kreisförmige Objekte mit erhöhter Signalintensität. Dies gilt grundsätzlich auch für die Bilddaten des EXT-NIR-808-Systems. Allerdings führt der Einsatz von Fremdbeleuchtung zu einer Verringerung des Kontrastes zwischen Spritzer und Metalloberfläche und erschwert damit die Erkennung dieser Abweichung im Vergleich zu den anderen Kamerasystemen. Die Detektion von Schweißspritzern ist im Rahmen der Metalldampffackelbeobachtung möglich.

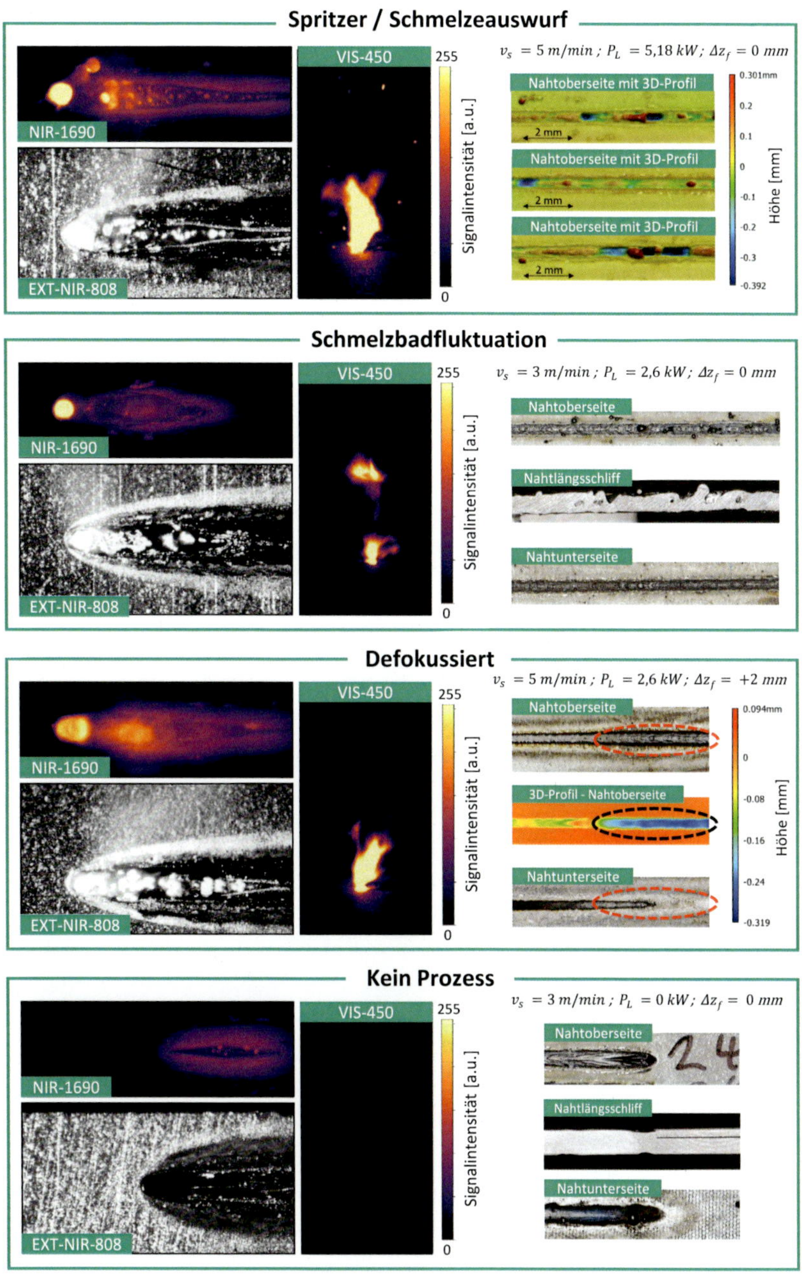

Abbildung 28: In-Prozess-Aufnahmen verschiedener Prozessabweichungen sowie Bilder daraus resultierender Nahtunregelmäßigkeiten.

Es ist jedoch zu beachten, dass die örtliche Auflösung des VIS-450-Kamerasystems geringer ist und, dass aufgrund der Beobachtungswellenlänge, eine höhere Spritzertemperatur bzw. -größe im Vergleich zum NIR-1690-System erforderlich ist, um eine entsprechende Strahlungsintensität messen zu können.

Beim Schweißen verzinkter Bleche kommt es bei ungenügendem Fügeabstand, neben den deutlich erkennbaren Schweißspritzern, häufig zu offensichtlichen Verformungen der Schmelzbadoberfläche über den Verlauf einer Bildsequenz. Gleichzeitig ist eine starke, teilweise periodische Änderung der Dampfkapillarlänge aufgrund der zinkgasinduzierten Druckänderungen innerhalb der Dampfkapillare zu beobachten (siehe Kapitel 2.1.3, Seite 8). Auch in den Messdaten des VIS-450-Systems treten bei dieser Fehlerkategorie deutliche Schwankungen der Metalldampffackelgeometrie, insbesondere der Fackelneigung, auf. Die Wahrscheinlichkeit für die Bildung spontaner Schweißspritzer und Schmelzauswürfe ist in diesem Prozesszustand stark erhöht. Das Auftreten sichtbarer Schmelzbadfluktuationen dient daher als Indikator für einen suboptimalen Prozesszustand.

Da es sich bei der verwendeten Schweißenergiequelle um einen fokussierten Laserstrahl handelt, wird das Prozessergebnis bei einer Manipulation des Arbeitsabstandes in Abhängigkeit der vorliegenden optischen Konfiguration beeinflusst. Das Resultat beinhaltet häufig die Vergrößerung des Strahldurchmessers, die eine Veränderung der Nahtbreite- bzw. Einschweißtiefe zur Folge hat. Bei nicht automatisch nachfokussierten, kamerabasierten Prozessbeobachtungssystemen kommt es zu einer messbaren Veränderung der Bildschärfe, die zur Erkennung einer Defokussierung genutzt werden kann. Abbildung 29 zeigt das Auflösungsvermögen des koaxial integrierten Kamerasystems in Abhängigkeit der Fokuslage.

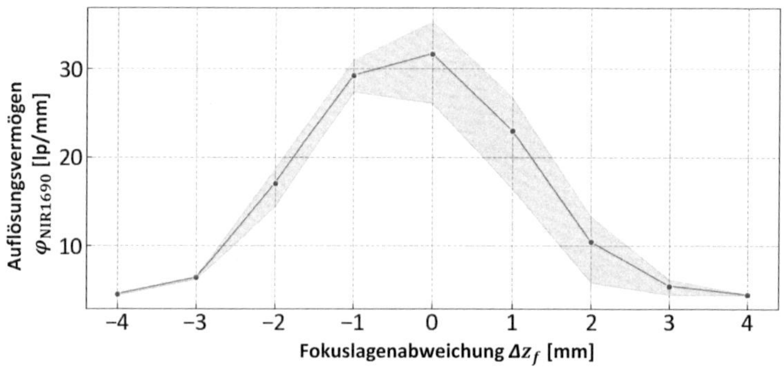

Abbildung 29: Auflösungsvermögen (Mittelwerte und Standardabweichung, n=3) des koaxial integrierten NIR-1690-Kamerasystems in Abhängigkeit der Fokuslage.

Im Rahmen dieser Arbeit wird die Erkennung einer Defokussierung des Bearbeitungslasers anhand der Bildunschärfe des Prozessüberwachungssystems angestrebt, falls die aktuelle Fokuslage mindestens ± 1 mm von der Sollfokuslage abweicht ($\Delta z_f \pm\ 1\,\mathrm{mm}$).

Herausfordernd dabei ist, dass die lokale Überlagerung der Metalldampffackelemission ebenfalls zu dem Effekt der Bildunschärfe, insbesondere bei hohen Laserleistungen, führen kann. Die Kategorie *Kein Prozess* wird vollständigkeitshalber ergänzt, um bei Prozessbeginn und -ende keine Pseudofehler zu erzeugen.

Zusammenfassend sind in Tabelle 8 die zu erkennenden Nahtunregelmäßigkeiten und Prozessabweichungen inklusive der jeweiligen Beschreibung aufgelistet.

Tabelle 8: Definition der Nahtunregelmäßigkeiten und Prozessabweichungen (grau)

Nummer	Klasse	Beschreibung
1	Naht i.O.	Naht ist fehlerfrei
2	Nahteinfall	Naht sinkt mehr als 0,3 mm unter Blechoberfläche ab
3	Bindefehler „falscher Freund"	Keine Anbindung zwischen oberem und unterem Fügepartner
4	Erstarrungsriss	Sichtbarer Riss an der Nahtoberfläche in Schweißrichtung
5	Durchbrand	Durchgehendes Loch in der Schweißnaht
6	Spritzer / Schmelzauswurf	Rapider Auswurf von schmelzflüssigem Metall
7	Schmelzbadfluktuation	Starke Fluktuation des Schmelzbades meist gefolgt von Spritzern und Auswürfen
8	Defokussiert	Mindestens 1 mm außerhalb der optimalen Fokusposition (Δz_f = 0 mm)
9	Kein Prozess	Keine Dampfkapillare vorhanden

4.4 Implementierung der KI-basierten Bildauswertung

Im folgenden Kapitel wird auf den verwendeten Bildverarbeitungsansatz bzw. die verwendete Struktur des neuronalen Netzes sowie die Aufbereitung der Bilddaten und deren Annotation eingegangen. Das beschriebene neuronale Netz sowie der gezeigte Annotationsprozess dienen als Grundlage für die Erstellung eines KI-Modells auf der Basis von überwachtem Lernen, welches sich zur Detektion von Nahtunregelmäßigkeiten und zur Erkennung spezifischer Bildobjekte bei hohem Bilddatendurchsatz eignet.

4.4.1 Beschreibung der RCNN-Architektur für multiple Detektionsaufgaben

Das in dieser Arbeit entwickelte und erprobte Bildverarbeitungsverfahren baut auf vorangegangene Entwicklungen aus dem Bereich des maschinellen Lernens im Kontext der digitalen Bildverarbeitung auf. Dazu gehören insbesondere die in Anhang 8.2 (Seite 162) näher beschriebenen faltungsbasierten und rekurrenten neuronalen Netze.

In Abbildung 30 ist die untersuchte Kombination aus CNN- und RNN-Modulen (RCNN) schematisch dargestellt. Mithilfe des in Abbildung 30 (a & b) gezeigten CNNs werden zunächst relevante Bildinformationen extrahiert und dem nachfolgenden, in Abbildung 30 (c) dargestellten, RNN in komprimierter Form bereitgestellt.

Die in Abbildung 30 (d & e) dargestellten vollverbundenen Schichten werden schließlich zur Erzeugung der Klassifikations- bzw. Regressionsausgabe eingesetzt.

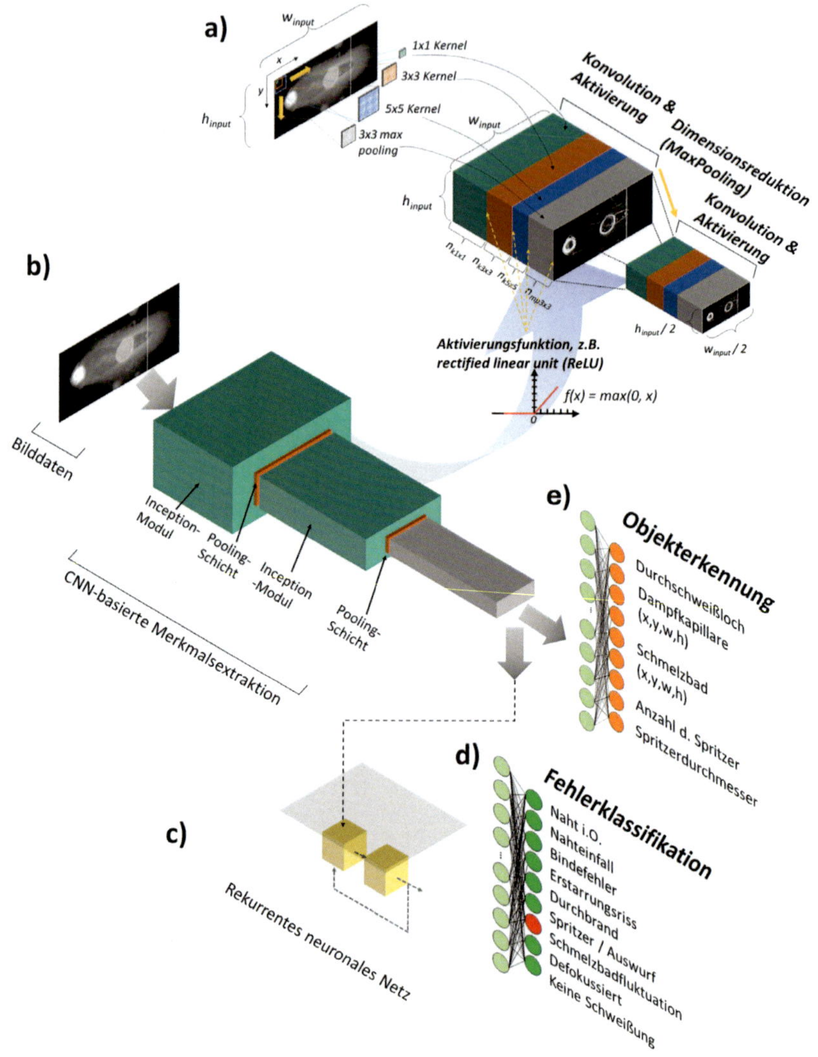

Abbildung 30: Applikationsangepasste RCNN-Architektur zur Erkennung von Nahtunregelmäßigkeiten und zur Extraktion prozessbezogener Merkmale.

Eine wesentliche Aufgabe der ersten CNN-Schichten besteht darin, die für die Klassifikations- und Regressionsaufgabe notwendigen Bildmerkmale zu extrahieren. Um die relevanten Informationen zu extrahieren, werden von Schicht zu Schicht bestimmte Bildbereiche bzw. Kantenverläufe verstärkt (Faltungsoperation plus Aktivierung) und unwichtige Bildbereiche verworfen bzw. zusammengefasst (*Pooling*-Schicht). Nach der Ausführung mehrerer aufeinanderfolgender Faltungs-, Aktivierungs- und Pooling-Operationen wird die ursprüngliche Bildinformation üblicherweise in Form eines Tensors mit niedriger örtlicher Auflösung und erhöhter Dimensionalität im Merkmalsraum repräsentiert (z.B. 3x8x256 für NIR-1690-Bilddaten). Diese Information kann den nachfolgenden vollverbunden Schichten des Netzes als Eingabe zu Verfügung gestellt werden.

Die im Rahmen dieser Arbeit für Laserschweiß-Applikationen optimierte CNN-Architektur ist schematisch in Abbildung 31 dargestellt und besteht aus mehreren in Reihe geschalteten Datenverarbeitungsschichten, welche auf wesentliche Bestandteile des von *Google* vorgeschlagenen *Inception*-Moduls aufbauen [SZE14].

Die Faltungsoperationen mit Filtermatrizen der Größe von 1x1 Pixel ermöglichen das Erlernen von Mustern über die unterschiedlichen Merkmalskarten (engl.: *feature maps*) hinweg, wobei örtliche Muster nicht berücksichtigt werden. Um örtliche Abhängigkeiten in den Bilddaten zu erkennen, werden Filtermatrizen mit Dimensionen größer 1x1 eingesetzt. Die Verwendung von Filtermatrizen mit unterschiedlichen Größen ermöglicht zudem die Extraktion multiskaliger Merkmale, die sich besonders zur Erkennung von Objekten unterschiedlicher Größe (z.B. Schmelzbad, Spritzer) eignen [SZE14]. Insgesamt führt die Einführung des *Inception*-Moduls nach Abbildung 31 zu einer Verbreiterung des Netzes, wobei die Repräsentationsfähigkeit in den einzelnen Schichten durch parallel angeordnete Filtermatrizen verschiedener Größe erhöht wird. Zudem ermöglichen die eingesetzten 1x1 Faltungsoperationen eine zusätzliche Dimensionsreduktion, da die Anzahl der Merkmalskarten bei den nachfolgenden Faltungsoperationen reduziert wird.

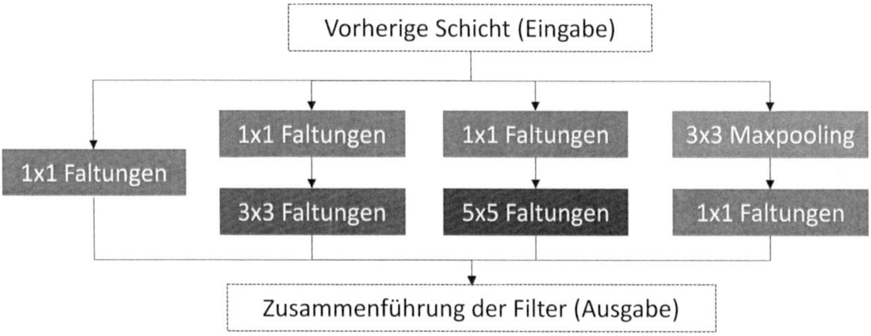

Abbildung 31: Schematische Darstellung des Inception-Moduls mit Dimensionsreduktion nach [SZE14].

Im Rahmen der in Kapitel 4.5.3 (Seite 79) durchgeführten Hyperparameteroptimierung wird die optimale Anzahl n_{inc} der für die Detektionsaufgaben benötigten in Reihe geschalteten *Inception*-Module bestimmt. Mit einer Erhöhung der Anzahl konsekutiver *Inception*-Module nimmt die Modellkomplexität deutlich zu, was einerseits potenziell die Detektionsleistung verbessert, jedoch andererseits den erreichbaren

Datendurchsatz verringert. Zusätzlich wird die Anzahl der erlernbaren Merkmalskarten bzw. Faltungsmatrizen n_{kernel} innerhalb der Module optimiert.

Auf jedes *Inception*-Modul folgt eine *Maxpooling*-Schicht, um die örtliche Auflösung der Ausgabe zu reduzieren. Ein *Maxpooling*-Filter fasst die Eingabewerte des durch den Filterkernel erfassten Bereichs der Eingabeschicht derart zusammen, dass nur der Maximalwert des jeweiligen Bereichs an die nächste Schicht weitergegeben wird. Durch die Faltung der Eingabeschicht mit dem *Maxpooling*-Filter kann dementsprechend eine Unterabtastung der Eingabeschicht erreicht werden. In Abbildung 30 (b) sind zwei aufeinanderfolgende *Inception*-Module, mit einer Zwischenoperation in Form von *Maxpooling* zur Dimensionsreduktion als auch zur Erhöhung der Invarianz gegenüber Bildverschiebungen *[GOO18, S. 380]*, schematisch dargestellt.

Als Maßnahme zur weiteren Verringerung der Dimensionalität der Ausgabe kommen am Ende des CNNs, n_{pool} zusätzliche *Maxpooling*-Schichten zum Einsatz. Durch eine geeignete Dimensionsreduzierung kann das Risiko einer Überanpassung verringert werden, ohne dass es zu einer Unteranpassung des Modells kommt. Eine Überanpassung (engl.: *overfitting*) eines Modells liegt dann vor, wenn ein signifikanter Unterschied zwischen der Klassifikationsgenauigkeit von Prädiktionen basierend auf Trainings- und Testdaten besteht [GOO16, S. 111]. Ist die Komplexität bzw. die Anzahl der Parameter des Modells für den zugrunde liegenden Datensatz zu hoch, werden während des Trainings unter Umständen Muster erlernt, die für eine korrekte Vorhersage des Testdatensatzes nicht geeignet sind. Stehen hingegen zu wenige Parameter für das Erlernen von Mustern zur Verfügung, spiegelt sich dies in Form einer unzureichenden Vorhersageleistung hinsichtlich des Trainingsdatensatzes wider.

Die von der finalen *Maxpooling*-Schicht erzeugte Ausgabe wird einem Klassifikationsmodul mit einer Schicht bestehend aus n_{dense} vollverbundenen künstlichen Neuronen zugeführt. Die Ausgabeschicht basiert auf der im Anhang in Gleichung 8.2 (Seite 162) beschriebenen *Softmax*-Aktivierungsfunktion und ermöglicht für ein beliebiges Eingabebild, die Berechnung von Klassifikationswahrscheinlichkeiten hinsichtlich der in Tabelle 8 (Seite 67) definierten Nahtunregelmäßigkeiten.

Gleichzeitig dient die Ausgabe der finalen *Maxpooling*-Schicht des CNNs als Eingabe eines zweischichtigen Regressionsmoduls. Das zur Objekterkennung verwendete Regressionsmodul ist schematisch in Abbildung 30 (e) dargestellt. Es besteht aus zwei konsekutiven vollverbundenen Schichten mit *ReLU*-Aktivierungsfunktion (engl.: *rectified linear unit*) und insgesamt 352 künstlichen Neuronen. *ReLU*-Aktivierungsfunktionen werden in der Praxis verwendet, um das Problem verschwindender Gradienten während der Trainingsphase zu verringern [GOO18, S. 322]. Die optimale Anzahl an vollverbundenen Neuronen zur Regression wurde im Rahmen einer Rastersuche in Kapitel 4.5.3 (Seite 79) bestimmt. Für jeden der in Tabelle 9 aufgelisteten Regressanden existiert in der Ausgabeschicht des Regressionsmoduls ein Ausgabeknoten mit entsprechender Aktivierungsfunktion. Das in Abbildung 30 (e) dargestellte Regressionsmodul dient der kontinuierlichen Bestimmung der in Tabelle 9 definierten geometrischen Objekte und prozessbezogenen Größen. Damit ermöglicht das Regressionsmodel die Bereitstellung interpretierbarer, qualitätsrelevanter Parameter während des Prozesses. Diese Parameter können für eine nachgelagerte Prozessregelung und Plausibilitätsanalyse eingesetzt werden.

Qualitätsrelevante und beobachtbare Parameter aus der Prozesszone sind unter anderem bestimmte Aspekte der Schmelzbad- bzw. der Dampfkapillargeometrie. Die Bestimmung der oberflächennahen Abmaße der Dampfkapillare sowie des Schmelzbades kann mithilfe eines jeweils umschließenden Rechteckes beschrieben werden. Für jeden Objekttyp werden Länge und Breite sowie x und y-Koordinaten des Mittelpunktes des umschließenden Rechteckes prädiziert, um das Objekt innerhalb eines Bildes eindeutig zu beschreiben.

Tabelle 9: Geometrische und prozessbezogene Größen, die während des Schweißens mithilfe des RCNN-Modells prädiziert werden.

Abhängige Variable (Regressand)	Formelzeichen	Einheit
X-Koordinate der Dampfkapillare	x_{DK}	mm
Y-Koordinate der Dampfkapillare	y_{DK}	mm
Länge der Dampfkapillare	l_{DK}	mm
Breite der Dampfkapillare	b_{DK}	mm
X-Koordinate des Schmelzbads	x_{SB}	mm
Y-Koordinate des Schmelzbads	y_{SB}	mm
Länge des Schmelzbades	l_{SB}	mm
Breite des Schmelzbades	b_{SB}	mm
Durchschweißloch (DSL)-Wkt. [8]	ψ_{DSL}	-
Maximaler Spritzer-Durchmesser	ϕ_{sp}	mm
Anzahl der Spritzer im Bild	n_{sp}	-
Prädizierte Laserleistung	$P_{\mathrm{L,präd}}$	kW

Es ist zu bemerken, dass Spritzer und schmelzflüssige Auswürfe aus der Prozesszone, wie beispielsweise in Abbildung 26 (Seite 63) dargestellt, ebenfalls als Bildobjekte repräsentiert werden können. Jedoch erfordert die Erkennung eine Netzarchitektur, die mit mehreren Objekten des gleichen Typs (z.B. mehrere Spritzer) im Eingangsbild umgehen kann. Diese Art von Objektdetektoren, wie beispielsweise *YOLO*, werden aufgrund ihres höheren Ressourcenverbrauchs und des vergleichsweise geringen Datendurchsatzes nicht eingesetzt. Stattdessen werden Spritzer und Schmelzauswürfe zwar prädiziert, jedoch werden die Informationen diesbezüglich als Regressanden in Form des maximalen Spritzerdurchmessers ϕ_{sp} und der Anzahl der Spritzer im Bild n_{sp} zusammengefasst. Zudem wird ein weiterer Ausgabeknoten des Regressionsmoduls genutzt, um die eingestellte Laserleistung $P_{\mathrm{L,präd}}$ zu prädizieren, die eine

[8] Wahrscheinlichkeit für die Sichtbarkeit eines Durchschweißlochs in den Bilddaten.

relevante Größe für die Abschätzung der Modellunsicherheit, die Berechnung der Einschweißtiefe sowie die Prozessregelung darstellt (siehe Kapitel 4.7, 5 und 6). Die Ausgabeknoten des Regressionsmoduls verwenden lineare Aktivierungsfunktionen.

Im nächsten Schritt wird die Ausgabe des CNN-Moduls in Form von bildbezogenen Klassifikations- und Regressionsergebnissen dem in Abbildung 30 (c) schematisch dargestellten RNN-Modul zur weiteren Verarbeitung übergeben. Das am Ende des Netzwerks eingesetzte RNN hat zum Ziel, die Leistungsfähigkeit bei der Erkennung von Objekten und Unregelmäßigkeiten durch die Miteinbeziehung von Zusammenhängen in der zeitlichen Dimension der Videodaten zu erhöhen. Gleichzeitig ermöglicht die Nutzung der CNN-Zwischenergebnisse, im Vergleich zu Bilddaten als Eingabe des RNN-Moduls, eine hohe Verarbeitungseffizienz, da somit wichtige Bildinformationen mithilfe weniger Parameter repräsentiert werden können.

Das RNN-Modul wird durch $n_{RNN,l}$ aufeinanderfolgende RNN-Schichten repräsentiert und nutzt die letzten $n_{RNN,seq}$ Werte der ausgegebenen Klassifikations- und Regressionsausgaben des CNN-Moduls als Eingabe. Neben den zuvor genannten Hyperparametern werden zudem der optimale RNN-Typ T_{RNN} (d.h. *Long Short-Term Memory* oder *Gated Recurrent Unit*) sowie die geeignete Anzahl $n_{RNN,u}$ an künstlichen Neuronen innerhalb des RNNs im Rahmen der in Kapitel 4.5.3 durchgeführten Rastersuche bestimmt.

Schließlich mündet die Kombination des CNN- und RNN-Moduls in der in Abbildung 30 dargestellten RCNN-Architektur, welche die Erzeugung von Objekterkennungs- und Klassifikationsergebnissen auf der Basis von Einzelbildern oder Bildsequenzen ermöglicht. Die aus der Hyperparameteroptimierung resultierende Architektur des RCNN-Modells ist in Anhang 8.3 (Seite 167) dargestellt.

Zur Berechnung eines Signals, welches die Anpassung der erlernbaren Gewichte bzw. Parameter des neuronalen Netzes bewirkt, kommen für die Objektdetektion der mittlere absolute Fehler MAE und für die Klassifikation der Nahtunregelmäßigkeiten die kategorische Kreuzentropie CE zum Einsatz. Die finale Fehlerfunktion $\mathcal{L}_{gesamt}$ setzt sich aus den Fehlertermen der einzelnen Ausgabeschichten wie folgt zusammen [ABA15]:

$$MAE = \frac{1}{N}\sum_{i=1}^{N}\left|f_r(x_i) - y_{r,i}\right| \tag{4.3}$$

$$CE = -\frac{1}{N}\sum_{i=1}^{N}\sum_{c=1}^{C} y_{c,i}\log\big(f_c(x_i)\big) \tag{4.4}$$

$$\mathcal{L}_{gesamt} = CE + MAE \tag{4.5}$$

Dabei repräsentieren $y_{c,i}$ und $y_{r,i}$ die jeweiligen Annotationen (d.h. Nahtunregelmäßigkeiten und geometrische Parameter) eines Prozessbildes oder einer Bildsequenz. $f_c(x_i)$ bzw. $f_r(x_i)$ bezeichnet die auf Basis der Klassifikations- und

Regressionsmodelle erzeugten Ausgaben. C verweist auf die Anzahl der Klassen und N repräsentiert die Anzahl der Datenpunkte.

Die Parameter des RCNNs werden auf Basis der Fehlerfunktion $\mathcal{L}_{gesamt}$ und mithilfe des etablierten *Backpropagation*-Algorithmus als Gradientenberechnungsverfahren angepasst. Zur Optimierung wird die etablierte stochastische Gradientenabstiegsmethode in Form der adaptiven Moment-Schätzung (ADAM) verwendet. Im Vergleich zu anderen Gradientenabstiegsverfahren fördert die Verwendung des gleitenden mittleren Gradienten und einer adaptiven Lernrate im Rahmen der ADAM-Methode die Stabilisierung des Trainingsprozesses sowie die Konvergenz zu optimalen Lösungen [KIN14].

Das beschriebene RCNN-Modell wurde mithilfe der Softwarebibliothek *TensorFlow* (Version 2.6) in der Programmiersprache *Python* (Version 3.6) implementiert [ABA15].

4.4.2 Datenannotation und -aufbereitung

Für die Generierung von KI-Modellen auf der Basis neuronaler Netze sind geeignete Trainingsdatensätze erforderlich. Handelt es sich, wie in diesem Fall, um ein überwachtes Lernverfahren, so kann ein entsprechender Datensatz mittels Gleichung 4.6 beschrieben werden:

$$\mathcal{D}_{RCNN} = \left\{ \left(x_i, y_{c,i}, y_{r,i}\right) \middle| \, x_i \in \mathbb{R}^p, y_{c,i} \in \mathbb{N}^{m_k}, y_{r,i} \in \mathbb{R}^{m_r}, i = 1, \dots, Q \right\} \quad (4.6)$$

Dabei repräsentiert x_i für den Fall eines CNNs das i-te Prozessbild bzw. die entsprechende Pixelmatrix im Datensatz. Bei der Betrachtung des RCNNs stellt x_i einen Tensor aus zeitlich aufeinander folgenden Prozessbildern dar. Die zu einer Eingabe x_i gehörigen Annotationen werden für die zu erkennenden Unregelmäßigkeiten durch $y_{c,i}$ repräsentiert. Die Annotationen für die in Tabelle 9 (Seite 71) dargestellten Regressanden sind durch $y_{r,i}$ beschrieben. Zudem bezeichnet m_k die Anzahl der Klassen, die in dieser Arbeit den neun Qualitätskategorien gemäß Tabelle 8 (Seite 67) entspricht. Ferner beschreibt m_r die Anzahl der in dieser Arbeit verwendeten Regressanden zur Extraktion geometrischer und prozessbezogener Merkmale aus den Bilddaten.

Die erforderlichen Annotationen der Klassen *Naht i.O.*, *Bindefehler*, *Nahteinfall*, *Erstarrungsriss* sowie für die Fehlerklasse *Durchbrand* werden mithilfe metallografischer Schliffe, Röntgenaufnahmen, visueller Inspektion und 3D-Profilmessung der Nahtober- und Unterseite erzeugt. Für die übrigen Klassen wie *Spritzer*, *Schmelzbadfluktuation*, *Defokussiert* und *kein Prozess* finden entsprechende Annotationen auf Basis einer manuellen Bewertung der Videodaten statt. Bei der Analyse der Proben werden internationale Schweißnormen wie EN ISO 13919-1 [DIN18] und EN ISO 6520-1 [DIN07b] berücksichtigt. Zusammen mit den 3D-Profilen der Nahtober- und Unterseiten sowie des Nahtlängsschliffes lässt sich die örtliche Ausprägung bestimmter Nahtunregelmäßigkeiten, den entsprechenden Positionen in den Videodaten mithilfe der Aufnahmezeit sowie der Position der Verfahreinheit zuordnen.

Gemäß dem in Gleichung 4.6 beschrieben Tripel $(x_i, y_{k,i}, y_{r,i})$ sind für die Erzeugung eines Trainingsbeispiels neben der eindeutigen Zuweisung einer Fehlerklasse weitere Annotationsinformationen notwendig. Aus diesem Grund wird im nächsten Schritt ein halbautomatischer Annotationsansatz verwendet, welcher die effiziente Bestimmung der Annotation $y_{r,i}$ der Regressanden zur Objekterkennung erlaubt. Größe und Position der geometrischen Prozessmerkmale sind grundsätzlich mithilfe geeigneter Annotationswerkzeuge (z.B. *LabelMe*[9]), wie in Abbildung 32 dargestellt, in Form von objektumschließenden Rechtecken in den einzelnen Bildern der Schweißvideos markierbar.

Dieser manuelle Annotationsprozess ist aufgrund zeitlicher Ineffizienz und ermüdungsbedingter Fehleranfälligkeit für größere Datenmengen ungeeignet. Daher wird ein DL-basierter Objektdetektor nach aktuellem Stand der Technik unterstützend eingesetzt und mit einer kleineren Menge annotierter Bilddaten trainiert, um anschließend die in Tabelle 9 definierten Objekte in den Schweißvideos semi-automatisch zu annotieren. Der verwendete Objektdetektor basiert auf der *YOLOv4*-Architektur [BOC20] und wird mit etwa 2.800 annotierten Prozessbildern pro Bilddatentyp unter Verwendung unterschiedlicher Bildaugmentatitionstechniken trainiert. Die mithilfe des Objektdetektors vorselektierten umschließenden Rechtecke der Dampfkapillare und des Schmelzbades sowie zusätzliche, als Spritzer definierte Objekte als auch die Sichtbarkeit eines Durchschweißlochs in den Bilddaten werden schließlich manuell überprüft und bei Bedarf angepasst. Der *YOLO*-Detektor wird im Rahmen dieser Arbeit ausschließlich für die Unterstützung bei der Annotation definierter Bildobjekte verwendet und erreicht aufgrund seiner komplexen Architektur, nicht die benötigten hohen Datendurchsätze und geringen Latenzzeiten [BOC20].

In Abbildung 32 (c) ist außerdem die Annotation der Metalldampffackel gezeigt, welche sich aus dem der Fackel umschließenden Rechteck sowie dem Fackelneigungswinkel φ_{MDF} zusammensetzt. Die Fackelkontur wird, aufgrund der verhältnismäßig einfachen Bildstruktur, anhand der sich in Sättigung befindlichen Bildpixel mithilfe des in Anhang 8.6 (Seite 172) beschriebenen Konturapproximationsalgorithmus bestimmt.

In diesem Beispiel ist die Metalldampffackel entgegen der Schweißrichtung über das Schmelzbad und die erstarrte Naht geneigt. Unterhalb des markierten Rechtecks wird ein Teil der Metalldampffackelstrahlung von der Blechoberfläche reflektiert und somit von der Kamera ebenfalls erfasst. In den nachfolgenden Kapiteln dienen die in Abbildung 32 sowie in Tabelle 9 (Seite 71) beschriebenen geometrischen Merkmale als Grundlage für die Berechnung weiterer thermischer sowie statistischer Kenngrößen (z.B. Intensitätsverteilung der Emission des Schmelzbades, der Dampfkapillare und der erstarrten Naht). Die aus den unterschiedlichen Bilddaten berechneten Merkmale

[9] Frei nutzbare Annotationssoftware unter der GNU General Public Lizenz: https://github.com/labelmeai/labelme.

werden beispielsweise in Kapitel 4.6.3 (Seite 91) hinsichtlich ihrer Eignung zur Vorhersage der Schweißnahtqualität untersucht.

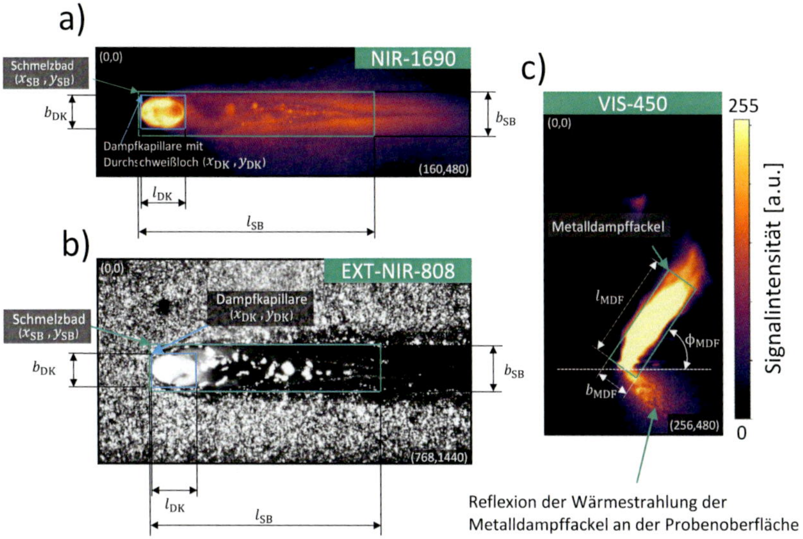

Abbildung 32: Beispiel für die Annotation geometrischer Merkmale innerhalb der Prozesszone eines fehlerfreien Laserschweißprozesses.

Eine weitere Regressionsausgabe ist die Prädiktion der Laserleistung $P_{\mathrm{L,präd}}$, die anhand der aufgezeichneten Solllaserleistung $P_{\mathrm{L,soll}}$ den jeweiligen Prozessbildern zugeordnet wird. Zusätzlich wird hinsichtlich der Dampfkapillare unterschieden, ob es sich um eine Kapillare mit oder ohne Durchschweißloch (DSL) handelt. Die Annotation bezüglich des Vorhandenseins eines DSL basiert auf der Analyse der Prozessbilddaten durch geschulte Experten.

Im Rahmen der Aufbereitung des Trainingsdatensatzes wurden 43 Schweißnähte mit einer Länge von 180 mm detailliert analysiert und annotiert, welche unter Berücksichtigung unterschiedlicher, gemäß der in Anhang 8.4 (Seite 168) beschriebenen, Parametervariationen und Modifizierungen erzeugt wurden. Der Trainingsdatensatz ist in 75 % Trainingsdaten sowie in 25 % Validierungsdaten, unter Berücksichtigung der ursprünglichen Bildanzahl pro Klasse, aufgeteilt und enthält insgesamt 80.353 Datentripel. Die Validierungsdaten dienen zur Bewertung der Modellgüte während der Trainingsphase. Aufgrund der starken Ähnlichkeit einzelner Prozessbilder innerhalb der jeweiligen Prozessvideos, führt eine einfache prozentuale Aufteilung der Daten häufig zu einer überoptimistischen Bewertung des KI-Modells. Aus diesem Grund wird das Modell nach der Hyperparameteroptimierung anhand eines zusätzlichen Testdatensatzes evaluiert. Dieser enthält 79.246 Datentripel von 40 unterschiedlichen und nicht im Trainings- bzw. Validierungsdatensatz enthaltenden Schweißnähten. Es ist zu betonen, dass die genannten Datensätze auf den Annotationen der Zeitstempel der Kamera mit der geringsten Aufnahmefrequenz (EXT-NIR-808) basieren, und daher die kleinste gemeinsame Datenmenge für alle drei Kameras repräsentieren.

Abbildung 33 zeigt die Verteilung der Datentripel über die unterschiedlichen Fehlerklassen und Teildatensätze.

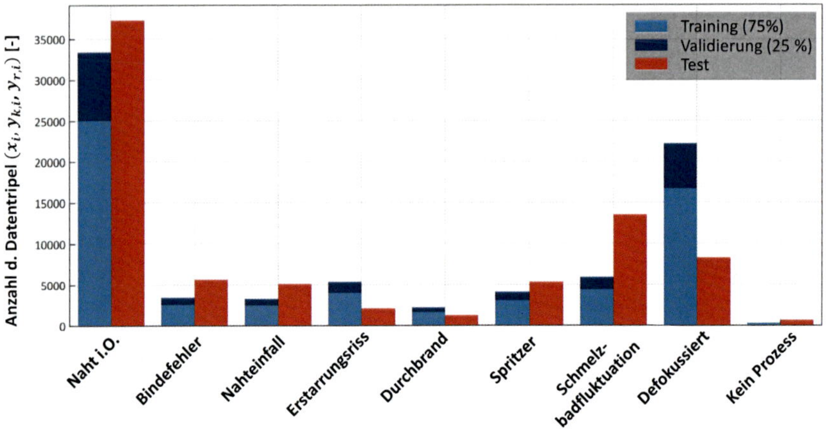

Abbildung 33: Klassenabhängige Verteilung der Datentripel für den Trainings- und Validierungsdatensatz (43x 180 mm - Schweißnähte) sowie den Testdatensatz (40x 180 mm - Schweißnähte).

Es ist ersichtlich, dass die Daten der einzelnen Fehlerklassen im Vergleich zu den Daten fehlerfreier Nähte unterrepräsentiert sind. Zwar spiegelt dies auch häufig die Situation in der industriellen Praxis wider, jedoch ist für eine hohe Güte des Qualitätsvorhersagemodells ein ausgeglichenes Verhältnis der einzelnen Klassen notwendig, da dies ansonsten in stark verzerrten Vorhersagen resultieren kann [KOT05].

In dieser Arbeit werden die Datentripel daher während der Trainingsprozedur in Abhängigkeit ihrer Annotation (d.h. Klasse) und ihrer relativen Häufigkeit im Trainingsdatensatz bei der Berechnung des rückzuführenden Fehlers (siehe Gleichung 4.5) unterschiedlich gewichtet, um die vorliegende suboptimale Distribution auszugleichen. Die Trainings-, Validierungs- und Testdaten werden durch insgesamt 83 annotierte Schweißversuche repräsentiert, die in Anhang 8.4 (Seite 168) detaillierter aufgeführt sind.

Zur Bewertung der Klassifikationsleistung wird im Rahmen dieser Arbeit die ausgeglichene Klassifikationsgenauigkeit (engl.: *balanced accuracy*, kurz: $BACC$), wie in Anhang 8.2.3 (Seite 165) erläutert, herangezogen. Die Regressionsleistung wird mithilfe des in Gleichung 4.3 beschrieben mittleren absoluten Fehlers (engl: *mean absolute error*, kurz: MAE) bestimmt, da dieser eine nachvollziehbare Fehlergröße (d.h. selbe physikalische Einheit wie der Regressand) darstellt. Um eine Gleichgewichtung der Regressanden während der Trainingsphase sicher zu stellen, sind diese auf Wertebereiche zwischen null und eins normiert.

4.5 Einflussgrößenanalyse und Modelloptimierungen

Im folgenden Abschnitt werden unterschiedliche Einflussgrößen bezüglich der Leistungsfähigkeit des RCNN-Modells betrachtet. Zudem erfolgt die Optimierung bestimmter Modellhyperparameter mithilfe einer Rastersuche.

4.5.1 Einfluss der Bildgröße und des Sensortyps

Eine der wichtigsten Einflussgrößen hinsichtlich der Erkennungsleistung und der erreichbaren Latenz des untersuchten neuronalen Netzes ist die Eingangsbildgröße. Durch eine geeignete Verringerung der Bildauflösung, kann eine Erhöhung der Verarbeitungsgeschwindigkeit erreicht werden, ohne dass es zu signifikanten Einbußen der Klassifikations- und Regressionsleistung kommt. In Abbildung 34 ist die Klassifikationsgenauigkeit für die unterschiedlichen Sensoren dargestellt. Die einzelnen Kamerabilder werden dabei unter Verwendung des Pixelflächen-Interpolationsverfahrens zur Reduktion von Aliasing-Effekten neu abgetastet, sodass der Informationsgehalt des Bildes der jeweiligen Zielauflösung (siehe X-Achse) entspricht [KAE17, S. 301].

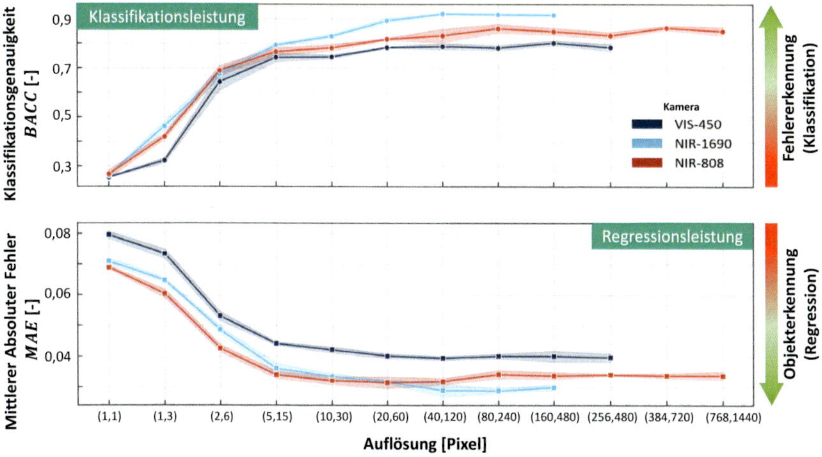

Abbildung 34: Vergleich unterschiedlicher Bildauflösungen als Eingabe für das RCNN-Modell anhand 4-fach kreuzvalidierter[10] Klassifikations- und Regressionsmetriken.

Anschließend erfolgt eine Hochskalierung auf die ursprüngliche Auflösung des Eingangsbildes, damit die Auflösungsverringerung keine Auswirkung auf die Anzahl der erlernbaren Parameter des RCNN-Modells hat. Die Zielauflösung von 1x1 Pixel ist in Form des Bildmittelwertes umgesetzt und repräsentiert damit eine künstlich erzeugte,

---

[10] Das im Rahmen der Arbeit verwendete Kreuzvalidierungsverfahren nutzt vier unterschiedliche Teildatenmengen des Ursprungsdatensatzes zum Training und zur Validierung eines einzelnen Modells.

Fotodioden-ähnliche Messsituation. Dabei ist zu bemerken, dass Fotodioden meist höhere Messfrequenzen und ggf. einen höheren Dynamikumfang im Vergleich zu aktiven Pixelsensoren aufweisen. Daher ist der Vergleich einigen Einschränkungen unterworfen. Im Gesamtbild zeichnet sich für alle drei bildgebenden Systeme ab, dass ab einer Auflösung von 40x120 Pixel (d.h. 70,04 µm/pixel @ NIR-1690) keine nennenswerte Steigerung der Klassifikationsleistung erreicht werden kann.

Hinsichtlich der in Form einer Regressionsaufgabe umgesetzten Objekterkennung ist ebenfalls eine Sättigung des MAE bei einer Bildauflösung von etwa 40x120 Pixel erkennbar. Mit steigender Auflösung sind zwar grundsätzlich mehr Details in den Bilddaten erkennbar. Allerdings könnten diese zu einem insgesamt höheren Rauschanteil und schließlich zu einer stagnierenden Erkennungsleistung aufgrund einer Überanpassung des Modells führen, falls die zusätzlichen Details nicht relevant für die Erkennungsaufgabe sind. Nicht auszuschließen ist jedoch, dass mit alternativen Modellarchitekturen weitere Verbesserungen durch die Nutzung von Bilddaten mit höherer Auflösung erzielt werden können.

Bezüglich der Unterschiedlichen Kamerasysteme zeigt Abbildung 34, dass die Hochgeschwindigkeits-Wärmebildkamera (NIR-1690) für beide Problemstellungen im Vergleich die höchste Leistungsfähigkeit besitzt. In Anbetracht dieses Sachverhaltes werden, im Rahmen weiterer Hyperparameteroptimierungen, die Bilddaten des NIR-1690-Kamerasystems mit einer reduzierten Bildauflösung von 40x120 Pixel verwendet.

4.5.2 Einfluss der Trainingsdatenmenge

Neben den verwendeten Hyperparametern und der generellen Zusammensetzung des Trainingsdatensatzes hat die zur Modellanpassung genutzte Datenmenge einen Einfluss auf die Leistungsfähigkeit des KI-Modells. Abbildung 35 zeigt die Beeinflussung der Klassifikations- und Regressionsgüte des RCNN-Modells durch die genutzte Trainingsdatenmenge. Es ist zu bemerken, dass die jeweilige Prozentangabe sich auf zufällige Datenpunkte des Trainingsdatensatzes bezieht, welcher durch 43 Schweißexperimente repräsentiert wird (siehe Anhang 8.4, Tabelle 16). Die mittleren kreuzvalidierten Genauigkeitswerte zeigen, dass die Klassifikationsaufgabe mit der Hälfte der bereitgestellten Daten erfolgreich durchgeführt werden kann. Eine weitere Erhöhung der Datenmenge führt, bezogen auf den Validierungsdatensatz, nicht zu einer Verbesserung der Klassifikationsleistung.

Eine Ursache könnte sein, dass durch die hohe Abtastrate der verwendeten Kameras, eine große Menge kaum unterscheidbarer Prozessbilddaten der jeweiligen Nahtunregelmäßigkeiten im Trainingsdatensatz enthalten ist. Dies ist auch der wesentliche Grund, warum die Klassifikationsleistung schließlich anhand unabhängiger Schweißungen überprüft werden muss, um eine realistischere Einschätzung der Erkennungsleistung zu erlangen. Bei der Betrachtung des kreuzvalidierten mittleren MAE aller Regressanden im oberen Teil der Abbildung zeigt sich andererseits, dass die Regressionsleistung des RCNN-Modells mit steigender Datenmenge weiter verbessert wird.

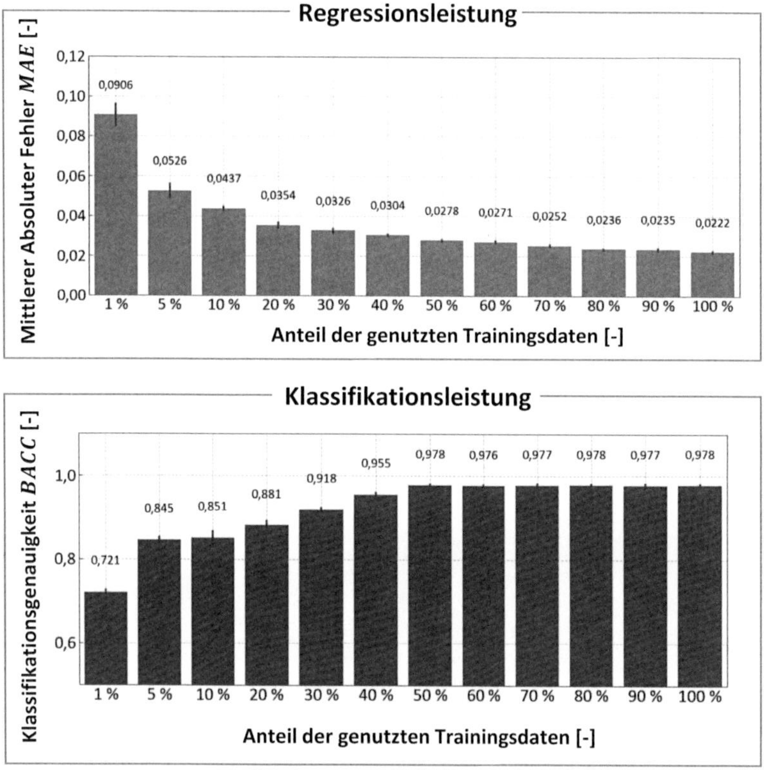

Abbildung 35: Einfluss der Menge der genutzten Trainingsdaten auf die Leistungsfähigkeit des RCNN-Modells (100% entsprechen 81.148 annotierten Bildern, ohne Bildaugmentierungen, n=4).

4.5.3 Rastersuche zur Hyperparameteroptimierung

Im Rahmen der Erstellung eines neuronalen Netzes haben unterschiedliche Hyperparameter Einfluss auf dessen Leistungsfähigkeit. Ein Hyperparameter repräsentiert eine bestimmte Eigenschaft der Architektur des verwendeten neuronalen Netzes, wie beispielsweise den Typ einer Aktivierungsfunktion oder die Anzahl künstlicher Neuronen in einer bestimmten Schicht sowie die Anzahl der aufeinander folgenden Schichten. Die Leistungsfähigkeit des Netzes ist in diesem Anwendungsfall durch drei wesentliche Parameter charakterisiert. Zum einen sind das die Klassifikationsgenauigkeit $BACC$ sowie die Güte der Vorhersagen des Regressionsmodells in Form des mittleren absoluten Fehlers MAE. Zum anderen spielt der Datendurchsatz C_{img} eine wesentliche Rolle in der Praxis, da qualitätsbezogene Aussagen möglichst unverzögert nachgelagerten Systemen mitgeteilt werden müssen, um entsprechende Maßnahmen einleiten zu können. Die Anforderung an den Durchsatz sowie an eine geringe Latenzzeit des bildverarbeitenden Systems ist zudem deshalb gegeben, da das System in einem weiteren Schritt als Bestandteil eines geschlossenen Regelkreises eingesetzt werden soll.

In Abbildung 36 ist der Einfluss unterschiedlicher Hyperparameter auf die Klassifikationsgenauigkeit $BACC$, den MAE und den Durchsatz C_{img} des CNN-Modells dargestellt. Jeder Punkt repräsentiert dabei die kreuzvalidierten Leistungsmetriken eines trainierten Modells, in Abhängigkeit vier unterschiedlicher Hyperparameter, die mithilfe einer Rastersuche variiert werden.

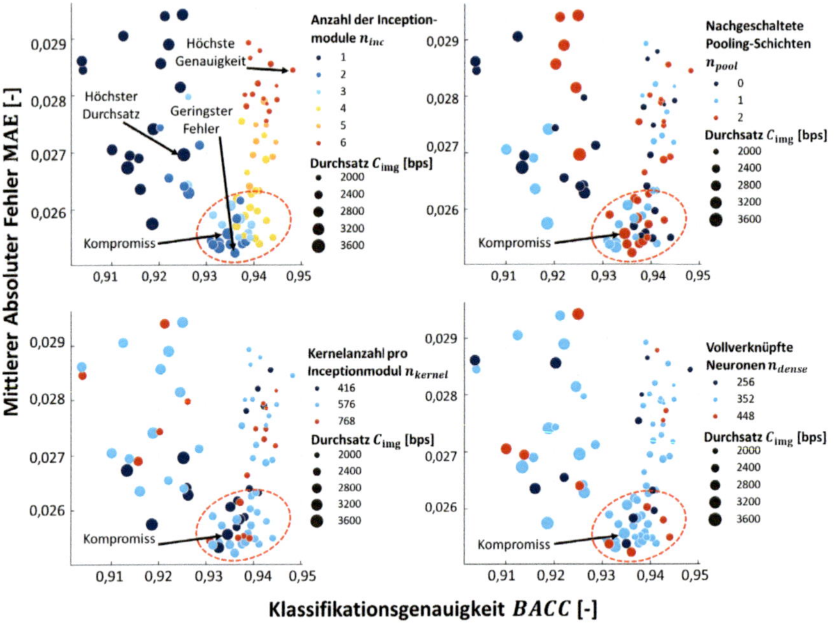

Abbildung 36: Einfluss vier verschiedener Hyperparameter auf die Leistungsfähigkeit des CNN-Modells ohne Berücksichtigung des RNN-Moduls.

Die Hyperparametervariationen sind jeweils in Form einer unterschiedlichen Einfärbung der Punkte abgebildet. Abbildung 36 (a) zeigt den Einfluss der Anzahl n_{inc} der in Reihe geschalteten *Inception*-Module (siehe Abbildung 30, Seite 68).

Demnach führen komplexere Modelle mit sechs aufeinanderfolgenden *Inception*-Modulen zwar zur höchsten Klassifikationsgenauigkeit, jedoch sind der erreichte Datendurchsatz und die Regressionsgüte im Vergleich unterdurchschnittlich. In diesem Zusammenhang kann die gesteigerte Anzahl erlernbarer Modellparameter im Rahmen der Regressionsaufgabe bereits zu einer Überanpassung des Modells und somit, im Vergleich, zu einer geringeren Regressionsgüte führen. Insgesamt ist zu erkennen, dass Modelle, welche zwei bis vier *Inception*-Module verwenden, eine hohe Regressions- und Klassifikationsleistung bei gleichzeitig überdurchschnittlichen Datendurchsätzen aufweisen.

Weitere Hyperparameter wie die Anzahl der Filtermatrizen n_{kernel} innerhalb der einzelnen *Inception*-Module, die Anzahl der nachgelagerten *(Max)*-Pooling-Schichten n_{pool} sowie die Anzahl der künstlichen Neuronen n_{dense} in den vollverknüpften Schichten sind ebenfalls in Abbildung 36 dargestellt. KI-Modelle, die Hyperparameter aufweisen, welche zu hohen Erkennungsleistungen führen, sind in der Ansammlung unten rechts (rote, gestrichelte Line) innerhalb der einzelnen Darstellungen in Abbildung 36 zu erkennen.

Bei CNN-Modellen innerhalb dieser Menge lässt sich feststellen, dass sich mit einer im Vergleich geringen Anzahl von $n_{\text{kernel}} = 416$ Filtermatrizen pro *Inception*-Modul bei vergleichbaren übrigen Hyperparametern, höhere Datendurchsätze erreichen lassen. Zwar können die höchsten Klassifikations- und Regressionsleistungen mit einer Anzahl von $n_{\text{kernel}} = 576$ Filtermatrizen und $n_{\text{inc}} = 4$ *Inception*-Modulen erreicht werden, jedoch führt die dadurch gesteigerte Menge an Verarbeitungsschritten zu einer Verringerung der Datenrate von bis 25 %.

Eine erhöhte Anzahl von $n_{\text{pool}} = 2$ nachgelagerten *Maxpooling*-Schichten wirkt sich nach Abbildung 36 in der Regel vorteilhaft auf den Datendurchsatz aus. Bezüglich der Menge vollverknüpfter künstlichen Neuronen zeigt sich, dass mit $n_{\text{dense}} = 448$ Neuronen die höchsten Detektionsleistungen erzielt werden können. Gleichzeitig sind jedoch die Datendurchsätze um bis zu 12,5 % geringer als die in der markierten Ansammlung maximal erreichbaren Datendurchsätze von etwa 3.200 bps.

Unter Berücksichtigung der CNN-Modelle innerhalb der Ansammlung (rote, gestrichelte Line) wird ein Kompromiss aus hohem Datendurchsatz und einer hohen Regressions- und Klassifikationsleistung ausgewählt. Die mithilfe einer vierfach kreuzvalidierten Rastersuche ermittelten Hyperparameter sind in Tabelle 10 dargestellt.

Tabelle 10: Ausgewählte Modellhyperparameter nach einer Rastersuche mit vierfacher Kreuzvalidierung.

CNN-Modell			RNN-Modell		
Anzahl *Inception*-Module	n_{inc}	2	Anzahl RNN-Schichten	$n_{\text{RNN,l}}$	2
Anzahl Filtermatrizen pro Modul	n_{kernel}	416	Sequenzlänge	n_{seq}	15
Anzahl nachgelagerter *Maxpooling*-Schichten	n_{pool}	2	Anzahl künstlichen RNN-Neuronen	$n_{\text{RNN,u}}$	160
Anzahl vollverknüpfte künstlichen Neuronen	n_{dense}	352	RNN-Typ	T_{RNN}	GRU

Anschließend wurde mit den in Tabelle 10 dargestellten optimierten CNN-Modellparametern nach optimalen Hyperparametern für das nachgeschaltete RNN-Modul gesucht. Anhand von Abbildung 37 wird deutlich, dass die Art des verwendeten RNN-Typs T_{RNN} einen geringen Einfluss auf die Leistungsfähigkeit des Modells hat.

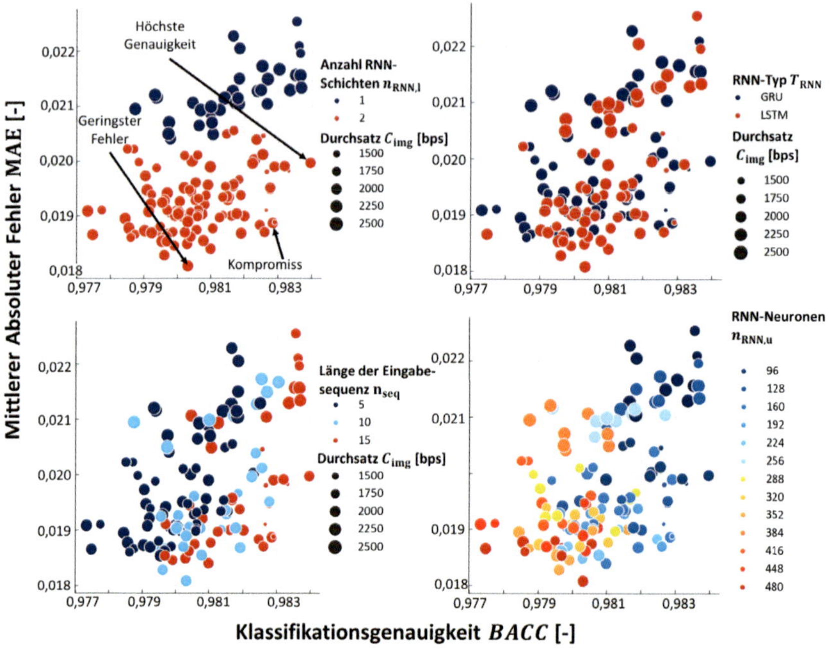

Abbildung 37: Einfluss verschiedener RNN-Architekturparameter auf die Leistungsfähigkeit des RCNN-Modells.

Im Gegensatz dazu zeigen RNN-Modelle mit einer höheren Anzahl $n_{\mathrm{RNN,l}}$ an aufeinanderfolgenden Schichten, einen niedrigeren Regressionsfehler bei gleichzeitig leicht geringeren Klassifikationsgenauigkeiten, im Vergleich zu Modellen mit einer RNN-Schicht. Die Anzahl aufeinanderfolgender Schichten trägt, wie die Anzahl der *Inception*-Module, zur Komplexität des Modells und damit zu einem erhöhten Risiko einer Überanpassung bei. In Bezug auf die Eingangssequenzlänge wird die höchste Detektionsleistung insgesamt von Modellen mit einer von Sequenzlänge $n_{\mathrm{seq}} = 15$ erreicht. Es ist außerdem zu erkennen, dass eine steigende Anzahl an künstlichen Neuronen $n_{\mathrm{RNN,u}}$ innerhalb der RNN-Schichten zwar zu einer Erhöhung der Regressionsleistung führt, jedoch im Mittel geringere Klassifikationsleistungen erzielt werden, was ebenfalls einen Hinweis auf eine Überanpassung des RNN-Modells darstellt. Auch in diesem Fall werden die Hyperparameter, wie in Abbildung 37 dargestellt, anhand eines aus den drei Leistungsmetriken abgeleiteten Kompromisses ausgewählt (siehe Tabelle 10).

Neben den bereits genannten Hyperparametern existieren noch weitere modellspezifische Stellgrößen (z.B. Art der Aktivierungsfunktion), deren Untersuchung nicht Bestandteil dieser Arbeit ist, da sich in Voruntersuchungen nur ein geringer Einfluss auf die Leistungsfähigkeit gezeigt hat. Eine detaillierte Übersicht hinsichtlich der finalen Konfiguration der CNN- und RNN-Module ist in Anhang 8.3 (Seite 167) aufgeführt.

Insgesamt kann durch den Einsatz des nachgeschalteten RNN-Modells die Klassifikations- und Regressionsleistung um etwa 3-4 % erhöht werden, jedoch verringert sich der Datendurchsatz im Vergleich zum reinen CNN-Modell um etwa 30% auf etwa 2.250 bps. Die ermittelten Datendurchsätze sind auf Basis einer parallelen Verarbeitung der Bilddaten (32 Bilder pro Bildstapel) ermittelt worden, wobei die eingesetzten CNN- bzw. RNN-Modelle nicht weiter hinsichtlich hoher Inferenzraten optimiert wurden. Eine detailliertere Betrachtung hinsichtlich weiterer Inferenzoptimierungen und der Echtzeiteigenschaften der Modelle ist in Kapitel 6.3.2 (Seite 141) zu finden.

4.5.4 Vergleich unterschiedlicher Modellarchitekturen

Nach der Optimierung modellspezifischer Hyperparameter lassen sich die resultierenden KI-Modelle hinsichtlich der Klassifikations- und Regressionsgüte vergleichen. Abbildung 38 zeigt die im Rahmen der Arbeiten anwendungsspezifisch weiterentwickelten neuronalen Netze (RCNN, CNN) sowie weitere, dem Stand der Technik entsprechende, CNN-Architekturen (*InceptionV3*, *VGG16*). Zudem ist der Vergleich mit einem konventionellen Klassifikationsansatz dargestellt, wobei die in Anhang 8.6 (Seite 172) beschriebenen Merkmale als Eingabe dienen. Die vierfach kreuzvalidierten Vergleichsmetriken sind in Form der Klassifikationsgenauigkeit, des mittleren absoluten Fehlers sowie des Bilddatendurchsatzes gegeben.

Es ist ersichtlich, dass die in dieser Arbeit weiterentwickelten und auf die Applikation zugeschnittenen Modelle (RCNN, CNN) im Vergleich die höchsten Leistungskennwerte, unabhängig von der Datengrundlage bzw. des verwendeten Kamerasystems, erzielen. Zwar erreicht die originale *Inception*-Architektur die zweitbeste Regressions- und Klassifikationsgüte, jedoch zeigt der direkte Vergleich einen geringeren erreichbaren Bilddatendurchsatz. Bei der Betrachtung der unterschiedlichen Prozessüberwachungskameras wird deutlich, dass das Infrarot-Kamerasystem (NIR-1690), dicht gefolgt vom Kamerasystem mit Fremdbeleuchtung (EXT-NIR-808), die höchsten Leistungskennwerte erzielt.

Es ist zu bemerken, dass der gezeigte Vergleich sich auf die Validierungsdaten des Trainingsdatensatzes bezieht. Die dadurch entstehende Evaluierung anhand von Bilddaten einer dem Modell bereits bekannten Schweißung, kann dabei zu überoptimistischen Ergebnissen führen. So können beispielsweise probenspezifische Muster (z.B. Spritzer auf dem Schutzglas, Nahtposition) erlernt werden, die zu einer Erhöhung der Klassifikationsleistung führen.

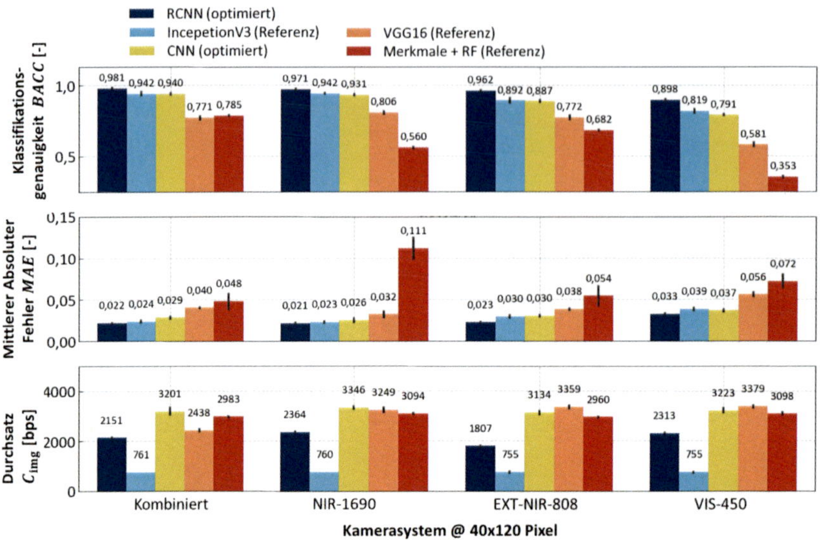

Abbildung 38: Vergleich unterschiedlicher KI-Modelle auf Basis der Validierungsdaten der eingesetzten bildgebenden Sensorsysteme (Bildstapelgröße $B_s = 32$, n=4).

Außerdem führen, wie in Kapitel 4.5.2 (Seite 78) bereits dargestellt, die hohen Bildraten der Kameras dazu, dass der Validierungsdatensatz ähnliche Bilddaten im Vergleich zum Trainingsdatensatz enthält. Aus diesem Grund folgt in Kapitel 4.6 eine Evaluierung an einem Testdatensatz mit 40 unbekannten Schweißungen mit einer Länge von jeweils 180 mm.

4.6 Ergebnisse der KI-basierten Prozessüberwachung

Der nachfolgende Abschnitt beinhaltet die Evaluierung des Bildverarbeitungsverfahrens an 40 zusätzlichen Schweißversuchen. Die im Datensatz enthaltenen Versuche decken, wie in Anhang 8.4 (Tabelle 17) dargestellt, unterschiedliche Prozessparameterkombinationen ab. Die Verteilung der Testdaten bezüglich der unterschiedlichen Fehlerklassen ist in Abbildung 33 (Seite 76) dargestellt.

4.6.1 Klassifikations- und Regressionsergebnisse

Die Ergebnisse sind jeweils als Mittelwerte für die Klassifikationsgenauigkeit $BACC$ und mittleren absoluten Fehler MAE für den gesamten Testdatensatz in Tabelle 11 abgebildet. Vergleichbar zu den in Abbildung 38 dargestellten Ergebnissen, erzielt auch in diesem Fall das RCNN-Modell in Kombination mit den Infrarot-Bilddaten (NIR-1690) die höchsten Erkennungsleistungen. Es ist zudem erkennbar, dass die Ergänzung des CNN mit einem RNN die Klassifikationsgenauigkeit um etwa 1,2 %-Punkte erhöht, bei gleichzeitiger Verringerung des Regressionsfehlers MAE um 14,7 %.

Des Weiteren ist auffällig, dass die Kombination unterschiedlicher Kamerabilddaten keine Erhöhung der Erkennungsleistung bewirkt. Aufgrund der verwendeten Modellstruktur und des deutlich geringeren Informationsgehaltes der übrigen Sensoren kommt es möglicherweise zur Einbringung eines großen Rauschanteils, was die Modellqualität insgesamt verringert. Außerdem weisen Modelle, welche Bilddaten der Metalldampffackel (VIS-450) als Eingabe verwenden, insgesamt die geringsten Leistungsfähigkeiten auf. Ursächlich dafür ist vermutlich einerseits die hohe zeitliche Fluktuation der Metalldampffackel. Dagegen zeigen einige Nahtunregelmäßigkeiten wie Erstarrungsrisse, nur eine geringe Korrelation mit der thermischen Emission der Metalldampffackel.

Tabelle 11: Mittlerer absoluter Fehler (Regression) und Klassifikationsgenauigkeit auf der Grundlage von 79.276 Datenpunkten aus 40 Einzelschweißungen (siehe Tabelle 17).

Modell	**RCNN-Modell**				**CNN-Modell**			
Kamera	**Alle**	**NIR-1690**	**EXT-NIR-808**	**VIS-450**	**Alle**	**NIR-1690**	**EXT-NIR-808**	**VIS-450**
$BACC$	83,9	90,0	65,5	55,1	83,3	88,8	67,5	56,4
Mittelwert MAE (normierte Regressanden)	0,043	0,029	0,059	0,074	0,045	0,034	0,060	0,073

Um festzustellen, welche Fehlerkategorien sich wie präzise klassifizieren lassen, ist in Abbildung 39 die Wahrheitsmatrix der Klassifikationsergebnisse des RCNN-Modells auf Basis der NIR-1690-Bilddaten des Testdatensatzes gezeigt. Die normalisierte Diagonale der Matrix zeigt die Richtig-Positiv-Raten (TPR, siehe Anhang 8.2.3, Seite 165) der einzelnen Klassen auf. Die prädizierten Kategorien weisen insgesamt Richtig-Positiv-Raten von $TPR \geq 81\,\%$ auf, wobei die Klassen *Nahteinfall* ($TPR = 82\,\%$), *Spritzer* ($TPR = 81\,\%$) und *Schmelzbadfluktuation* ($TPR = 82\,\%$) die geringsten Übereinstimmungen erzielen. Dahingegen zeigen die Prädiktionen der Klassen *Erstarrungsriss* ($TPR = 95\,\%$), *Bindefehler* ($TPR = 91\,\%$), *Durchbrand* ($TPR = 88\,\%$) und *Defokussiert* ($TPR = 96\,\%$) hohe Übereinstimmung mit den annotierten Werten.

Die Klasse *Nahteinfall* wird nach Abbildung 39 meist mit den Klassen *Durchbrand* und *Schmelzbadfluktuation* verwechselt. Da im Fall mehrerer parallel auftretender Nahtunregelmäßigkeiten nur eine Klasse ausgewählt wird, kann es insbesondere bei den Klassen *Spritzer* und *Schmelzbadfluktuation* Uneindeutigkeiten bei der Klassifikation kommen. Die Nahtunregelmäßigkeiten *Durchbrand* und *Nahteinfall* stellen sich teilweise ähnlich in den Bilddaten dar. Oft beginnt ein aufgrund von Leistungsüberschuss hervorgerufener *Durchbrand* in der Schweißnaht mit einem *Nahteinfall*, was die häufige Verwechslung der Kategorien durch das RCNN-Modell erklären könnte.

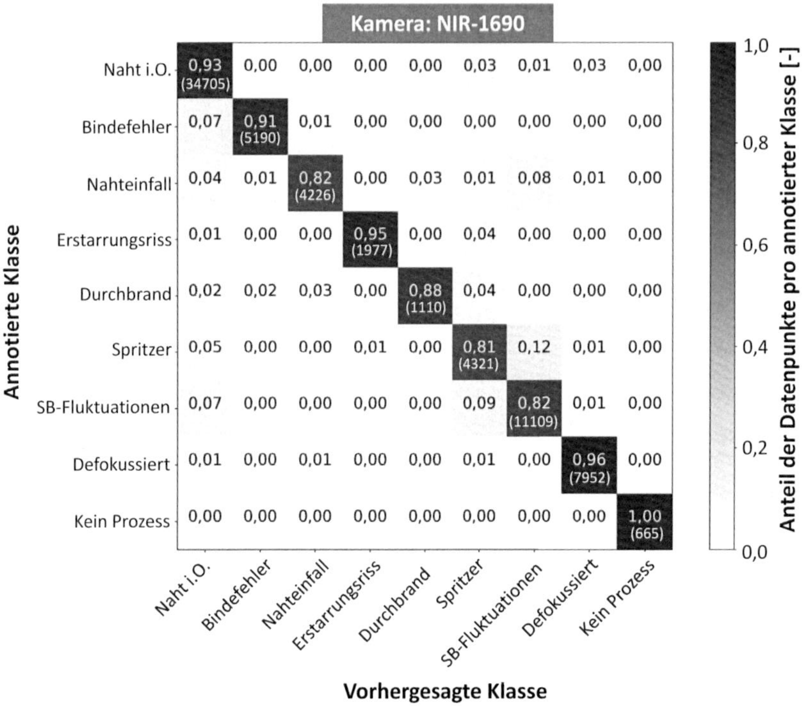

Abbildung 39: Normalisierte Wahrheitsmatrix für die Klassifikation von Nahtunregelmäßigkeiten auf Basis der NIR-1690-Bilddaten und des RCNN-Modells (79.246 Datenpunkte aus 40 Einzelschweißungen, siehe Tabelle 17).

Eine Verwechslung tritt außerdem zwischen den Klassen *Spritzer* und *Schmelzbadfluktuation* auf. Ursächlich für beide Prozessabweichungen ist häufig ein ungenügender Fügespalt zwischen den Blechproben. Das ausgasende Zink führt zunächst zu vermehrten Fluktuationen in der Dampfkapillare und im Schmelzbad. Mit sinkendem Blechabstand steigen der Gasdruck sowie die durch Kapillare und Schmelze entweichende Gasmenge stark an, was mit vermehrten Schmelzeaustrieb (Spritzern) verbunden ist. Da *Schmelzbadfluktuationen* und *Spritzer* demnach unter bestimmten Randbedingungen auch parallel auftreten können, ist eine Verwechslung der beiden Klassen durch das RCNN-Modell nachvollziehbar.

Vergleichend sind in Abbildung 40 die Ergebnisse auf Basis der beiden übrigen Bildsensoren dargestellt. In beiden Fällen liegt die Klassifikationsleistung insgesamt unter dem Niveau des auf den NIR-1690-Bilddaten basierenden Modells. Besonders gering ist die Leistungsfähigkeit, wenn VIS-450-Bilddaten als Informationsquelle dienen. Hier sind einzig die Klassen *Defokussiert* und *Kein Prozess* mit Richtig-Positiv-Raten von jeweils mehr als 80 % voneinander unterscheidbar. Im direkten Vergleich kann bei der Verwendung des Kamerasystems mit externer Fremdbeleuchtung (EXT-

NIR-808) im Mittel eine höhere Erkennungsrate erreicht werden. Dies gilt insbesondere für kritische Nahtfehler wie *Bindefehler*, *Nahteinfall* und *Durchbrand*. Die Fehlerklasse *Erstarrungsriss* wird hingegen völlig unzureichend erkannt und durch das Modell häufig (62% aller Erstarrungsrissbilder) mit einer fehlerfreien Naht verwechselt.

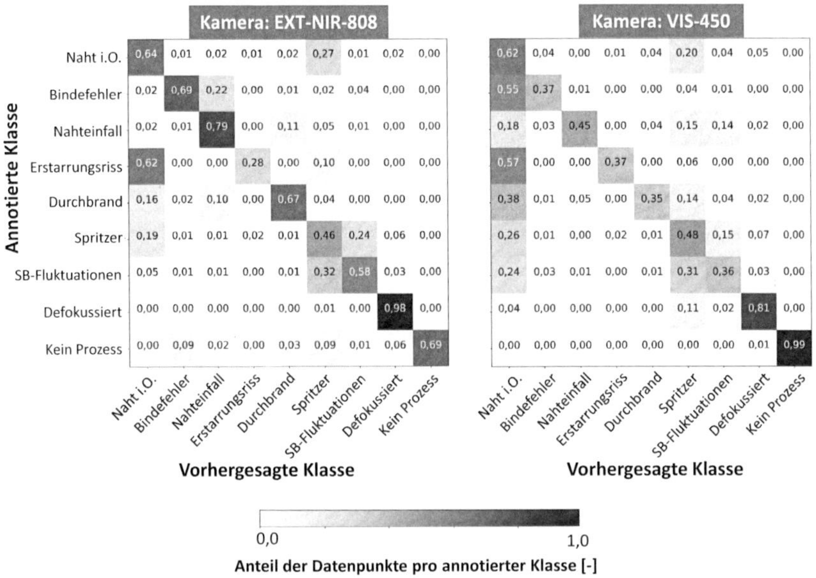

Abbildung 40: Normalisierte Wahrheitsmatrizen für die Klassifikation von Nahtunregelmäßigkeiten auf Basis des RCNN-Modells und unterschiedlichen Kamerasystemen (79. 246 Datenpunkte aus 40 Einzelschweißungen, siehe Tabelle 17).

Als Ursache können die örtlich stark unterschiedlichen optischen Eigenschaften der Metalloberfläche bzw. der Schweißnaht genannt werden. Beim Einsatz von Fremdbeleuchtung kann es dabei aufgrund lokaler Reflexions- bzw. Absorptionsgradunterschieden zu unzureichend ausgeleuchteten Bildbereichen kommen, was die Unterscheidung von Prozesssituationen deutlich erschwert. Weitere Entwicklungen in der Beleuchtungs- und Kameratechnik (z.B. HDR-Bildgebung) können diesen Unterschied verringern.

Zusammenfassend sind mit den übrigen Kamerasystemen keine mit dem NIR-1690-System vergleichbaren Klassifikationsleistungen erzielbar. Es ist zudem wichtig zu erwähnen, dass eine hundertprozentige Klassifikationsgenauigkeit einer genauen Lokalisierung sowie präzisen Bestimmung der Ausdehnung eines Nahtfehlers gleichkäme. In der Praxis sind die Anforderungen meist geringer, da die Erkennung der Anwesenheit eines Nahtfehlers von vorrangiger Bedeutung ist, sodass bereits mit Klassifikationsgenauigkeiten (80-90%) ein hoher Zusatznutzen generiert werden kann.

Zudem wird im Rahmen dieser Arbeit eine Nahtfehlerannotation pro Bild verwendet, wobei in der Realität unterschiedliche Nahtunregelmäßigkeiten gleichzeitig auftreten können. Abhilfe kann beispielsweise die Weiterentwicklung zu einer Multilabel-Klassifikation schaffen, bei der einem Bild mehrere Nahtunregelmäßigkeiten zugewiesen werden können. Zudem besteht mit dem aktuellen Klassifikationsansatz die Möglichkeit, anhand der pro Bild ausgegebenen *Softmax*-Wahrscheinlichkeiten der einzelnen Fehlerklassen, gleichzeitig auftretende Nahtunregelmäßigkeiten zu identifizieren. Beispiele dazu sind in Kapitel 4.6.4 (Seite 96) dargestellt.

Neben der Klassifikation findet parallel die Prädiktion unterschiedlicher prozessrelevanter Parameter statt. In Abbildung 41 sind die mittleren absoluten Fehler der einzelnen Regressanden ohne Normierung dargestellt.

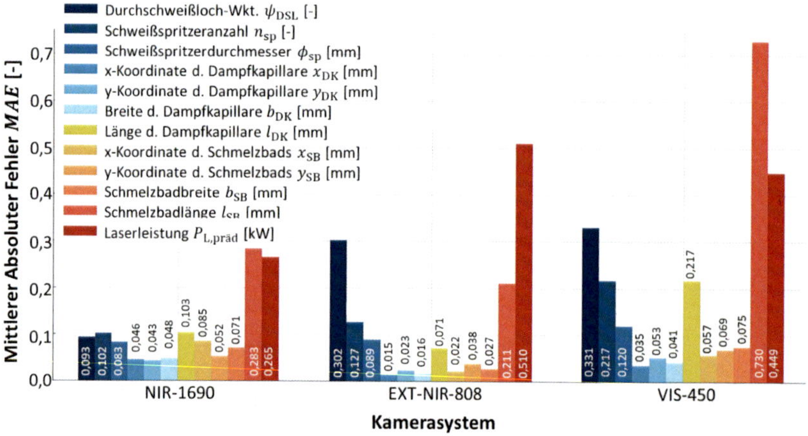

Abbildung 41: Vergleich der einzelnen Regressanden (nicht normalisiert) hinsichtlich des Vorhersagefehlers für die unterschiedlichen Bilddatentypen auf Basis des Validierungsdatensatzes (79.276 Datenpunkte aus 40 Einzelschweißungen, siehe Tabelle 17).

Insgesamt weist das RCNN-Modell auf Basis des Bilddatentyps NIR-1690, einen geringen mittleren MAE über alle Regressanden auf. Allerdings ergeben sich für Regressanden, die geometrische Parameter der Dampfkapillare oder des Schmelzbades repräsentieren, unter Verwendung der Bilddaten des EXT-NIR-808-Systems die geringsten mittleren absoluten Fehler. Dafür verantwortlich könnten die eindeutigeren Abgrenzungen von Schmelzbad und Dampfkapillare zur Umgebung sein (siehe Abbildung 32, Seite 75), die sowohl bei der Annotation als auch bei der Erkennung der Objekte zu einer höheren Genauigkeit bzw. weniger Schwankungen führen. Im Hinblick auf die übrigen prädizierten Prozessmerkmale, wie *Spritzergröße* und *Durchschweißloch-Wkt.*, sind die geringsten MAE mit Bilddaten des Typs NIR-1690 erreichbar.

Hinsichtlich der applizierten Laserleistung ist mithilfe des NIR-1690-Kamerasystems ein mittlerer absoluter Fehler von $MAE_{PL} = 265$ W erreichbar. Basierend auf dem Versuchsplan in Anhang 8.4 (Seite 168) beträgt die mittlere applizierte Laserleistung über alle Versuche hinweg etwa $P_L = 2{,}5\,kW$. Im Vergleich zum EXT-NIR-808-System

($MAE_{PL} = 510\,\mathrm{W}$) sowie zum VIS-450-System ($MAE_{PL} = 449\,\mathrm{W}$) ist die Vorhersageleistung des Thermografiesystems deutlich höher. Dies ist insbesondere im Fall des EXT-NIR-808-Kamerasystems bemerkenswert, da dieses System ebenfalls Informationen hinsichtlich der Dampfkapillare, des Schmelzbades und der erstarrten Naht bereitstellt. Jedoch können die zusätzlichen thermischen Informationen des NIR-1690-Systems aus dem Bereich der erstarrten Naht und des Schmelzbades zu einer Verringerung des Vorhersagefehlers beitragen. Auch die Erkennbarkeit des Durchschweißlochs aus der koaxialen Beobachtungsposition bei entsprechenden Laserleistungen liefert möglicherweise weitere Details bzw. Informationen für eine robuste Prädiktion der Laserleistung.

Nach Betrachtung der gezeigten Klassifikations- und Regressionsergebnisse kann zusammengefasst werden, dass das RCNN-Modell, basierend auf NIR-1690-Bilddaten im Rahmen dieser Untersuchung, die höchste Gesamtleistungsfähigkeit erzielt. Obwohl die Modelle basierend auf den Bilddaten der VIS-450 und EXT-NIR-808-Kamerasysteme anhand der Evaluierung am Validierungsdatensatz nur geringfügig niedrigere Leistungskennwerte erreichen, sinkt die Leistungsfähigkeit der Modelle bei der Evaluierung an unabhängigen Testdaten deutlich.

Die Ergebnisse deuten darauf hin, dass das NIR-1690-Kamerasystem in besonderem Maße zur Detektion der in dieser Arbeit definierten Nahtunregelmäßigkeiten geeignet ist und insgesamt einen höheren Informationsgehalt zur Lösung der Bilderkennungsaufgaben bereitstellt. Das NIR-1690-Kamerasystem bietet aufgrund der genutzten Messwellenlänge sowie der Verwendung eines lokalen Neutraldichtefilters die Möglichkeit, die thermischen Emissionen der Dampfkapillare, des Schmelzbades sowie Teile der erstarrten Naht, ohne zusätzliche Ausleuchtung der Prozesszone zu erfassen. Daraus ergeben sich Vorteile bei der Erkennung von Nahtunregelmäßigkeiten, deren Auftreten mit einer Veränderung der genannten Emissionen in Verbindung steht. Die beiden alternativen Kamerasysteme erlauben eine vergleichsweise eingeschränkte Erfassung des Schmelzbades und der erstarrten Naht, da entweder bestimmte Bereiche aufgrund der Perspektive nicht beobachtbar sind oder ausschließlich die von der Oberfläche reflektierte Beleuchtungsstrahlung erfasst wird.

4.6.2 Genauigkeit prädizierter geometrischer Parameter

Nachfolgend wird untersucht, inwiefern die Vorhersagen der Schmelzbadbreite b_{SB} auf Basis des RCNN-Modells mit realen Messungen der Schweißnahtbreite übereinstimmen. Abbildung 42 zeigt die prädizierten Schmelzbadbreiten im Vergleich zur ermittelten Nahtbreite anhand von 3D-Profilometermessungen bei unterschiedlichen Vorschubgeschwindigkeiten und Streckenenergien. Verwendet werden in diesem Fall ausschließlich Bilddaten des Typs NIR-1690.

Es ist erkennbar, dass die prädizierten Nahtbreiten dem Trend der gemessenen Nahtbreiten folgen. In 16 von 20 Messversuchen mit unterschiedlichen Prozessparametern kann eine Überlappung der 95 %-Konfidenzintervalle der Mittelwerte der jeweiligen Messmethoden festgestellt werden.

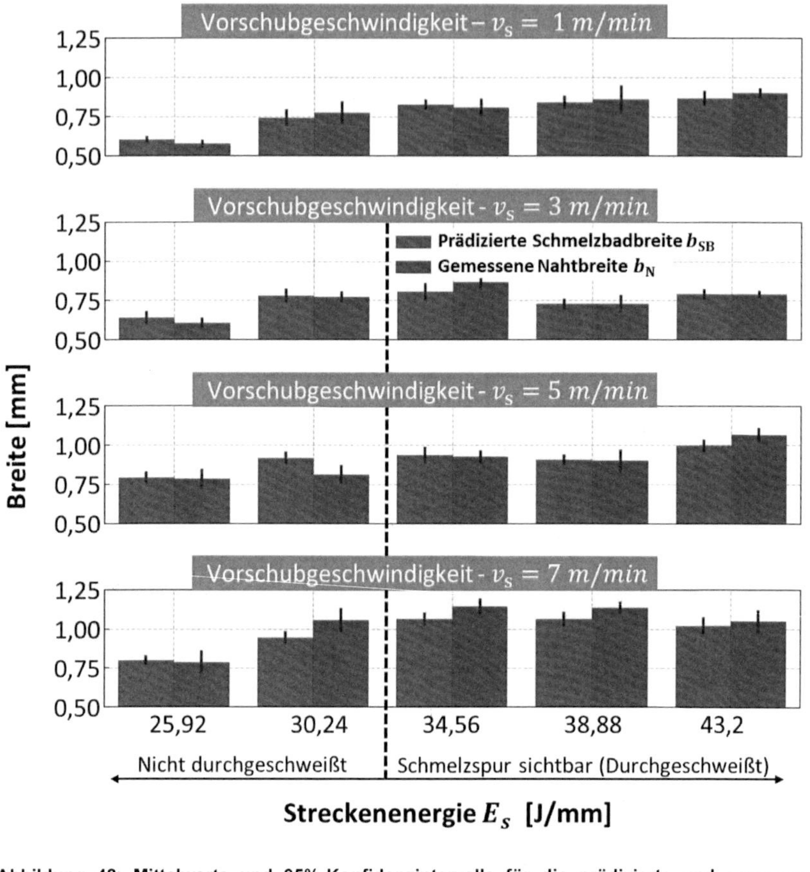

Abbildung 42: Mittelwerte und 95%-Konfidenzintervalle für die prädizierte und gemessene Schmelzbadbreite in Abhängigkeit des Vorschubes und der Streckenenergie bei konstantem Strahldurchmesser ($d_s = 390\ \mu m$, n= 3x1500, NIR-1690 Kamera).

Die mithilfe beider Messmethoden bestimmten Nahtbreiten steigen außerdem, wie in Abbildung 42 zu sehen, bis zur vollständigen Durchschweißung, mit steigender Streckenenergie an. Nach dem Austritt der Dampfkapillare aus der Probenunterseite stellt sich ein neues thermisches Gleichgewicht ein, bei dem die Nahtbreite zunächst nicht weiter ansteigt, obwohl die Streckenergie auf $E_S = 38{,}88\ \mathrm{J/mm}$ erhöht wird. Der Einfluss des Energieverlusts aufgrund des Dampfkapillaraustritts ist insbesondere bei Vorschubgeschwindigkeiten von $v_s = 3 - 5\ m/min$ zu beobachten. Mit weiterem Anstieg der Streckenenergie steigen auch die gemessen Nahtbreiten weiter an.

Bei einer Geschwindigkeit von $v_s = 7\, m/min$ und einer Streckenenergie von $E_s = 30{,}24\, J/mm$ kommt es zur größten relativen Abweichung zwischen den Mittelwerten der prädizierten und gemessen Nahtbreiten von -13,3 %. Der mittlere relative Fehler der Mittelwerte auf Basis aller in Abbildung 42 gezeigten Versuche liegt bei 6,1 %. Hohe Abweichungen treten vermehrt ab Geschwindigkeiten von $v_s = 7\, m/min$ auf. Dabei kommt es vermutlich aufgrund der verminderten Bildqualität, die wiederum auf den vergrößerten ausströmenden Metalldampfmassenstrom zurückzuführen ist (siehe Kapitel 4.3.2, Seite 59), zu Ungenauigkeiten bei der Prädiktion der Nahtbreite. Außerdem ist die Bestimmung der Nahtbreite mittels 3D-Profilometer zusätzlichen Fehlerquellen ausgesetzt. Beispielsweise können zu geringe Höhengradienten am Schweißnahtrand zu Abweichungen bei der Bestimmung der Nahtbreite führen, da die Position des Nahtrandes nicht korrekt erkannt wird.

Auf Basis der dargestellten Ergebnisse kann abgeleitet werden, dass sich das RCNN-Modell zur Bestimmung der Nahtbreite während des Schweißprozesses auf Basis der Schmelzbadinformationen der NIR-1690-Kamerabilddaten eignet.

4.6.3 Beurteilung der Wichtigkeit einzelner Bildmerkmale

Bisher wurde festgestellt, dass unterschiedliche Prozessabweichungen und Nahtunregelmäßigkeiten mit hoher Genauigkeit voneinander unterscheidbar sind. Um zu bewerten, welche Bildinformationen besonders zu einer Klassifikationsaussage beitragen, werden im folgenden einzelne Bildmerkmale hinsichtlich ihres Einflusses auf die Klassifikationsleistung evaluiert.

Die Merkmalswichtigkeit auf Basis von Permutation ist definiert als die Verringerung der Leistungsfähigkeit des Modells, wenn ein einzelner Merkmalswert zufällig generiert wird [BRE01]. Durch dieses Verfahren wird die Beziehung zwischen dem Merkmal und der Klassifikationsausgabe unterbrochen. Der Rückgang einer zur Modellbewertung geeigneten Metrik (z.B. Klassifikationsgenauigkeit) ist ein Indikator dafür, wie sehr das Modell bei der Generierung von Prädiktionen von der Ausprägung eines Bildmerkmals abhängt. Der beschriebene Ansatz hat den Vorteil, dass er modellunabhängig ist und wiederholt mit verschiedenen Permutationen des Merkmals berechnet werden kann [PED11].

Die Grundlage für die Untersuchung stellen die mit Hilfe des RCNN-Modells extrahierten geometrischen Parameter dar. Zusätzlich werden weitere Bildmerkmale auf Basis der jeweiligen Bilddaten berechnet. Die pro Messung berechneten Merkmale umfassen 51 geometrische und statistische Bildmerkmale, basierend auf den Videodaten des Trainingsdatensatzes nach Anhang 8.4 (Seite 168) der unterschiedlichen Kamerasysteme. Weitere Details hinsichtlich der berechneten Merkmale finden sich in Anhang 8.6 (Seite 172). Auf Basis der extrahierten Bildmerkmale und der vorhanden Annotationen werden Klassifikationsmodelle mit Hilfe des *Random Forest*-Algorithmus (RF) trainiert [BRE02]. RF kann als eine Kombination von, in der Regel, einigen hundert, bis mehreren tausend Entscheidungsbäumen betrachtet werden, wobei jeder

Baum ein einzelnes nichtparametrisches Klassifikationsmodell darstellt. Die endgültige Klassifizierung wird durch Mehrheitsentscheidungen auf Grundlage der beteiligten Entscheidungsbäume getroffen. RF verwendet *Bootstrap-Aggregation* (*Bagging*) und einen zufälligen Merkmalsunterraum für jeden Entscheidungsbaum, um die Robustheit des Klassifikationsmodells zu erhöhen [LOU14]. Im Vergleich zu anderen Klassifizierungsverfahren (z.B. Neuronale Netze) kann mithilfe dieser Ensemblemethode eine Überanpassung des Modells effektiv reduziert werden [WU17].

Bei der Evaluierung der RF-Modelle mittels Testdaten werden schließlich die Werte eines einzelnen Merkmals permutiert bzw. zufällig gewählt. Die aus der Permutation abgeleitete Wichtigkeit in Form einer Verringerung der Klassifikationsgenauigkeit ACC ist in Abbildung 43 für die zehn wichtigsten Merkmale dargestellt. Das Diagramm zeigt, dass Merkmale auf Basis der NIR1690-Bilddaten weitestgehend die Top-10 der relevantesten Merkmale repräsentieren.

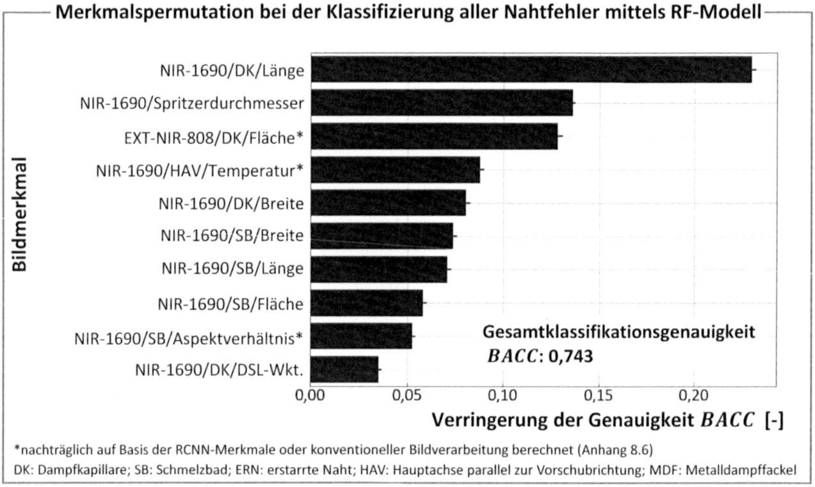

Abbildung 43: Einfluss einzelner Bildmerkmale auf die mittels konventionellen maschinellen Lernens umgesetzte Klassifikation unterschiedlicher Fehlerklassen (n=4).

Bezüglich der übrigen Bilddatentypen scheint einzig die sichtbare Dampfkapillaroberfläche (*EXT-NIR-808/DK/Fläche*) aus den EXT-NIR-808-Bilddaten einen relevanten Einfluss auf die Klassifikationsleistung des Modells zu haben.

Den größten Einfluss auf die Klassifikationsleistung über alle Fehlerklassen hinweg besitzt die aus den NIR-1698-Bilddaten extrahierte Länge der Dampfkapillare (*NIR-1690/DK/Länge*). Wird die Information dieses Merkmals permutiert, sinkt die Klassifikationsgenauigkeit um bis zu 0,25 Punkte ab. Weitere Merkmale mit hoher Relevanz sind der aus den NIR-1690-Bilddaten ermittelte Schweißspritzerdurchmesser (*NIR-1690/Spritzerdurchmesser*) sowie die mittlere Temperatur entlang der Nahthauptachse in Vorschubrichtung (*NIR-1690/HAV/Temperatur*).

Insgesamt erreicht das mit allen 51 Merkmalen trainierte RF-Modell zur Unterscheidung aller neun Nahtqualitätskategorien eine Klassifikationsgenauigkeit von $BACC = 0{,}743$. Im Folgenden werden RF-Modelle zur Erkennung einzelner Fehlerkategorien eingesetzt. Die Modelle werden individuell für jede Kategorie als binäre Klassifizierer auf Basis aller 51 Merkmale trainiert, wobei jeweils alle anderen Klassen der Alternativkategorie entsprechen (d.h. *one-vs-all*-Klassifikation). Der durch Permutation bestimmte Einfluss einzelner Merkmale auf die Klassifikationsleistung ist in Abbildung 44 und Abbildung 45 dargestellt. Bei der Betrachtung der Merkmalswichtigkeit bezüglich einzelner Fehlerklassen stellt sich heraus, dass Merkmale auf Basis der NIR-1690-Bilddaten eine hohe Häufigkeit und den größten Einfluss in den Ranglisten aufweisen. Einzig die beiden Kategorien *Defokussiert* und *Schmelzbadfluktuation* weisen auch Merkmale mit erhöhter Relevanz auf, die auf den Bilddaten der anderen Kamerasysteme basieren.

Bei der Erkennung eines Bindefehlers besitzt die Ausprägung der Intensität der thermischen Strahlung der erstarrten Naht (*NIR-1690/ERN/Fläche*) die höchste Bedeutung. Dies stimmt mit der Hypothese überein, dass bei diesem Nahtfehler die Wärmeleitung in den unteren Fügepartner gestört ist und dies anhand erhöhter thermischer Emission der erstarrten Naht erfasst werden kann. Die übrigen Merkmale folgen mit deutlichem Abstand in der Rangliste.

Hinsichtlich der Klassifizierung der Kategorien *Nahteinfall* und *Durchbrand* zeigt die Dampfkapillarlänge (*NIR-1690/DK/Länge*) den größten Einfluss auf das Klassifikationsergebnis. Bei letzterer Kategorie spielen auch die Ausprägung von Schweißspritzern (*NIR-1690/Spritzerdurchmesser*) sowie die mittlere Temperatur entlang der Nahthauptachse in Schweißrichtung (*NIR-1690/HAV/Temperatur*) eine wesentliche Rolle.

Die Kopplung einer stark erhöhten Energiezufuhr an eine vermehrte Spritzerbildung kann dadurch erklärt werden, dass es aufgrund lokal stark erhöhter Verdampfungsraten innerhalb der Dampfkapillare zu einem vermehrten Austrieb an schmelzflüssigem Material aus der Prozesszone kommt.

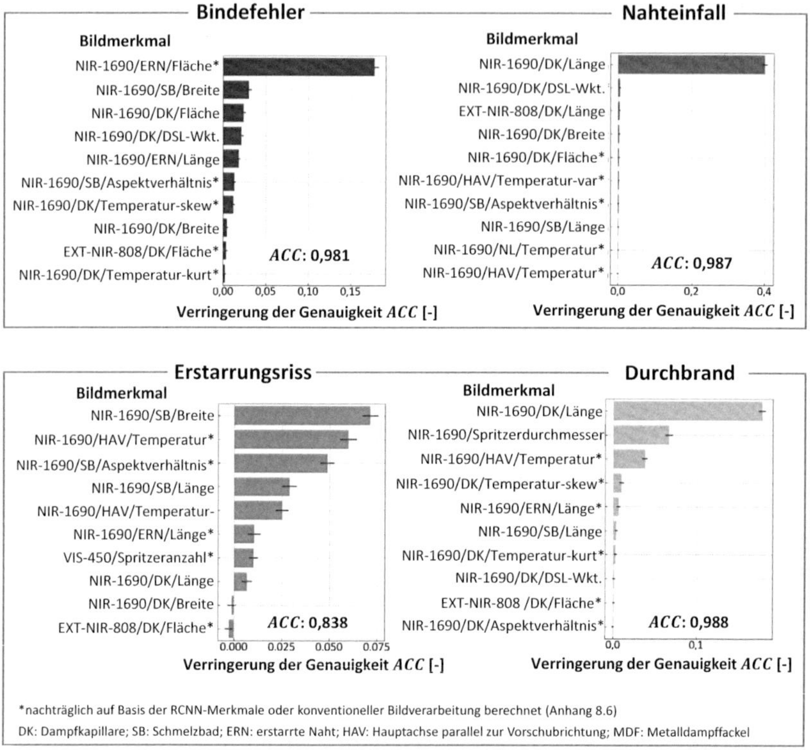

Abbildung 44: Einfluss einzelner Bildmerkmale auf die mittels konventionellen maschinellen Lernens umgesetzte Klassifikation einzelner Nahtfehler (*one-vs-all*-Klassifikation, n=4).

Die mittlere Temperatur entlang der Nahthauptachse in Schweißrichtung (*NIR-1690/HAV/Temperatur*) ist außerdem eines der relevantesten Merkmale zur Erkennung von Erstarrungsrissen. Dies liegt darin begründet, dass die Erstarrungsrisse in Längsrichtung an der Probenoberfläche der erstarrten Naht einen klaffenden Spalt hinterlassen. In den Aufnahmen der koaxial integrierten NIR-Kamera ist in diesen Fällen eine schmale Linie erhöhter Signalintensität im Bereich der erstarrten Naht zu beobachten.

Es ist davon auszugehen, dass diese lokale Intensitätserhöhung der Wärmestrahlung auf die höhere Temperatur innerhalb der erstarrten Naht sowie auf die durch die Rissgeometrie bedingte Erhöhung des Emissionsgrads der Oberfläche zurückzuführen ist. Weitere Merkmale wie die Schmelzbadbreite und -länge haben aufgrund ihrer Abhängigkeit der Erstarrungsrissbildung von der Vorschubgeschwindigkeit, ebenfalls einen großen Einfluss [GAO18]; [PLO11]; [HOL16]. Die geometrischen Parameter des Schmelzbades sind direkt abhängig von der Vorschubgeschwindigkeit bzw. der Laserleistung und können folglich mit dem Auftreten von Erstarrungsrissen korrelieren.

Abbildung 45 zeigt, dass zur Klassifikation der Kategorie *Schmelzbadfluktuation* mehrere Merkmale von größerer Relevanz sind. Darunter fallen geometrische Parameter des Schmelzbads und der Dampfkapillare (*NIR-1690/SB/Fläche*), die Auftrittswahrscheinlichkeit des Durchschweißlochs (*NIR-1690/DK/DSL-Wkt.),* sowie die Größe der sichtbaren Fläche der Metalldampffackel (*VIS-450/MDF/Fläche*).

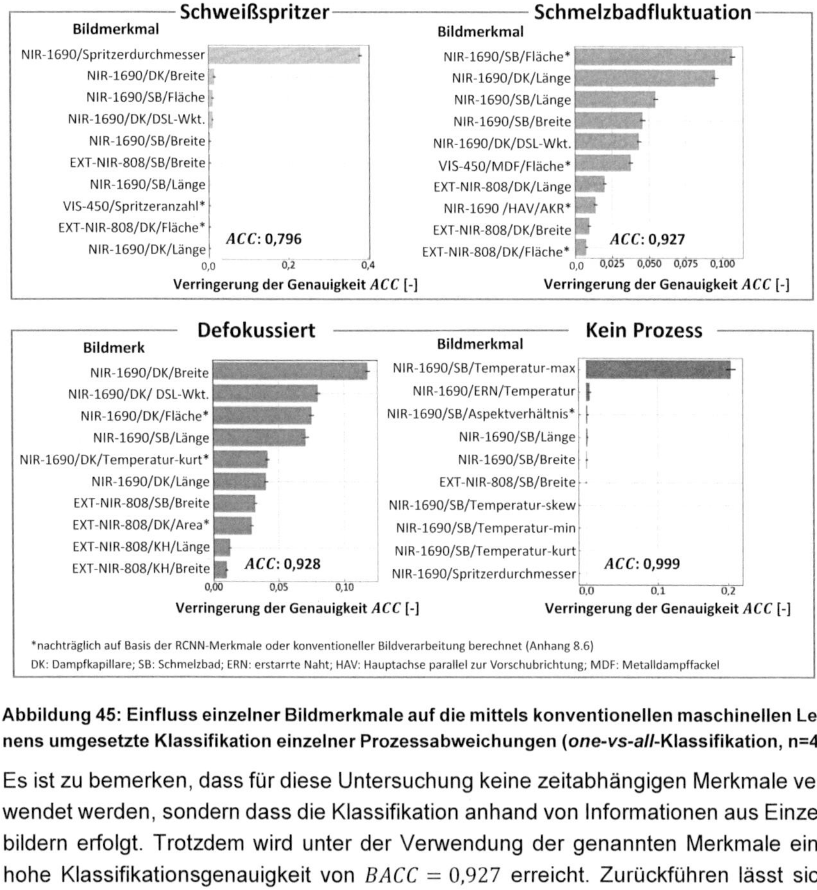

Abbildung 45: Einfluss einzelner Bildmerkmale auf die mittels konventionellen maschinellen Lernens umgesetzte Klassifikation einzelner Prozessabweichungen (*one-vs-all*-Klassifikation, n=4).

Es ist zu bemerken, dass für diese Untersuchung keine zeitabhängigen Merkmale verwendet werden, sondern dass die Klassifikation anhand von Informationen aus Einzelbildern erfolgt. Trotzdem wird unter der Verwendung der genannten Merkmale eine hohe Klassifikationsgenauigkeit von $BACC = 0{,}927$ erreicht. Zurückführen lässt sich dies auf die auffälligen Schmelzbad- und Dampfkapillardeformationen, die im Rahmen starker Schmelzbadfluktuationen auftreten.

Die Klassifikationsleistung hinsichtlich der Kategorie *Defokussierung* wird ebenfalls von mehreren Bildmerkmalen stark beeinflusst. Darunter sind vor allem geometrische Dampfkapillarparameter, die Schmelzbadlänge, die Auftrittswahrscheinlichkeit des Durchschweißlochs (*NIR-1690/DK/DSL-Wkt.)* und die berechnete Temperaturverteilung auf Basis der von der Dampfkapillare emittierten Wärmestrahlung (*NIR-1690/DK/Temperatur-kurt*). Für die Erkennung der Kategorie *Kein Prozess* ist nach

Abbildung 45 im Wesentlichen die maximale Temperatur im Schmelzbad *(NIR-1690/SB/Temperatur-max)* von Bedeutung. Da diese Kategorie sich durch die Abwesenheit der Dampfkapillare auszeichnet, fällt auf, dass Merkmale der Dampfkapillare keine Rolle bei der Klassifizierung spielen. Dies kann damit zusammenhängen, dass die berechneten Werte der Dampfkapillarenmerkmale, bei nicht vorhandener Kapillare im Prozessbild, ungültige Werte einnehmen. Andererseits wird sich die maximale Intensität des thermischen Signals an der Schmelzbadoberfläche nach dem Ausschalten des Lasers, wie in Kapitel 4.3.2 (Seite 59) in Abbildung 24 dargestellt, aufgrund der nach kurzer Zeit verschwindenden Metalldampffackel signifikant verringern. Daher eignet sich dieses Merkmal ebenfalls zur Erkennung dieser Kategorie.

Die gezeigten Diagramme veranschaulichen, welche Bildmerkmale für die Klassifikation bestimmter Nahtfehler und Prozessabweichungen verwendet werden können. Die Ergebnisse können genutzt werden, um für die Erkennung einzelner Qualitätskategorien gezielt kosteneffiziente Sensorsysteme zu entwickeln, die Messgrößen erfassen, welche den hier dargestellten Merkmalen ähnlich sind. Zudem geben die vorliegenden Ergebnisse einen Hinweis darauf, welche Bildbereiche und Signalmerkmale für eine eindeutige Klassifikation der einzelnen Nahtunregelmäßigkeiten erforderlich sind.

4.6.4 Fehlererkennung an ausgewählten Beispielen

Im folgenden Kapitel wird der Blick auf einzelne Schweißexperimente und deren In-Prozess-Charakterisierung gerichtet. Die mithilfe des RCNN-Modells generierten Signale werden dabei den ex-situ durchgeführten metallografischen und messtechnischen Analysen qualitativ gegenübergestellt.

Abbildung 46 zeigt einen Schweißversuch, bei dem es aufgrund eines zu geringen Fügespaltes, zu starken Schmelzbadfluktuationen und vermehrter Schweißspritzerbildung gekommen ist. Im oberen Bereich sind unterschiedliche, mithilfe des RCNN-Modells prädizierte, geometrische Parameter dargestellt. Einzig die Metalldampffackelparameter wurden zum Vergleich, wie in Kapitel 4.4.2 (Seite 73) beschrieben, mithilfe einfacher Bildverarbeitungsalgorithmen berechnet. Das Klassifikationsergebnis gibt die *Softmax*-Wkt. der einzelnen Fehlerkategorien in Abhängigkeit der Nahtlänge an. Bezüglich der Klasse *Schmelzbadfluktuation* ist in einigen Nahtbereichen eine erhöhte Auftrittswahrscheinlichkeit erkennbar. Zudem zeigt das Klassifikationsergebnis an dezidierten Positionen (z.B. nach 2,6 s Aufnahmezeit) höhere Wahrscheinlichkeiten für Schweißspritzer an. Steigende prädizierte Spritzerdurchmesser und eine erhöhte vorhergesagte Spritzanzahl an diesen Positionen unterstützen das Ergebnis.

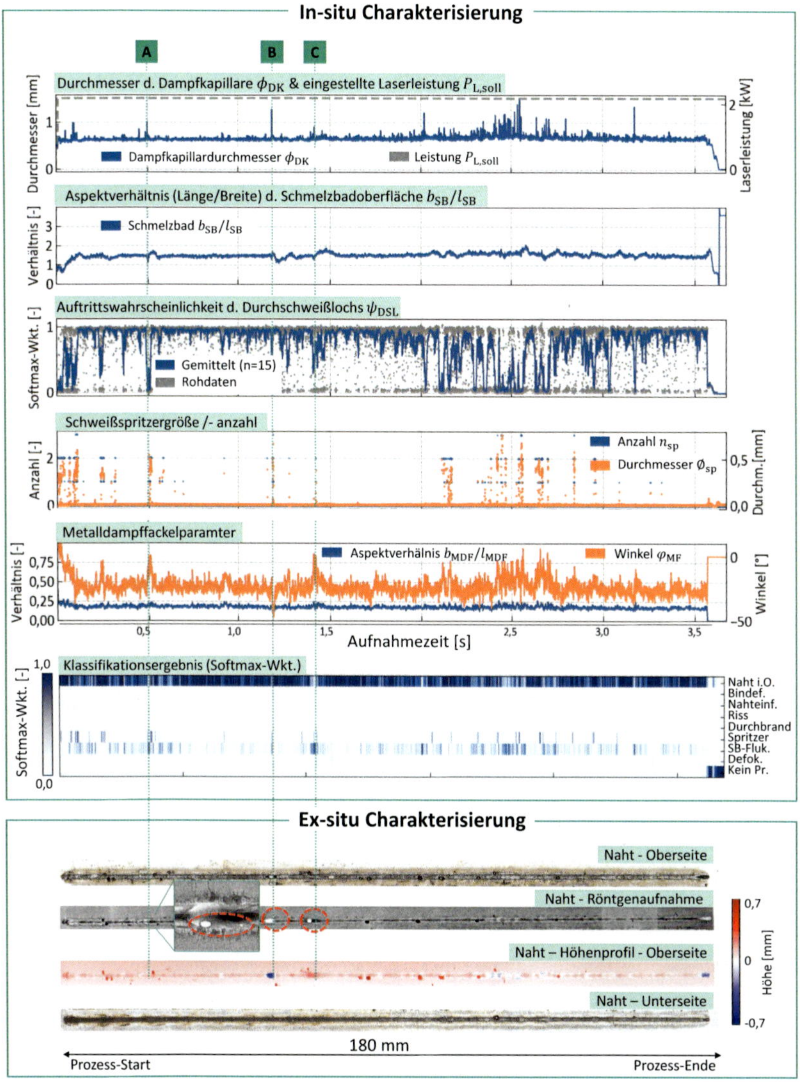

Abbildung 46: Charakterisierung einer Schweißnaht mit Unregelmäßigkeiten mittels RCNN unter Verwendung der NIR-1690-Bilddaten ($v_s = 3\ m/min$; $t_b = 2x\ 0,9\ mm$; $a_s = 50\ \mu m$).

Bei der Betrachtung der zugehörigen Röntgenaufnahme der Naht fällt auf, dass an einigen Nahtpositionen (A, B, C) Poren mit einer Größe von 0,15 bis 0,53 mm entstanden sind. Diese Positionen können ebenfalls mit sichtbaren Ausschlägen in allen dargestellten Signalverläufen in Verbindung gebracht werden. Tatsächlich zeigen die Videoaufnahmen des Prozesses einen massiven Auswurf an Schmelze mit einem

Durchmesser von 0,45 bis 0,55 mm, der durch die Prädiktion eines erhöhten Spritzdurchmessers bestätigt wird. Die Bilddaten deuten darauf hin, dass die Menge an ausgetragenem Material in der zur Verfügung stehenden Zeit nicht kompensiert werden kann, was schließlich zu einem Hohlraum bzw. Gaseinschluss führt. Allerdings finden während des Prozessverlaufs häufiger größere Schmelzauswürfe statt, bei denen jedoch keine Poren in der Röntgenaufnahme zu erkennen sind.

Es ist daher davon auszugehen, dass die extrahierten Parameter, wie der Spritzerdurchmesser ϕ_{sp}, eine hohe Sensitivität (Richtig-Positiv-Rate) bei gleichzeitig hoher Pseudofehlerrate (Falsch-Positiv-Rate) in Bezug auf die Erkennbarkeit von Poren aufweisen.

Insgesamt eignen sich die Wahrscheinlichkeitsverläufe der Klassen *Schmelzbadfluktuation* und *Spritzer* für eine Bewertung hinsichtlich der schweißnahtbezogenen Prozessstabilität. Steigende Wahrscheinlichkeiten für das Auftreten dieser Klassen deuten in der industriellen Praxis auf eine zu kompensierende Abweichung des Prozesses hin, deren Ursache beispielsweise auf einen zu geringen Fügespalt zurückgeführt werden kann.

Abbildung 47 beinhaltet die Signalverläufe, Klassifikationsergebnisse und metallographischen Analysen einer Schweißnaht die *Nahteinfälle* und *Bindefehler* aufweist. Die *Nahteinfälle* sind deutlich in der Fotografie sowie im Höhenprofil der Nahtoberseite erkennbar. Anhand von Abbildung 47 wird deutlich, dass mithilfe des RCNN-Modells *Nahteinfälle* ab einer Tiefe von 0,4 mm erkannt werden können. Zudem zeigt sich der Durchmesser der Dampfkapillare besonders sensitiv bezüglich dieses Nahtfehlers, da vor allem die Kapillarlänge aufgrund des fehlenden, durch das Schmelzbad verursachten, Gegendrucks signifikant zunimmt.

Im letzten Drittel der Schweißnaht kommt es zu der Entstehung eines ausgeprägten Bindefehlers, der bis zum Nahtende bestehen bleibt. Im Längsschliff der Schweißnaht ist zu sehen, dass die Fügepartner im hinteren Bereich der Naht nicht verbunden sind. Auffällig ist zudem, dass sich die Nahtoberfläche an der Position des Bindefehlers auf vergleichbarer Höhe der umgebenden Blechoberfläche befindet. Dies ist ein weiterer Hinweis darauf, dass keine stoffschlüssige Verbindung zwischen den Fügepartnern besteht. Dies ist in der Regel anhand einer leichten Absenkung der Schweißnaht erkennbar ist, da zur Überbrückung des Fügespaltes ein bestimmtes Schmelzvolumen benötigt wird.

Im Verlauf der in Abbildung 47 dargestellten Klassifikationswahrscheinlichkeiten ist gleichzeitig eine starke Erhöhung bei der Klasse *Bindefehler* zu beobachten. Zudem steigt das Aspektverhältnis ($l_{\mathrm{SB}}/b_{\mathrm{SB}}$) der beobachteten Schmelzbadoberfläche von etwa 1,6 auf über 2,3 an. Ursächlich dafür ist eine Verlängerung des Schmelzbades aufgrund der gestörten Wärmeübertragung in den unteren Fügepartner.

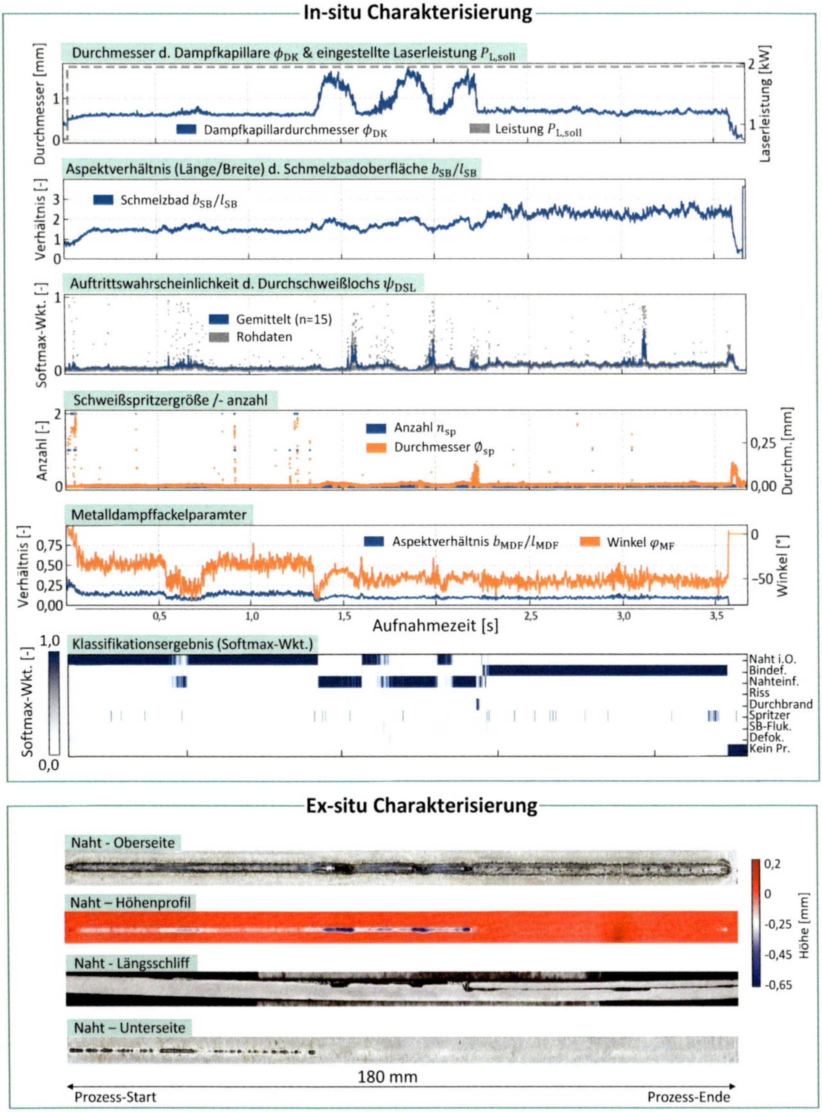

Abbildung 47: Charakterisierung einer Schweißnaht mit Unregelmäßigkeiten mittels RCNN unter Verwendung der NIR-1690-Bilddaten ($v_s = 3\ m/min$; $t_b = 1,6 + 0,9\ mm$; $a_s = 200\ \mu m$).

Als Beispiel für die Leistungsfähigkeit des RCNN-Modells hinsichtlich der Erkennung einer Defokussierung des bildgebenden Systems dient der in Abbildung 48 dargestellte Versuch.

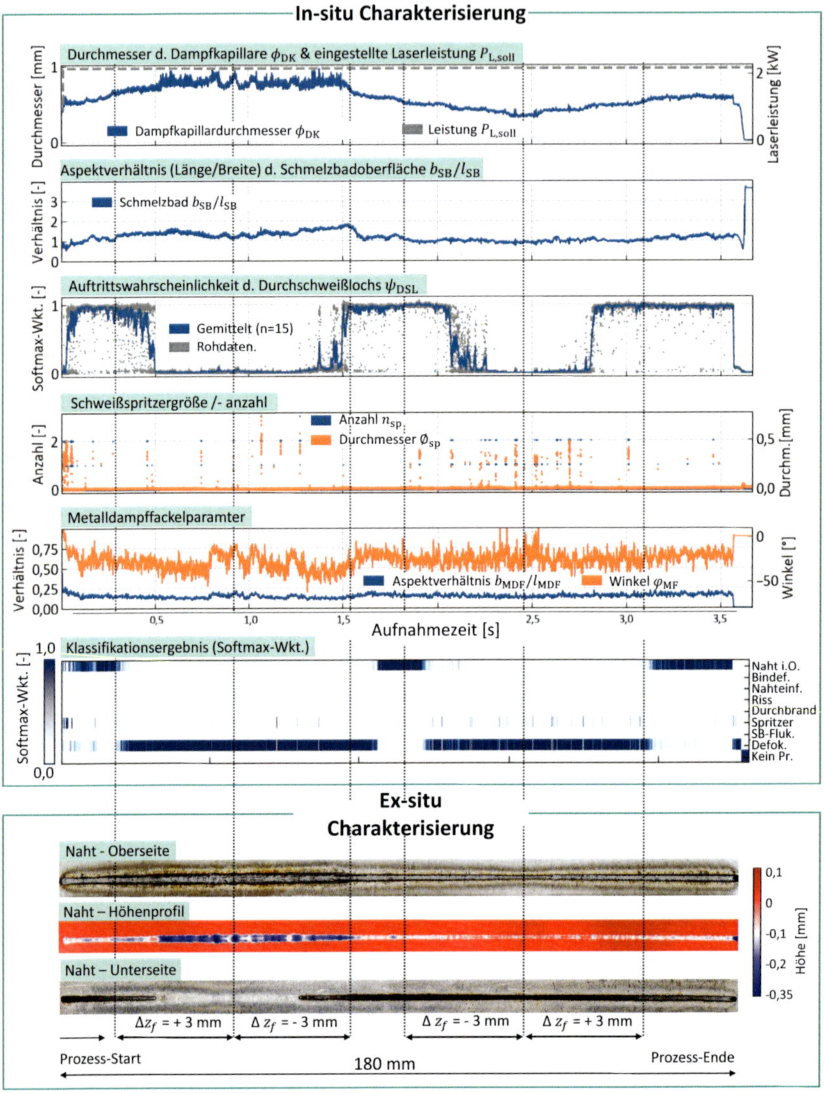

Abbildung 48: Charakterisierung eines Schweißversuchs mit variierender Fokuslage mittels RCNN unter Verwendung der NIR-1690-Bilddaten ($v_s = 3\ m/min$; $t_b = 2x\ 0{,}9\ mm$; $a_s = 200\ \mu m$).

Während des Versuchs wurde der Arbeitsabstand linear auf einer Strecke von 20 mm um 3 mm erhöht und in den darauffolgenden 20 mm wieder um 3 mm verringert. Im zweiten Teil der Schweißung wird der Arbeitsabstand zunächst gleichermaßen verringert und schließlich wieder erhöht, sodass sich der ursprüngliche Strahldurchmesser von $d_s = 390\ \mu m$ einstellt.

Das Resultat ist ein dreiecksförmiger Verlauf des Dampfkapillardurchmessers, sowie ein entsprechender Verlauf der oberflächennahen Schmelzbadbreite. Die Fotografie der Nahtunterseite deutet nach etwa 40 mm auf eine deutliche Verringerung der Einschweißtiefe als Ergebnis der Defokussierung hin. Aufgrund des asymmetrischen Arbeitspunktes im Strahlprofil des Lasers, resultiert die Defokussierung in negativer Richtung in einer Verringerung des Strahldurchmessers (siehe Anhang 8.1, Seite 161).

Die Einschweißtiefe verringert sich dadurch praktisch nicht und kann theoretisch sogar gesteigert werden. In Abbildung 48 bezeugt die ex-situ Charakterisierung eine verringerte Nahtbreite sowie die vollständige Durchschweißung im Bereich des reduzierten Arbeitsabstandes im hinteren Teil der Naht.

Die betreffenden Bereiche, in denen eine Arbeitsabstandsvariation stattfindet, werden in Form erhöhter Klassifikationswahrscheinlichkeiten der Kategorie *Defokussiert* erkannt. Zusätzlich weist die lokale Verringerung der Auftrittswahrscheinlichkeit des Durchschweißlochs ψ_{DSL} ebenfalls auf eine starke Defokussierung hin. Im hinteren Nahtbereich sinkt die DSL-Wahrscheinlichkeit stark ab, obwohl eine Durchschweißung deutlich zu erkennen ist. Begründet liegt dies in der steigenden Unschärfe des Kamerabildes, die eine Erkennung des Durchschweißlochs bei einer Verringerung des Arbeitsabstandes verhindert.

In einem weiteren, in Abbildung 49 dargestellten, Experiment ist der Einfluss unterschiedlicher Laserleistungsniveaus bei einer konstanten Vorschubgeschwindigkeit von $v_s = 5\ m/min$ gezeigt. In einem Bereich von etwa 30 bis 60 mm nach Nahtbeginn wird die Laserleistung auf $P_L = 2{,}3\ kW$ reduziert, womit keine Durchschweißung mehr erreicht werden kann. Gleichzeitig steigt die Wahrscheinlichkeit für die Klasse *Schmelzbadfluktuation* stark an. Zudem deutet die Fluktuation des prädizierten Dampfkapillardurchmessers auf ein hochdynamisches Prozessverhalten in diesem Bereich hin. Die Videodaten des Schweißprozesses zeigen in diesem Abschnitt ein periodisches Schwingen der Dampfkapillare parallel zur Vorschubrichtung, dessen Ursache nicht vollständig geklärt ist. Nichtsdestotrotz ist die unerwünschte Prozesssituation mithilfe des RCNN-Modells in Form einer hohen Vorhersagewahrscheinlichkeit für die Klasse *Schmelzbadfluktuation* erkennbar.

Bei einer weiteren Erhöhung der Laserleistung kommt es zur Erzeugung eines Durchbrandes in der Schweißnaht, welcher in den Fotoaufnahmen im hinteren Teil der Naht erkennbar ist. Die prädizierten geometrischen Parameter zeigen in diesem Bereich insgesamt eine hohe Fluktuation und deuten somit auf eine Unregelmäßigkeit im Prozess hin. Anhand der Klassifizierungsergebnisse ist ersichtlich, dass der Durchbrand mithilfe des RCNN-Modells erkennbar ist, die örtliche Ausprägung des Nahtfehlers jedoch nicht exakt mit der Prädiktion übereinstimmt. Dies liegt unter anderem daran, dass das in den Bilddaten erkennbare Durchbrandloch in der Naht erst nach einer vorschubabhängigen Verzögerungszeit aus dem Sichtbereich der Kamera verschwindet und somit zu einer Fehlklassifizierung führt.

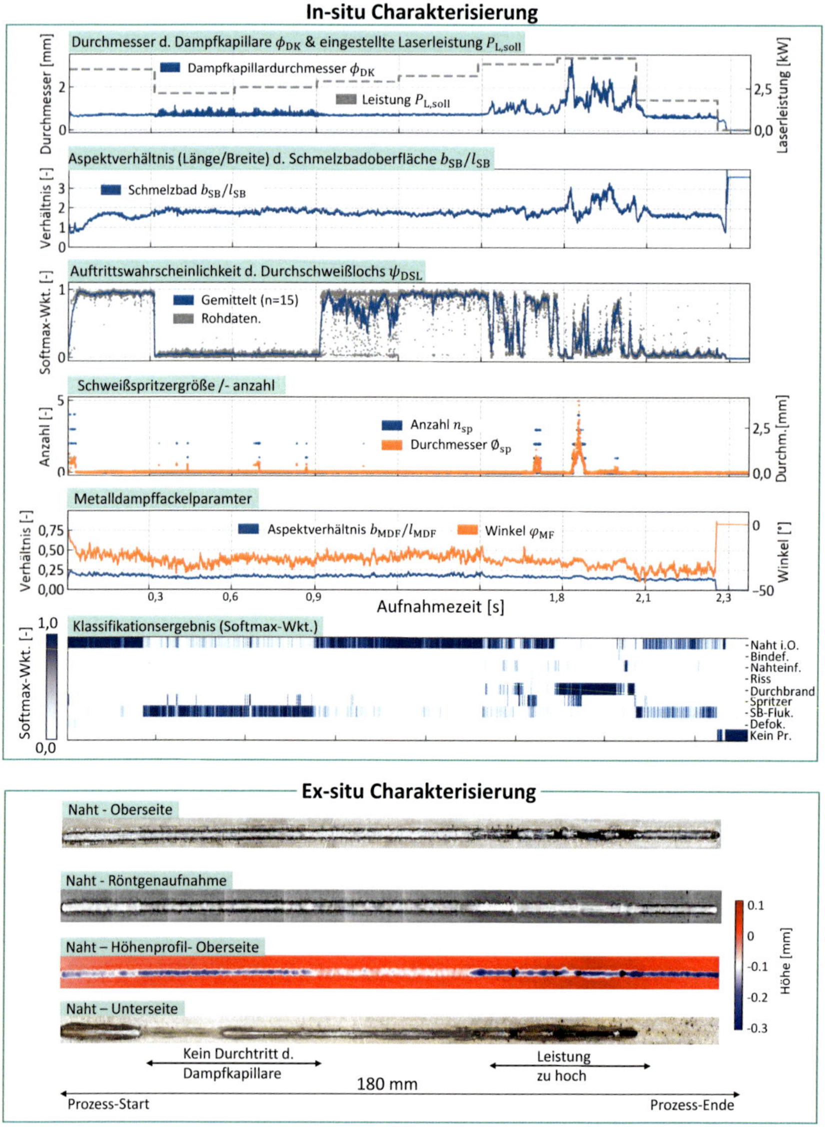

Abbildung 49: Charakterisierung einer Schweißnaht mit Unregelmäßigkeiten mittels RCNN unter Verwendung der NIR-1690-Bilddaten ($v_s = 5\ m/min$; $t_b = 2x\ 0,9\ mm$; $a_s = 200\ \mu m$).

Die auf Basis der Bilddaten (NIR-13690) und mithilfe des RCNN-Modells prädizierten Prozesssignale liefern konsistente Ergebnisse bei der Untersuchung vollständiger Schweißnähte mit einer Länge von 180 mm. Insgesamt ist eine hohe

Übereinstimmung zwischen den prädizierten Nahtunregelmäßigkeiten und den metallografischen Analysen der jeweiligen Schweißnähte erkennbar.

Auf makroskopischer Ebene können alle im Rahmen der beispielhaft gezeigten Schweißergebnisse auftretenden Nahtunregelmäßigkeiten identifiziert und lokalisiert werden. Wie anhand des in Abbildung 49 dargestellten Verlaufs der Klasse *Durchbrand* ersichtlich, wird jedoch die örtliche Ausprägung einzelner Nahtunregelmäßigkeiten teilweise überschätzt. Die Genauigkeit der Lokalisierung eines Nahtfehlers ist abhängig von der betrachteten Nahtunregelmäßigkeit und kann aufgrund des Sichtfeldes der Kamera etwa bis zu ±8 mm auf eine Nahtlänge von 180 mm betragen. Fehlerspezifische Beschränkungen des Kamerabildes auf bestimmte Regionen ermöglichen in zukünftigen Systemen eine Erhöhung der Lokalisierungsgenauigkeit.

Es ist zudem erkennbar, dass die vorhergesagten Verläufe der geometrischen Schmelzbad- und Dampfkapillarparameter, im Fall auftretender Nahtunregelmäßigkeiten, plausible Abweichungen vom jeweiligen Ursprungszustand aufweisen. Dem gegenüber zeigen die extrahierten Verläufe der Metalldampffackelparameter nur eine geringe Übereinstimmung mit auftretenden Nahtunregelmäßigkeiten. Insgesamt unterstützen die dargestellten Ergebnisse die Aussage, dass sich das RCNN-Modell als Datenverarbeitungsgrundlage für den Einsatz im Rahmen einer aktiven Prozessregelung eignet, die in den folgenden Kapiteln näher betrachtet wird.

4.7 Abschätzung der Modellunsicherheit

Die Prädiktion der applizierten Laserleistung auf Basis der Messdaten bietet mehrere Vorteile. Zum einen repräsentieren die Vorhersagewerte auf Basis der Bilddaten eine physikalische Größe, die für störgrößenbedingte Schwankungen der eingekoppelten Laserleistung sensitiv ist. Zum anderen können die prädizierten Werte, wie in Kapitel 5.1 (Seite 111) dargestellt, in Kombination mit einem analytischen Modell zur Berechnung der Einschweißtiefe verwendet werden. Darüber hinaus ermöglicht der Vergleich der Soll-Laserleistung mit der prädizierten Laserleistung eine schweißnahtbezogene Bewertung der Modellunsicherheit. Der entwickelte Ansatz wird im folgenden Abschnitt vorgestellt.

Die epistemische Unsicherheit eines Vorhersagemodells ist in der Regel dann hoch, wenn das Modell eine Prognose generiert, die auf Eingangsdaten aus einer statistischen Verteilung beruht, die unterschiedlich zu der Verteilung des ursprünglichen Trainingsdatensatzes ist [YAN22]. Wird beispielsweise ein Klassifikationsmodell zur Erkennung von Nahtunregelmäßigkeiten beim Laserstrahlschweißen verzinkter Bleche eingesetzt und mit Bilddaten fehlerhafter Kunststoffschweißnähte trainiert, ist die Modellunsicherheit typischerweise groß. Aufgrund möglicher semantischer Verschiebungen (z.B. bedingt durch neuartige Fehlerklassen) oder Kovarianzverschiebungen (z.B. aufgrund einer unbekannten Domäne bzw. neuartigen Applikation) kommt es zu Differenzen zwischen den statistischen Verteilungen der zur Klassifikation eingesetzten

Bildmerkmale innerhalb der Trainings- und Testdatensätze [SRI22]. Die Differenz kann als eine Wissenslücke interpretiert werden, da das Modell auf keine Datengrundlage im angefragten Wertebereich der Merkmale zurückgreifen kann. Bei fehlendem Wissen bzw. im Fall nicht vorhandener Datenpunkte, wird ein neuronales Netz typischerweise inter- oder extrapolieren, um eine Aussage zu generieren. Dies gelingt nach aktuellem Stand und bei komplexen Aufgaben, wie dem Erkennen von Objekten in Bilddaten nur selten erfolgreich [KOU18].

Es ist für die praktische Anwendung von KI-Systemen daher von Vorteil, die epistemische Unsicherheit des verwendeten Modells abzuschätzen, um somit neuartige Datenpunkte und, in diesem Fall, Prozesssituationen zu identifizieren. Die Abschätzung der epistemischen Unsicherheit lässt sich mithilfe einer OOD-Erkennung umsetzen, da Datenpunkte außerhalb der ursprünglichen statistischen Verteilung meist auf eine lokal unzureichende Menge an Trainingsdaten und somit auf eine hohe epistemische Unsicherheit hinweisen. Das Prinzip zur Identifikation von OOD-Datenpunkten bezüglich des in dieser Arbeit verwendeten RCNN-Modells ist in Abbildung 50 schematisch skizziert. Eine Annahme dabei ist, dass der Zusammenhang zwischen der Vorgabe-Laserleistung und der erfassten thermischen Bilddaten innerhalb des Trainingsdatensatzes vorhanden und erlernbar ist. Kommt es aufgrund eines äußeren Einflusses zu einer Veränderung dieses Zusammenhangs, wird sich die Differenz zwischen der bekannten applizierten und der prädizierten Laserleistung erhöhen.

Eine Beeinflussung des Zusammenhangs zwischen thermischer Emission und prädizierter Laserleistung tritt auf, wenn Prozessparameter oder Einflussgrößen nach Abbildung 2 (Seite 6) modifiziert werden. Wird die daraus resultierende Messabweichung nicht durch den Trainingsdatensatz repräsentiert, führt dies zu einer hohen epistemischen Unsicherheit des RCNN-Modells.

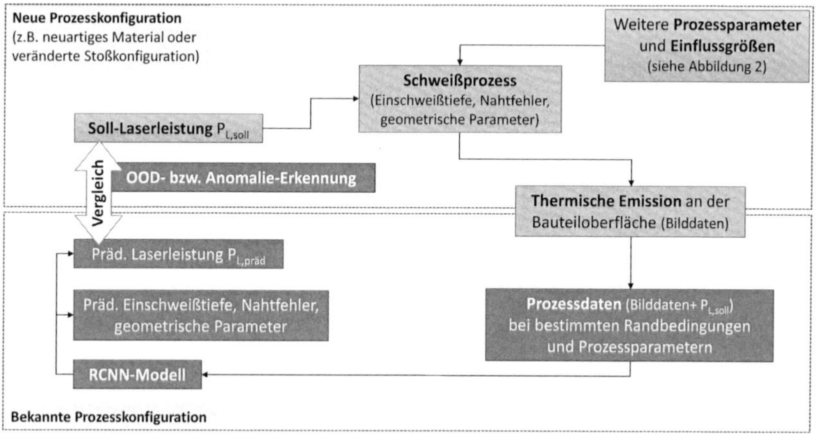

Abbildung 50: Schematische Darstellung der OOD-Erkennung auf Basis des mittleren absoluten Fehlers der applizierten und prädizierten Laserleistung.

Eine weitere Quelle für Modellunsicherheiten ist mit der aleatorischen Unsicherheit definiert. Diese bezeichnet im Wesentlichen stochastische Prozesse, die beispielsweise in Form von Sensorrauschen oder komplexen Laser-Material-Wechselwirkungen Einfluss auf die Prognosequalität nehmen. Der Einfluss der stochastischen Natur einzelner Observationen auf die Modellunsicherheit wird in dieser Arbeit nicht weiter betrachtet. Im Gegensatz zu Modellunsicherheiten, die durch zufällige Ereignisse entstehen, sind epistemische Unsicherheiten mit zusätzlichen und geeigneten Daten reduzierbar [HÜL21].

Der hier verfolgte Ansatz nutzt den mittleren absoluten Fehler MAE_{PL} zwischen der geschätzten Laserleistung $P_{\text{L,präd}}$ und der applizierten Leistung $P_{\text{L,soll}}$ als Maß für die Unsicherheit des RCNN-Modells. Die Bewertung findet anhand der Videodaten (NIR-1690) einzelner Schweißungen statt, sodass nach Prozessende eine Aussage hinsichtlich der Höhe des Fehlers zur Verfügung steht. Anhand eines Schwellenwertes kann entschieden werden, ob das aktuelle Modell bezüglich der Eingabedaten eine geringe Unsicherheit besitzt oder ob eine Modellneuanpassung aufgrund hoher Unsicherheit notwendig ist.

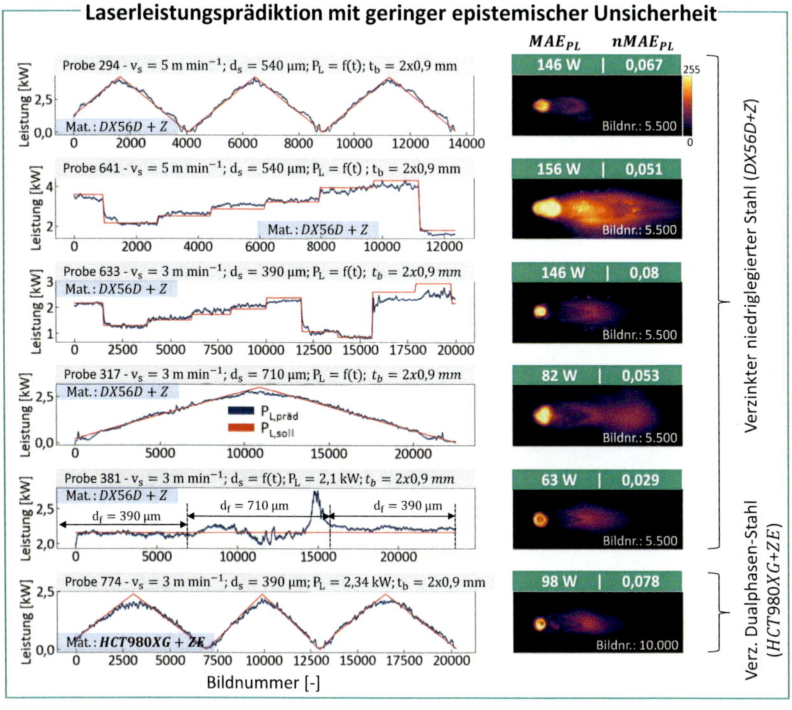

Abbildung 51: Schweißversuche, bei denen auf Basis der Differenz zwischen prädizierter und applizierter Laserleistung eine niedrige epistemische Modellunsicherheit erkennbar ist.

Die beispielhaft in Abbildung 51 dargestellten Verläufe der prädizierten Laserleistung zeigen eine hohe Übereinstimmung mit der vorgegebenen Laserleistung. Das RCNN-Modell erreicht geringe MAE_{PL} von 61 W bis 156 W bei unterschiedlichen Laserleistungen, Vorschubgeschwindigkeiten, Stahlsorten und Strahldurchmessern. Die genannten Parametervariationen sind im Trainingsdatensatz enthalten.

Abbildung 52 hingegen zeigt Schweißexperimente, die mit Werkstoffen durchgeführt wurden, zu denen keine entsprechenden Repräsentationen in den Trainingsdatensatz vorliegen. Die Leistungsverläufe weisen eindeutige Unterschiede auf und resultieren, im Vergleich zu den vorherigen Versuchen, in höheren MAE_{PL} (281 W bis 1.811 W).

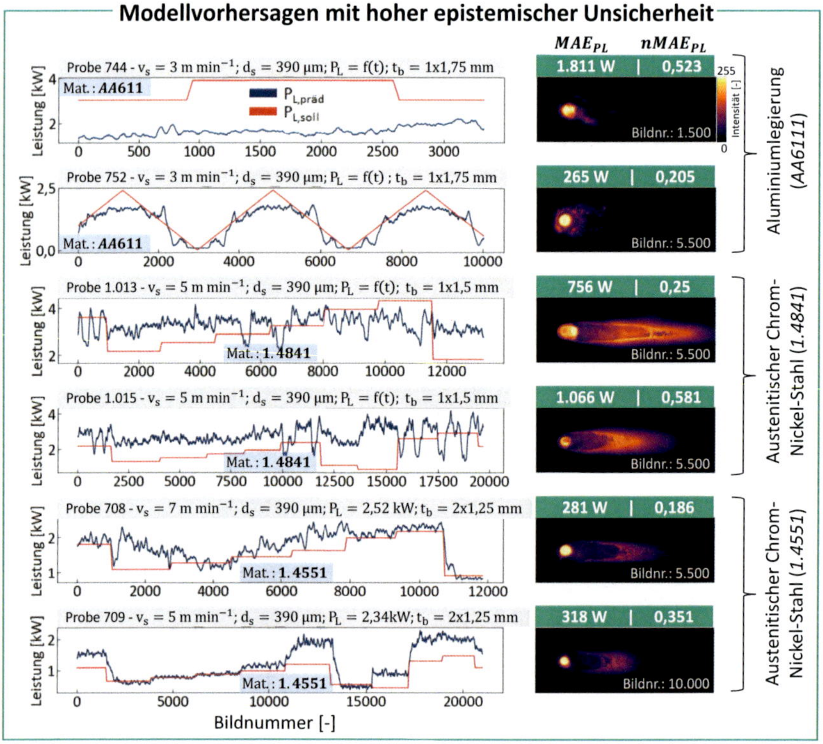

Abbildung 52: Schweißversuche mit unterschiedlichen Werkstoffen und Materialstärken, die zu Vorhersagen des RCNN-Modells mit hoher epistemischer Unsicherheit führen.

Aufgrund der Unterschiede hinsichtlich der thermophysikalischen Eigenschaften der Werkstoffe ist der bisher durch das RCNN-Modell erlernte Zusammenhang zwischen den Bilddaten und der Soll-Laserleistung nicht für eine Vorhersage der Laserleistung mit geringem MAE_{PL} geeignet. Die dargestellten Prozessbilder in den jeweiligen Abbildungen verdeutlichen die Unterschiede bezüglich der messbaren thermischen Emission in Abhängigkeit der verwendeten Werkstoffe. Besonders bei Aluminiumwerkstoffen kommt es aufgrund der hohen Wärmeleitfähigkeit, der schnellen Oxidbildung und der vergleichsweise geringen Schmelztemperatur ($T_S = 660°C$) zu einem veränderten Bild der thermischen Emission, bei dem das Schmelzbad kaum zu erkennen ist.

Weitere Beispiele für Versuche mit erhöhten MAE_{PL} bezüglich der vorgegebenen und der prädizierten Laserleistung sind in Abbildung 53 dargestellt. Die Versuche wurden mit Vorschubgeschwindigkeiten von $v_s = 1\ \mathrm{m/min}$ und $v_s = 9\ \mathrm{m/min}$ durchgeführt, die nicht im Trainingsdatensatz enthalten sind. Außerdem zeigen die unteren drei Experimente in Abbildung 53 den Einfluss von Schutzgasen auf die Vorhersagefähigkeit des RCNN-Modells. In diesem Fall führt die veränderte Oxidationssituation an der Bauteiloberfläche zu einem abweichenden thermischen Prozessbild und somit zu einem erhöhten MAE_{PL}.

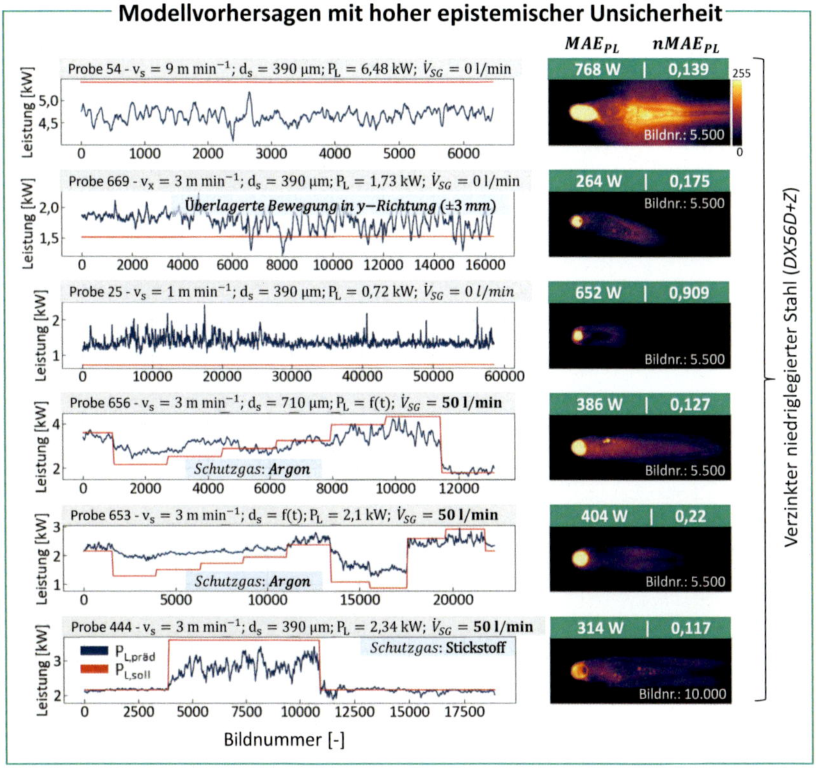

Abbildung 53: Schweißexperimente mit variierenden Prozessparametern, die hohe mittlere absolute Fehler (MAE_{PL}) bezüglich der Prädiktion des Laserleistung $P_{L,präd}$ aufweisen.

Die Ergebnisse in Abbildung 53 zeigen MAE_{PL} im Bereich von 314 W bis 768 W und weisen im Vergleich zu den in Abbildung 51 dargestellten Experimenten darauf hin, dass die Bildmerkmale der erfassten Messdaten außerhalb der ursprünglichen statistischen Verteilung liegen.

Eine konkrete Einteilung in OOD- und *In-Distribution* (ID)-Datenpunkte kann mithilfe eines experimentell bestimmten Schwellenwertes vorgenommen werden. In diesem Zusammenhang sind die normalisierten mittleren absoluten Fehler $nMAE_{PL}$ nach Gleichung 4.7 unterschiedlicher Schweißexperimente in Abbildung 54 dargestellt.

$$nMAE_{\text{PL}} = \frac{\frac{1}{N}\sum_{i=1}^{N}\left|P_{\text{L,soll}} - P_{\text{L,präd}}\right|}{\frac{1}{N}\sum_{i=1}^{N}P_{\text{L,soll}}} \quad (4.7)$$

$$N = Anzahl\ der\ Datenpunkte\ pro\ Schweißversuch$$

In Abhängigkeit davon, ob Experimente mit den entsprechenden Prozessparameterkombinationen oder Schweißkonfigurationen im Trainingsdatensatz enthalten sind, werden die Experimente der OOD bzw. ID-Verteilung zugeordnet.

Basierend auf den Ergebnissen in Abbildung 54 eignet sich ein (normalisierter) mittlerer absoluter Fehler von $nMAE_{\text{PL,krit}} = 0{,}097$ bzw. $MAE_{\text{PL,krit}} = 205\ W$ als kritischer Schwellenwert für die Identifikation von OOD-Schweißexperimenten und somit zur Bewertung der epistemischen Modellunsicherheit. Es ist jedoch zu beachten, dass der Schwellenwert abhängig von weiteren Faktoren wie der verwendeten Messtechnik oder dem verwendeten Arbeitspunkt innerhalb des Prozessfenster ist und daher anwendungsspezifisch bestimmt werden muss.

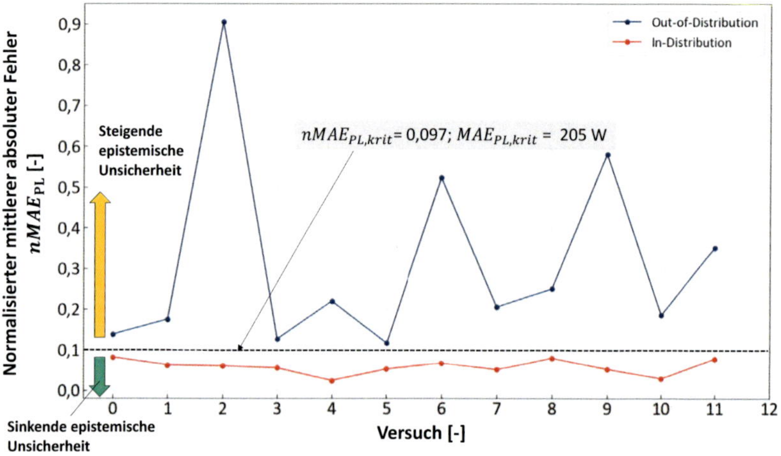

Abbildung 54: Vergleich des normierten mittleren absoluten Fehlers (nMAE) der prädizierten und applizierten Laserleistung von ID- und ODD-Schweißversuchen.

Für einen Einsatz in der Praxis sind weitere Untersuchungen über längere Zeiträume und unter realen Produktionsbedingungen notwendig, um beispielsweise festzustellen, inwieweit die Erkennungsleistung von Nahtunregelmäßigkeiten mit einem steigendem $nMAE_{PL}$ in Verbindung steht.

4.8 Zwischenfazit zur bildbasierten Prädiktion der Nahtqualität

Im Rahmen der bildbasierten In-Prozess-Qualitätssicherung wurde zunächst ein geeigneter Versuchsaufbau entwickelt und entsprechend den Anforderungen lasergeschweißter, verzinkter Blechbauteile optimiert. Das Messsystem besteht aus drei unterschiedlich integrierten sowie echtzeitfähigen Hochgeschwindigkeitskameras, die spezifische optische Emissionen aus der Prozesszone, insbesondere die des Schmelzbades, der Dampfkapillare sowie der Metalldampffackel, mit einer zeitlichen Auflösung von bis 7 kHz erfassen können (siehe Tabelle 5, Seite 51).

In ersten Voruntersuchungen wurde festgestellt, dass das mithilfe des NIR-1690-Kamerasystems an der Bauteiloberfläche erfasste thermische Messignal, aufgrund der überlagerten Metalldampffackelstrahlung, starken Schwankungen unterworfen ist. Damit sind die im Rahmen dieser Applikation gemessenen absoluten Temperaturwerte als Eingangssignal für eine Prädiktion der Einschweißtiefe oder Prozessregelung weniger geeignet als beispielsweise geometrische Parameter.

In einem weiteren Schritt wurde eine KI-basierte Auswertestrategie zur In-Prozess-Prädiktion neun unterschiedlicher Nahtqualitätskategorien sowie zwölf qualitätsbezogener bzw. geometrischer Parameter entwickelt und implementiert. Zusammenfassend lässt sich festhalten, dass die vorteilhaften Eigenschaften von CNNs auf Basis der *Inception*-Architektur zusammen mit rekurrenten neuronalen Netzen zu einer leistungsfähigen Bildverarbeitungslösung kombiniert werden können. Die an die Anwendung der In-Prozess-Qualitätssicherung angepasste Architektur des neuronalen Netzes erreicht nach Abbildung 38 (Seite 84) eine um bis zu 23 % höhere Klassifikationsgenauigkeit gegenüber unangepassten Referenzarchitekturen (*VGG16, InceptionV3,* klassisches ML). Im Rahmen einer Optimierung der RCNN-Architektur konnte, mithilfe einer Rastersuche, eine geeignete Hyperparameterkonfiguration gefunden werden, die eine hohe Prädiktionsleistung sowie einen hohen Datendurchsatz erlaubt. Außerdem stellte sich bei der Optimierung der Architektur heraus, dass bei den verwendeten Kamerasystemen eine Reduzierung der Bildauflösung auf mindestens ein Viertel des ursprünglichen Wertes ohne nennenswerte Verluste der Klassifikations- und Regressionsleistung möglich ist.

Hinsichtlich der Klassifikation verschiedener Nahtunregelmäßigkeiten sind mithilfe der NIR-1690 Bilddaten und auf Basis von 40 Testschweißungen Klassifikationsgenauigkeiten von $BACC = 0{,}90$ über alle Kategorien hinweg erreichbar. Die Top-3 der Richtig-Positiv-Raten werden von den Nahtunregelmäßigkeiten *Defokussiert* ($TPR = 96\,\%$), *Erstarrungsriss* ($TPR = 95\,\%$) und *Bindefehler* ($TPR = 91\,\%$) belegt. Weiteres Potential zur Verbesserung zeigt sich beispielsweise bei der Erkennung von *Spritzern* ($TPR = 81\,\%$) und *Nahteinfall* ($TPR = 82\,\%$).

Außerdem ist zu beachten, dass sich die Klassifikationsleistung auf die Bewertung einzelner Prozessbilder bezieht. Bei örtlich ausgeprägten Nahtfehlern, wie dem Nahteinfall, Erstarrungsrissen oder Bindefehlern, sind die Unregelmäßigkeiten häufig in mehreren hundert aufeinanderfolgenden Bildern erkennbar. In diesen Fällen ist es bereits hilfreich, wenn eine geringe Menge an Bilddaten auf das Vorhandensein der Unregelmäßigkeit hinweist.

Parallel zur Bildklassifikation werden mithilfe des RCNN-Modells unterschiedliche geometrische Bildmerkmale und Prozessgrößen prädiziert. Über die in Tabelle 9 (Seite 71) dargestellten und jeweils normierten Regressanden hinweg, erzielt das NIR-1690-Kamerasystem im Vergleich zu den übrigen Kamerasystemen den niedrigsten Vorhersagefehler von $MAE = 0{,}029$. Bei einer Betrachtung der Prädiktion ausschließlich geometrischer Merkmale der Dampfkapillare und des Schmelzbades können die geringsten Vorhersagefehler auf Basis der Bilddaten des EXT-NIR-808-Systems erreicht werden. Das RCNN-Modell ermöglicht unter anderem der Erkennung des Durchschweißlochs und der applizierten Laserleistung sowie die Prädiktion geometrischer Parameter der Dampfkapillare und des Schmelzbades. So lässt sich beispielsweise die Breite von Schweißnähten mithilfe der prädizierten Schmelzbadbreite für unterschiedliche, in Abbildung 42 (Seite 90) dargestellte, Vorschubgeschwindigkeiten und Laserleistungen mit einer mittleren relativen Abweichung von etwa 6,1 % gegenüber 3D-Profilmessungen bestimmen.

Auf Basis der prädizierten Bildmerkmale ist zudem die Wichtigkeit der einzelnen Merkmale hinsichtlich der Erkennung der unterschiedlichen Nahtunregelmäßigkeiten festgestellt worden. Dabei wird deutlich, dass sich in Abhängigkeit der betrachteten Nahtunregelmäßigkeit jeweils unterschiedliche Merkmale für die Erkennung eignen. Besonders häufig tritt die Länge der Dampfkapillare unter den zur Fehlerklassifikation wichtigsten Bildmerkmalen auf. Für die meisten Nahtunregelmäßigkeiten ist jedoch eine Kombination mehrerer Bildmerkmale erforderlich, um hohe Klassifikationsleistungen zu erreichen. Die Ergebnisse können zudem als Grundlage für die Entwicklung maßgeschneiderter Sensorsysteme verwendet werden, die sich zur Erkennung einzelner Nahtunregelmäßigkeiten eigenen.

Damit wird mit den in Kapitel 4.1 bis 4.6 dargestellten Ergebnissen die erste Forschungsfrage adressiert, welche sich auf die Entwicklung einer geeigneten Auswertestrategie bzw. Modellarchitektur sowie der bildgebenden Sensorik zur Erkennung unterschiedlicher Nahtunregelmäßigkeiten bezieht. Eine nähere Betrachtung des erreichbaren Datendurchsatzes und der Latenzzeit des KI-Systems findet in Kapitel 6.3.2 (Seite 141) statt.

Mit Bezug auf die zweite Forschungsfrage zur Zuverlässigkeit des KI-Systems wird in Kapitel 4.7 die schweißnahtbezogene Unsicherheit des RCNN-Modells unter Zuhilfenahme einer OOD-Erkennung bestimmt. Durch den Vergleich der prädizierten Laserleistung mit der am Prozess eingestellten Laserleistung kann abgeschätzt werden, ob das verwendete KI-Modell die aktuellen Eingabedaten auf die gewünschte Ausgabe mit ausreichender Güte abbildet. In experimentellen Untersuchungen wurde ein Wert für den zulässigen Vorhersagefehler zwischen applizierter und prädizierter Laserleistung von $nMAE_{\mathrm{PL,krit}} = 0{,}097$ ermittelt, mit dem ODD-Schweißungen und damit Modellausgaben mit hoher epistemischer Unsicherheit erkannt werden können.

5 Berechnung der Einschweißtiefe

Im nachfolgenden Kapitel wird ein im Rahmen der Arbeit entwickeltes Verfahren zur situationsangepassten Bestimmung der Einschweißtiefe vorgestellt. Ziel ist die Beantwortung der in Kapitel 3.1 (Seite 44) formulierten Forschungsfrage, wie sich eine automatisierbare und von externen Messungen unabhängige Lösung zur robusten Schätzung der Einschweißtiefe auf Basis von In-Prozess-Bilddaten erreichen lässt. Die dafür notwendigen Informationen in Form unterschiedlicher Bildmerkmale werden durch die Verarbeitung der NIR-1690-Bilddaten mithilfe des RCNN-Modells bereitgestellt. Die anhand der Bilddaten prädizierte Laserleistung dient als Eingabegröße für ein analytisches Prozessmodell zur Berechnung der Einschweißtiefe. Zudem ermöglicht die bildbasierte Erkennung von Prozessunregelmäßigkeiten die Berücksichtigung unterschiedlicher Prozesszustände, in denen die Berechnung der Einschweißtiefe an die aktuelle Prozesssituation angepasst wird.

5.1 Bestimmung der Einschweißtiefe mittels hybrider Modellierung

Zur Berechnung der Einschweißtiefe während des Prozesses sind numerische Modelle aufgrund der benötigten Rechenkapazitäten nicht zu bevorzugen. Als Alternative bieten sich analytische Prozessmodelle an, mit denen auf Basis bestimmter Vereinfachungen und Annahmen, die Einschweißtiefe (EST) mit geringerem Aufwand berechnet werden kann. Im Rahmen des hier verfolgten Ansatzes soll die Kombination eines analytischen Prozessmodells mit Vorhersagen des RCNN-Modells, sowie eine anschließende Kalibration anhand bestimmter Bildmerkmale, eine möglichst genaue Berechnung der EST ermöglichen.

Die Einschweißtiefe δ_{EST} kann mit einem von Fabbro et al. hergeleiteten analytischen Modell unter Berücksichtigung der wesentlichen Prozessparameter wie folgt bestimmt werden [FAB10]:

$$\delta_{\mathrm{EST}} = \frac{k\ \mathrm{A}_0\ P_{\mathrm{L}}}{\pi\ v_s\ d_{\mathrm{s}}} \tag{5.1}$$

wobei P_{L} die einfallende Laserleistung repräsentiert. d_{s} bezeichnet den Strahldurchmesser des Bearbeitungsstrahls und k repräsentiert einen Proportionalitätsfaktor, der hauptsächlich von den thermophysikalischen Eigenschaften des Materials abhängt. Für rostfreien Stahl beträgt k nach experimenteller Bestimmung etwa $k \approx 3 \times 10^{-11}\ m^3/J$ [FAB10].

Der Absorptionsgrad A_0 ($\mathrm{A}_0 \approx 0{,}7$ für rostfreien Stahl) wird durch die Materialeigenschaften bestimmt und ist außerdem von der Beschaffenheit der Dampfkapillare und den daraus resultierenden Mehrfachreflexionen abhängig [FAB10].

Die Vorschubgeschwindigkeit v_s wird im Rahmen der Untersuchungen als konstant angenommen. Alternativ kann die Vorschubgeschwindigkeit messtechnisch erfasst und in die EST-Berechnung miteinbezogen werden. Das mit Gleichung 5.1

beschriebene Prozessmodell wurde unter der Annahme einer gleichmäßigen Intensitätsverteilung der Laserstrahlung (d.h. *top-hat*) hergeleitet. Es wird außerdem ein stationäres Verhalten der Dampfkapillarfront vorausgesetzt [FAB05]. Beide Annahmen entsprechen nicht den Bedingungen in der Praxis, weshalb eine Korrektur der EST auf Basis einer nachgelagerten Kalibration durchgeführt wird.

Eine Berechnung der EST nach Gleichung 5.1 macht es zudem erforderlich, dass die dem Prozess zugeführte Laserleistung P_{L} bekannt ist. Vor diesem Hintergrund werden die Bilddaten der NIR-1690-Kamera genutzt, um die Laserleistung $P_{\mathrm{L,präd}}$ unter Verwendung des RCNN-Modells zu schätzen. Der Strahldurchmesser d_{s} kann im Fall einer Defokussierung der Bearbeitungsoptik, wie in Abbildung 48 (Seite 100) dargestellt, mithilfe der aus den Bilddaten extrahierten Dampfkapillarbreite b_{DK} bestimmt werden. Dabei wird angenommen, dass die Dampfkapillarbreite proportional zum Strahldurchmesser ist ($d_{\mathrm{s}} \sim b_{\mathrm{DK}}$).

Die in Abbildung 55 dargestellten Ergebnisse deuten jedoch darauf hin, dass die Dampfkapillarbreite bei einer Erhöhung der Streckenergie bzw. der Laserleistung ebenfalls ansteigt und somit die Bestimmung der EST nach Gleichung 5.1 beeinflusst. Eine Verbreiterung der Dampfkapillare mit steigender Vorschubgeschwindigkeit und Streckenenergie ist anhand der prädizierten Werte des RCNN-Modells erkennbar und aus der Literatur bekannt [DOR14].

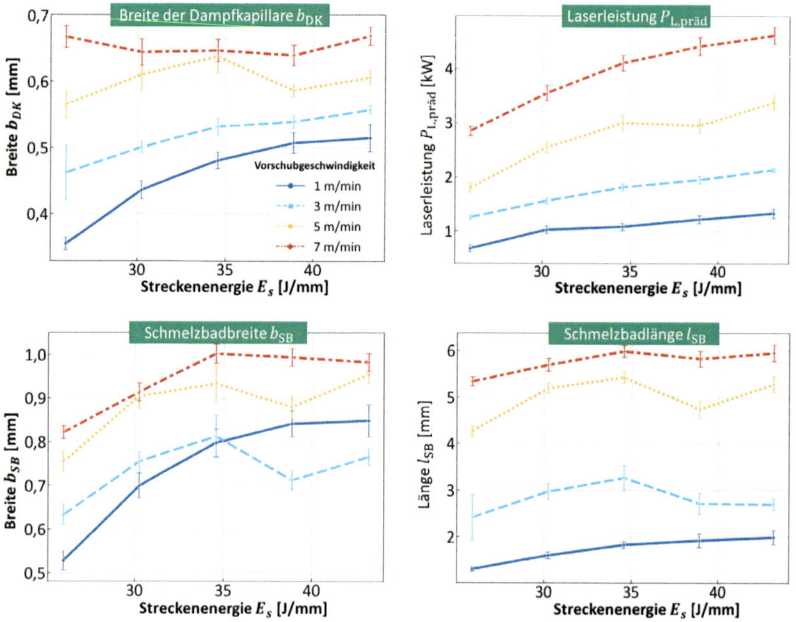

Abbildung 55: Prädizierte Laserleistung und geometrische Parameter in Abhängigkeit der Streckenenergie und Vorschubgeschwindigkeit (n=3x1.500, $d_s = 390\ \mu m$).

Für die Bestimmung der EST während des Schweißprozesses wird daher eine Änderung der Dampfkapillarbreite nur berücksichtigt, falls eine Defokussierung ($\psi_{\mathrm{OOF}} > 0{,}5$) mithilfe des RCNN-Modells erkannt wird. Die berechnete EST $\delta_{\text{präd}}$ ist dann proportional zur vorgegebenen Laserleistung $P_{\mathrm{L,soll}}$ und antiproportional zur Dampfkapillarbreite b_{DK}:

$$wenn\ \psi_{\mathrm{OOF}} > 0{,}5 \ : \qquad \delta_{\text{präd}} = \frac{\mathrm{k}\ \mathrm{A}_0\ P_{\mathrm{L,soll}}}{\pi\ v_s\ b_{\mathrm{DK}}} \tag{5.2}$$

$$sonst: \qquad \delta_{\text{präd}} = \frac{\mathrm{k}\ \mathrm{A}_0\ P_{\text{L,präd}}}{\pi\ v_s\ d_{\mathrm{s}}} \tag{5.3}$$

In den übrigen Fällen ist die berechnete EST proportional zur prädizierten Laserleistung $\delta_{\mathrm{EST}} \sim P_{\text{L,präd}}$. Die genannten Einflüsse der Vorschubgeschwindigkeit und Streckenergie auf die Dampfkapillarbreite sollen mithilfe einer anschließenden Kalibrierung von Gleichung 5.2 bzw. 5.3 minimiert werden. Zudem gelten beide Formeln nur für EST-Werte im Bereich der Gesamtprobendicke t_b ($0 \geq \delta_{\text{präd}} \leq t_b$).

Die im vorherigen Kapitel in Abbildung 51 (Seite 105) gezeigten Verläufe der prädizierten Laserleistung $P_{\text{L,präd}}$ zeigen, dass eine Leistungsvorhersage anhand der thermischen Prozessemission und mithilfe des RCNN-Modells für unterschiedliche Prozessparameterkombinationen möglich ist. Jedoch ist zu beachten, dass die prädizierte Laserleistung $P_{\text{L,präd}}$ nicht der tatsächlich in den Prozess eingekoppelten Leistung entspricht, sondern die an der Strahlquelle angeforderte Leistung darstellt. Durch die nachfolgende Kalibration ist jedoch die exakte Bestimmung der tatsächlich eingekoppelte Laserleistung nicht zwingend erforderlich, um eine plausible EST-Schätzung zu erreichen. Vielmehr ermöglicht die Prädiktion der Laserleistung anhand der thermischen Prozessemission, dass die aufgrund externer Störgrößen (z.B. Verschmutzung optischer Komponenten) induzierten Abweichungen der Soll-Laserleistung, angenähert werden können.

5.2 Kalibration des hybriden EST-Modells

Im folgenden Abschnitt wird das Verfahren zur Kalibration der EST anhand bestimmter Bildmerkmale beschrieben. Nach dem in Abbildung 56 dargestellten Ablauf wird zunächst überprüft, ob eine Kalibration der Einschweißtiefe bereits stattgefunden hat. Ist dies nicht der Fall, wird in einem nächsten Schritt ein spezieller Ablauf zur Kalibration des hybriden EST-Modells ausgeführt. Ähnlich zu den in Abbildung 57 dargestellten Experimenten, werden zunächst Kalibrationsschweißungen in der Zielschweißkonfiguration durchgeführt. Die lineare Veränderung der Laserleistung, bei sonst konstanten Prozessparametern während einer Schweißung, führt zu einer systematischen Erzeugung unterschiedlicher Einschweißtiefen inklusive zugehöriger Sensordaten. Typische Laserleistungs- und Signalverläufe der in dieser Arbeit genutzten Kalibrationsschweißungen finden sich in Abbildung 57.

Die in Abbildung 56 dargestellte Kalibrationsprozedur umfasst auch die Neuanpassung des RCNN-Modells. Dies beinhaltet die Annotation der geometrischen Parameter sowie der Nahtfehler für die Kalibrationsschweißung nach Kapitel 4.4.2 (Seite 73). Der neue Datensatz wird in den Trainingsdatensatz aufgenommen, sodass das RCNN-Modell mit dem aktualisierten Datensatz neu angepasst werden kann.

Anschließend ermöglicht das in Abschnitt 5.2.1 näher beschriebene Verfahren, die Kalibration der EST auf Basis der Auftrittswahrscheinlichkeit des Durchschweißlochs ψ_{DSL}. Dabei wird die mittels Gleichung 5.2 und Gleichung 5.3 berechnete EST $\delta_{\mathrm{präd}}$ mithilfe eines Kalibrationsverfahrens korrigiert, welches auf zwei bekannten Wertepaaren der bekannten EST δ_{mess} und der unkalibrierten EST $\delta_{\mathrm{präd}}$ beruht.

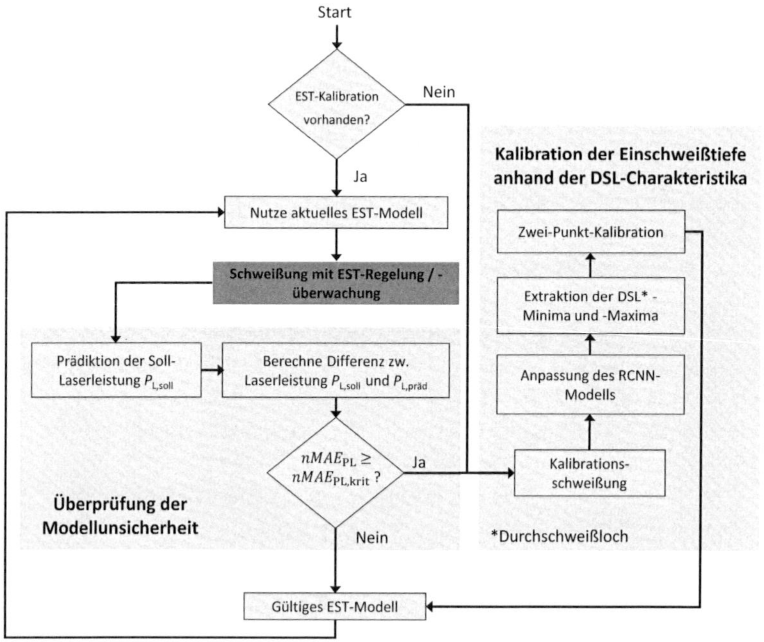

Abbildung 56: Ablaufplan zur Kalibration und zur Abschätzung der Validität des Einschweißtiefenmodells.

Das kalibrierte EST-Modell kann anschließend zur Prozessüberwachung oder -regelung eingesetzt werden. Des Weiteren ermöglicht das in Kapitel 4.7 (Seite 103) vorgestellte OOD-Erkennungsverfahren, die Modellunsicherheit nach einer durchgeführten Schweißung zu bewerten. Dafür wird anhand eines Schwellenwertes überprüft, ob die Modellvorhersagen mit den aktuellen Leistungsvorgaben $P_{\mathrm{L,soll}}$ übereinstimmen. Ist $nMAE_{\delta}$ größer als der definierte Schwellenwert, wird die Ausführung einer erneuten Kalibrationsprozedur empfohlen, um das hybride Prozessmodell auf Basis aktueller Daten an die neue Prozesssituation anzupassen. Es ist zu bemerken, dass das RCNN-

Modell mit einer erneuten Kalibrationsprozedur ebenfalls neu trainiert wird, sodass die Modellunsicherheit bezüglich der zur Kalibration genutzten Daten weiter verringert wird.

5.2.1 Kalibrierung anhand bestimmter Durchschweißlochcharakteristika

Voraussetzung für die EST-Kalibration ist die Durchführung einer Kalibrationsschweißung in Zielfokuslage und konstanter Vorschubgeschwindigkeit v_S. Zudem ist eine Schweißkonfiguration erforderlich, in der das Durchschweißloch als Bildmerkmal beobachtbar ist, mit dem eine zur Kalibration geeignete Signalcharakteristik zur Verfügung steht. Diese Voraussetzung ist bei Überlappschweißungen verzinkter Blechproben meist gegeben, da der zwischen den Fügepartnern einzuhaltende Abstand zu einer stark verringerten Wärmeübertragung zwischen den Proben führt. Alternativ kann die Kalibration anhand einer vollständigen Durchschweißung des oberen Fügepartners, in Kombination mit einer vollständigen Durchschweißung beider Fügepartner, auf ähnliche Weise bewerkstelligt werden.

Basierend auf den in Abbildung 57 gezeigten Signalverläufen wird zunächst die messtechnische Grundlage des Kalibrationsverfahrens beschrieben. Die dargestellten Messdatenverläufe einer Kalibrationsschweißung bestätigen den nach Gleichung 5.1 linearen Zusammenhang zwischen der Laserleistung und der gemessenen EST.

Es ist zudem erkennbar, dass die dargestellten Sensorinformationen sowie die mithilfe des RCNN-Modells prädizierten Merkmale ebenfalls dem Verlauf der vorgegebenen Laserleistung und damit der EST folgen. Jedoch führen die aufgrund des Fügespaltes hervorgerufenen Änderungen der Wechselwirkungsbedingungen zu lokalen Abweichungen des linearen Verhaltens. Die DSL-Wahrscheinlichkeit ψ_{DSL} zeigt, dass ab einer Laserleistung von etwa 2 kW der Austritt der Dampfkapillare auf der Unterseite der beiden Fügepartner erfolgt. Zur Erkennung der Durchschweißung in Überlappkonfigurationen eignet sich die DSL-Wahrscheinlichkeit ψ_{DSL} nachweislich [ABT17]; [BLU15]; [BAR05].

Neben der vollständigen Durchschweißung ist auch der Übergang der Dampfkapillare vom oberen zum unteren Fügepartner im Verlauf der dargestellten DSL-Wahrscheinlichkeit erkennbar. Bei einer Laserleistung von etwa 1,3 kW werden in den Bereichen steigender sowie fallender Laserleistung Durchschweißlöcher mit höherer Wahrscheinlichkeit erkannt. Die erhöhten DSL-Wahrscheinlichkeiten entstehen im Übergangsbereich der beiden Fügepartner durch den eingebrachten Fügespalt und dem daraus resultierenden gestörten Wärmetransport zwischen den Fügepartnern.

Die Dampfkapillare tritt ab einer bestimmten Laserleistung auf der Unterseite des oberen Fügepartners aus. Dabei wird die deutlich kältere Umgebung außerhalb der Kapillare, in Form eines Bereiches geringerer Intensität innerhalb der Dampfkapillare, bei koaxialer Beobachtung im Kamerabild, sichtbar. Die Information bezüglich der aus den Bilddaten abgeleiteten DSL-Wahrscheinlichkeiten und der jeweils korrespondierenden

Laserleistung kann, wie nachfolgend beschrieben, zur Kalibrierung der Einschweißtiefe herangezogen werden.

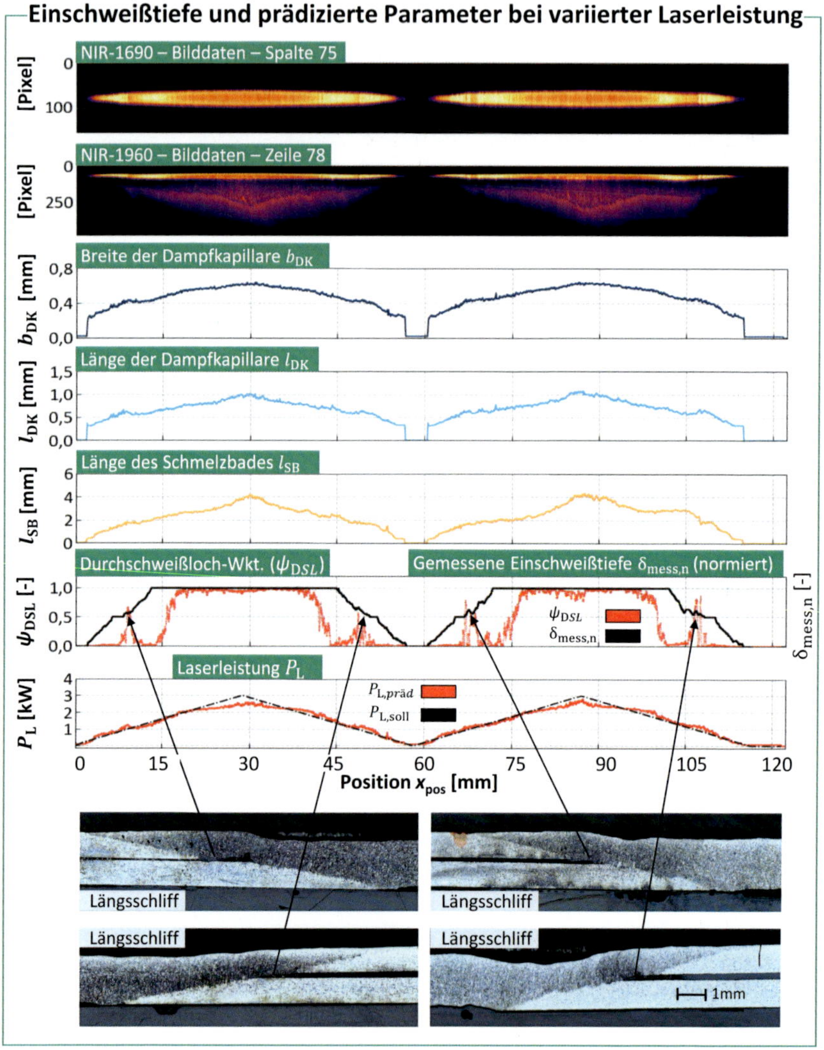

Abbildung 57: Mithilfe des RCNN-Modells (NIR-1690) extrahierte Signalverläufe sowie anhand von Längsschliffen ermittelte Einschweißtiefe bei variierter Laserleistung. $v_s = 5\ m/min$; $d_s = 390\ \mu m$; $a_s = 200\ \mu m$.

Extraktion der DSL-Signalcharakteristiken

Die Kalibrierung findet anhand zweier markanter Punkte statt, die im Signalverlauf der DSL-Wahrscheinlichkeit in Folge einer kontinuierlichen Erhöhung oder Verringerung der Laserleistung auftreten. Abbildung 58 zeigt die gemittelten Signalverläufe der DSL-Wahrscheinlichkeit ψ_{DSL} und der unkalibrierten EST $\delta_{\mathrm{präd}}$ auf der Basis von jeweils drei steigenden und fallenden Laserleistungsrampen innerhalb einer Kalibrationsschweißung. Es ist anhand des Verlaufs der berechneten, unkalibrierten EST deutlich zu erkennen, dass die mithilfe von Gleichung 5.3 berechneten Werte zu hoch sind und die reale Situation am Bauteil nicht widerspiegeln.

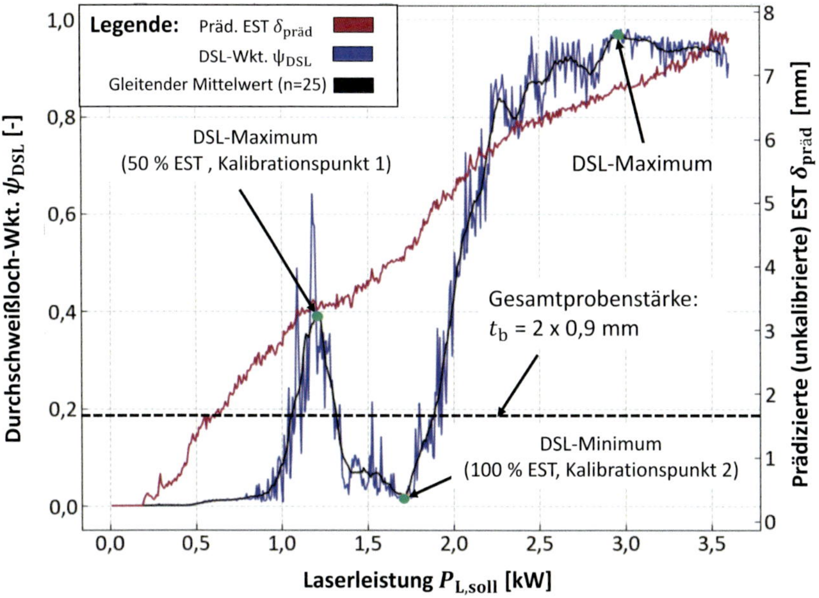

Abbildung 58: Gemittelte Verläufe der DSL-Wkt. sowie der unkalibrierten EST nach Gleichung 5.3 für eine Kalibrationsschweißung mit 3 steigenden und 3 fallenden Laserleistungsrampen (n=6). $A_0 = 0,7$; $k = 3 \times 10^{-11}$; $v_s = 3\ m/min$; $d_f = 390\ \mu m$; $t_b = 2x0,9\ mm$; $a_s = 200\ \mu m$

Das erste lokale Maximum im Signalverlauf der DSL-Wahrscheinlichkeit wird als einer von zwei Kalibrationspunkten für eine Einschweißtiefe verwendet. Nach Abbildung 57 entspricht die EST an dieser Stelle etwa der Stärke des oberen Fügepartners von $t_b = \delta_{\mathrm{EST}} = 0{,}9\ \mathrm{mm}$. Aus Abbildung 57 lässt sich zudem erkennen, dass die gemessene EST jeweils zwischen den Maxima im DSL-Wahrscheinlichkeitsverlauf ihren größten Wert erreicht. An den genannten Positionen führt eine weitere Steigerung der Laserleistung dazu, dass die Dampfkapillare an der Unterseite des unteren Fügepartners austritt. Daher wird der zweite Kalibrationspunkt, an dem eine vollständige Durchschweißung ($\delta_{\mathrm{EST}} = 1{,}8\ \mathrm{mm}$) stattfindet, durch das lokale Minimum zwischen den beiden DSL-Wahrscheinlichkeitsmaxima repräsentiert.

Die beschriebenen Kalibrationspunkte sind in Abbildung 58 dargestellt und werden anhand der DSL-Wahrscheinlichkeitskurve automatisiert, mithilfe eines geeigneten Signalverarbeitungsalgorithmus, bestimmt [DU06]. Es ist zu bemerken, dass sich das Verfahren nicht zur exakten Bestimmung des Schmelzedurchtritts anhand der gegebenen Signalverläufe eignet, da beispielsweise die Schmelzfilmdicke unterhalb der Kapillare von weiteren Faktoren wie der Vorschubgeschwindigkeit abhängt.

Zweipunktkalibrierung anhand der DSL-Signalcharakteristika

Da die Parameter A_0 sowie k unbekannt und $P_{\mathrm{L,präd}}$ geschätzt sind, ist die resultierende EST erst nach einer weiteren Kalibrierung anhand des DSL-Wahrscheinlichkeitsverlaufs sinnvoll einsetzbar. Anhand des ersten Durchschweißlochmaximums (Kalibrationspunkt 1) sowie des darauffolgenden Minimums (Kalibrationspunkt 2) kann der Funktionsterm einer linearen Funktion bestimmt werden. Schließlich ist die kalibrierte EST mithilfe der folgenden Gleichung berechenbar:

$$\delta_{\mathrm{kalib,n}} = \frac{(\delta_{\mathrm{präd}} - \delta_{\mathrm{präd,KP1}}) \cdot 0{,}5}{\delta_{\mathrm{präd,KP2}} - \delta_{\mathrm{präd,KP1}}} + 0{,}5 \tag{5.4}$$

Dabei repräsentiert $\delta_{\mathrm{präd}}$ den ursprünglich berechneten Wert der EST vor der Kalibration. $\delta_{\mathrm{präd,KP1}}$ entspricht der unkalibrierten Einschweißtiefe am ersten Kalibrationspunkt und $\delta_{\mathrm{präd,KP2}}$ bezeichnet die unkalibrierte Einschweißtiefe am zweiten Kalibrationspunkt. Die Gleichung erlaubt die Berechnung der kalibrierten EST auf Basis der prädizierten EST, sodass die berechneten Werte an den zuvor bestimmten Kalibrationspunkten der 50-prozentigen bzw. der 100-prozentigen EST bezogen auf die Probenstärke entsprechen. Der Kalibrationsprozess ist nach Bestimmung von Gleichung 5.4 abgeschlossen. Nach dem in Abbildung 56 (Seite 114) skizzierten Ablaufplan kann das kalibrierte und vorläufig gültige hybride Modell zur Bestimmung der EST für neue Schweißungen eingesetzt werden.

5.2.2 Überprüfung des Ansatzes zur Berechnung der Einschweißtiefe

Zur Überprüfung des kalibrierten EST-Modells wird zunächst der Verlauf der berechneten EST-Werte mit den zugehörigen fotografischen Aufnahmen der Fügepartnerober- und Unterseite qualitativ verglichen. In Abbildung 59 wird der Signalverlauf der kalibrierten EST bei variierender Laserleistung gezeigt. Das EST-Modell wurde anhand des zuvor beschriebenen Verfahrens mit einer Vorschubgeschwindigkeit von $v_s = 3\mathrm{m/min}$ und einem Strahldurchmesser von $d_s = 390\ \mu\mathrm{m}$ kalibriert.

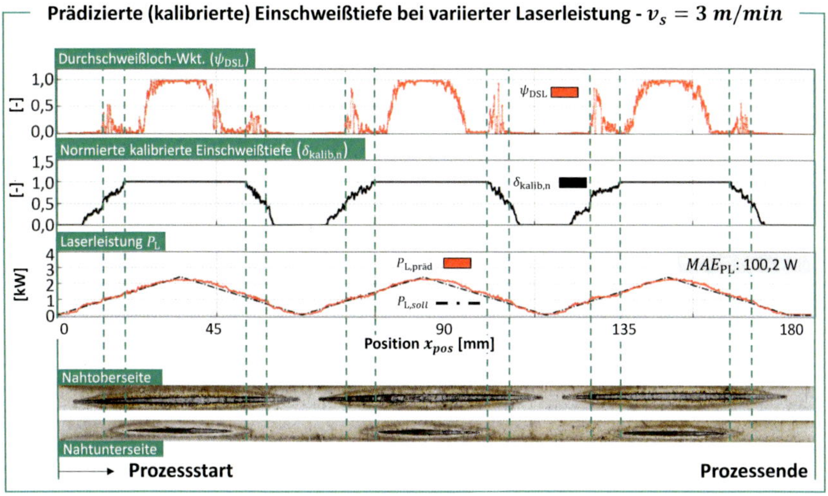

Abbildung 59: Verlauf der kalibrierten Einschweißtiefe und weiterer Parameter sowie wie reale Nahtgegebenheiten bei variierender Laserleistung und einer Vorschubgeschwindigkeit von v_s= 3 m/min. d_s = 390 µm; a_s = 200 µm; t_b = 1,8 mm

Die Position, an der auf dem Unterblech die Schmelzspur sichtbar wird, entspricht im EST-Signalverlauf dem Übergang zu einer EST von 100 %, also der vollständigen Durchschweißung. Bei abfallender Laserleistung ist die Schmelzspur ab einer Position von $x_{pos} = 50$ mm nicht mehr sichtbar und die EST sinkt unter 100 %.

Im EST-Signalverlauf ist dieser Abfall mit geringer Verzögerung erkennbar. Die Ursache dafür ist möglicherweise die verzögerte Energieabgabe aus dem Schmelzbad, welche bei steigender Leistung nicht gegeben ist. Erkennbar ist dieser Effekt auch in den Signalverläufen der prädizierten Laserleistung. Im Fall einer Verringerung der Laserleistung steigt die Differenz zwischen vorgegebener und prognostizierter Leistung nach Abbildung 59 an. Aufgrund der verzögerten Energieabgabe des Schmelzbadvolumens verzögert sich bei einer Verringerung der Laserleistung die Änderung der thermischen Prozessemission, welche die Grundlage für die Prädiktion der Laserleistung darstellt.

In Abbildung 60 ist ein Schweißexperiment mit variierender Laserleistung bei einer Vorschubgeschwindigkeit von v_s = 5 m/min dargestellt. Der mittlere absolute Fehler des RCNN-Modells hinsichtlich der Vorhersage der Laserleistung beträgt $MAE_{PL} = 139\,W$. Damit liegt der Vorhersagefehler unter dem Schwertwert von $MAE_{PL,krit} = 205$ W und es ist nach dem in Abbildung 56 dargestellten Ablaufplan keine Neuanpassung des RCNN-Modells oder eine Rekalibrierung der EST erforderlich.

Die dargestellte kalibrierte Einschweißtiefe basiert auf der prädizierten Laserleistung und dem bereits kalibrierten EST-Modell. Allerdings wird zur Berechnung der kalibrierten EST nach Gleichung 5.3 und 5.4, die Vorschubgeschwindigkeit auf $v_s = 5$ m/min erhöht. Aus Abbildung 60 kann entnommen werden, dass die Positionen, ab welcher eine vollständiger Durchschweißung ($\delta_{\mathrm{kalib,n}} = 1$) prädiziert wird, mit dem Auftreten der Schmelzespuren an der Probenunterseite übereinstimmen. Die Nahtpositionen, an denen die kalibrierte EST einen Wert von der Hälfte der Gesamtprobenstärke ($\delta_{\mathrm{kalib,n}} = 0{,}5$) einnimmt, sind in Abbildung 60 ebenfalls markiert.

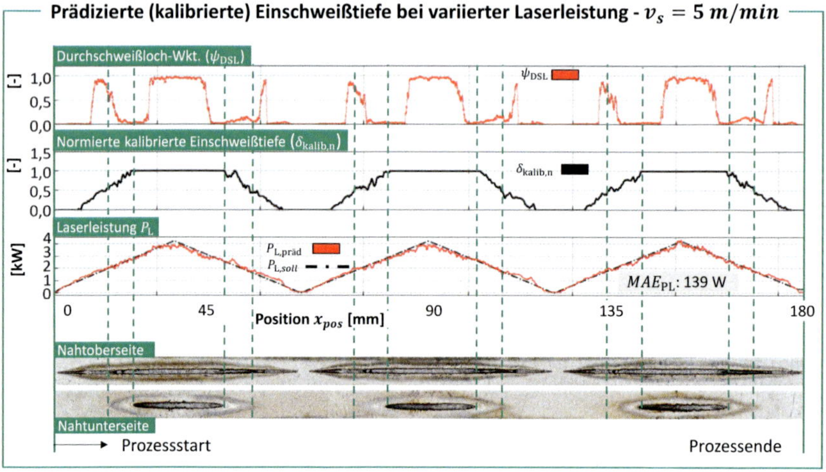

Abbildung 60: Verlauf der kalibrierten Einschweißtiefe und weiterer Parameter sowie der realen Nahtgegebenheiten bei variierender Laserleistung und einer Vorschubgeschwindigkeit von v_s= 5 m/min. d_s = 500 µm; a_s = 200 µm; t_b = 1,8 mm

Es ist ersichtlich, dass bei berechneten Einschweißtiefen von 50% der Gesamtmaterialstärke und steigenden Laserleistungen, die korrespondierenden DSL-Wahrscheinlichkeiten deutlich ansteigen, was auf den jeweiligen Austritt der Dampfkapillare aus dem oberen Fügepartner hinweist. In den Bereichen sinkender Laserleistung stimmen die Positionen, an denen die EST-Werte von $\delta_{\mathrm{kalib,n}} = 0{,}5$ annehmen, nicht mit den entsprechenden Positionen der DSL-Wahrscheinlichkeitsmaxima überein, was auf eine verzögerte Energieabgabe des Schmelzbades zurückgeführt werden kann. Weitere Informationen diesbezüglich sind in Kapitel 6.1 (Seite 125) zu finden. Zudem ist die kalibrierte EST bei Werten zwischen 50 % und 100 % sichtbaren Fluktuationen unterworfen, deren Ursachen in der fehlerbehafteten Prädiktion der Laserleistung sowie in der Fortpflanzung bzw. der Verstärkung des Fehlers durch Gleichung 5.3 und Gleichung 5.4 zu suchen ist.

Wie in den vorherigen Abschnitten beschrieben, ist der proportionale Zusammenhang zwischen der EST und der prädizierten Laserleistung oder einzelner Bildmerkmale bei veränderten Randbedingungen, wie einer Änderung der Fokuslage, nicht mehr gegeben. Daher wird bei einer hohen Wahrscheinlichkeit (ψ_{OOF} > 50 %) für die Klasse *Defokussiert* die Berechnungsvorschrift für die Einschweißtiefe automatisch angepasst.

Die berechnete EST zeigt in diesem Fall, bei konstanter Laserleistung, eine reziproke Proportionalität zur Dampfkapillarbreite ($\delta_{präd} \sim \frac{1}{\mathrm{b_{DK}}}$, siehe Gleichung 5.2).

In Abbildung 61 ist der Verlauf der berechneten EST für einen Wechsel von der Klasse *Naht i.O.* zur Klasse *Defokussiert* gegeben.

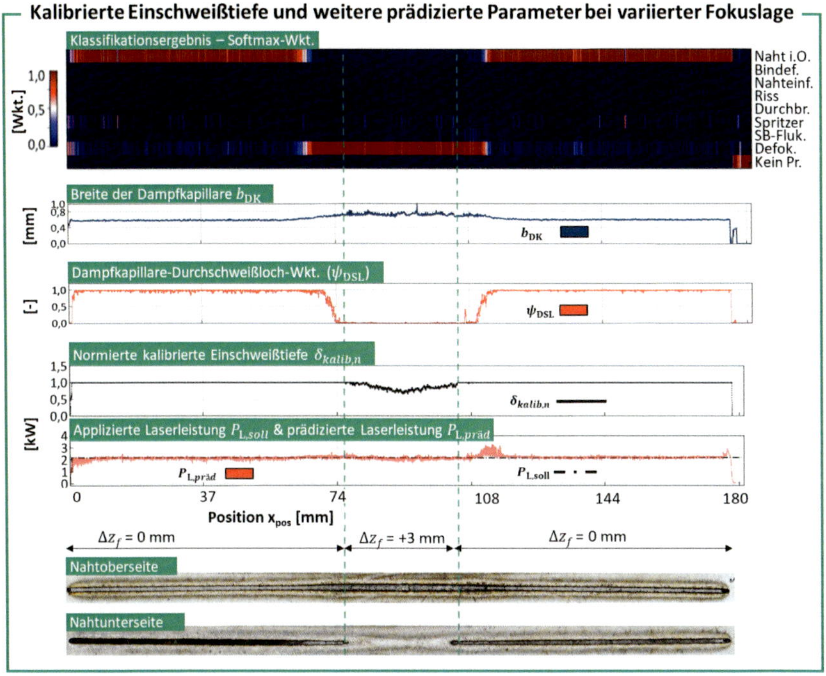

Abbildung 61: Verlauf der berechneten kalibrierten Einschweißtiefe sowie weiterer prädizierten Parameter bei einer Vorschubgeschwindigkeit von $v_s = 3\ m/min$ und variierender Fokuslage.

Bei einer Position von $X_{pos} = 60\ \mathrm{mm}$ findet eine Vergrößerung des Arbeitsabstandes zwischen der Bauteiloberfläche und der Bearbeitungsoptik statt. Die daraus resultierende Bildunschärfe wird für einen Verlauf von etwa 50-60 mm korrekt als *Defokussiert* klassifiziert. In diesem Bereich wird die Breite der Dampfkapillare b_{DK} zur Berechnung der EST herangezogen und die prädizierte Laserleistung bleibt weitestgehend konstant. Da bei diesem Versuch mit Laserleistungsüberschuss durchgeschweißt wurde, wird der durch die Defokussierung induzierte Abfall der EST erst beim Erreichen des neuen Arbeitsabstandes sichtbar. Im Verlauf der kalibrierten EST ist ein Abfall auf ca. 70-80 % der Solleinschweißtiefe zu erkennen. Die EST steigt wieder auf 100% an, wenn der Arbeitsabstand verringert wird und somit die Breite der Dampfkapillare auf das Ursprungsniveau absinkt.

Neben den qualitativen Beobachtungen unterstützt die quantitative Evaluierung des Verfahrens in Abbildung 62 bei der Einschätzung der Anwendbarkeit. Dabei wird die

EST anhand von Längsschliffen aus zwei unterschiedlichen Proben bestimmt und mit der prädizierten EST verglichen. Am Beispiel der in Abbildung 62 dargestellten Ergebnisse ist ersichtlich, dass ein normierter mittlerer absoluter Fehler nach Gleichung 5.5 von $nMAE_{\delta} = 0{,}05$ bei einer stufenförmigen Leistungsänderung erreichbar ist.

$$nMAE_{\delta} = \frac{\frac{1}{N}\sum_{i=1}^{N}\left|\delta_{\text{mess,i}} - \delta_{\text{präd,i}}\right|}{\frac{1}{N}\sum_{i=1}^{N}\delta_{\text{mess,i}}} \tag{5.5}$$

$$N = Anzahl\ der\ Datenpunkte\ pro\ Schweißversuch$$

Die Auswertung weiterer Versuche in Tabelle 12 zeigt, dass die kalibrierte EST, verglichen mit der anhand von Längsschliffen ermittelten Einschweißtiefe, einen normierten mittleren Fehler von $nMAE_{\delta} = 0{,}125$ aufweist. Bei einzelnen Messpunkten kommt es teilweise zu größeren Abweichungen, die einerseits auf die zeitliche Fluktuation der prädizierten Laserleistung zurückgeführt werden können.

Tabelle 12: Normierter mittlerer absoluter Fehler der berechneten normierten EST auf Basis unterschiedlicher Schweißversuche.

Versuch/ Metrik	V 115	V 43	V 55	V 365	Gesamt
v_s	$3\ m/min$	$3\ m/min$	$5\ m/min$	$3\ m/min$	-
d_s	$540\ \mu m$	$390\ \mu m$	$390\ \mu m$	$390\ \mu m$	-
Leistungs-verlauf	Rampen	Stufen	Rampen	Rampen	-
MAE_{δ}	0,095	0,026	0,101	0,073	0,0737
$nMAE_{\delta}$	0,173	0,05	0,176	0,102	0,125
Mess-punkte	n=2.050	n=3.685	n=2.200	n=12.170	n=20.105

In Abbildung 62 ist außerdem erkennbar, dass aufgrund von Schmelzbadfluktuationen oder anderen Prozessinstabilitäten Auffälligkeiten im Intensitätsverlauf der thermischen Prozessemission entstehen, die zu Abweichungen der berechneten EST führen.

Zudem ist die EST-Kalibration anhand der gemittelten DSL-Wahrscheinlichkeitsverläufe aufgrund der thermischen Prozesseigenschaften sowie der limitierten Prädiktionsgenauigkeit der betreffenden Bildmerkmale bzw. der Laserleistung fehlerbehaftet. Im Fall einer erkannten Defokussierung kann die Verwendung der Dampfkapillarbreite als Maß für den Strahldurchmesser, aufgrund der in Abbildung 55 (Seite 112) dargestellten komplexen Zusammenhänge zwischen der Kapillarbreite und den übrigen Prozessparametern, zu zusätzlichen Abweichungen der berechneten EST führen.

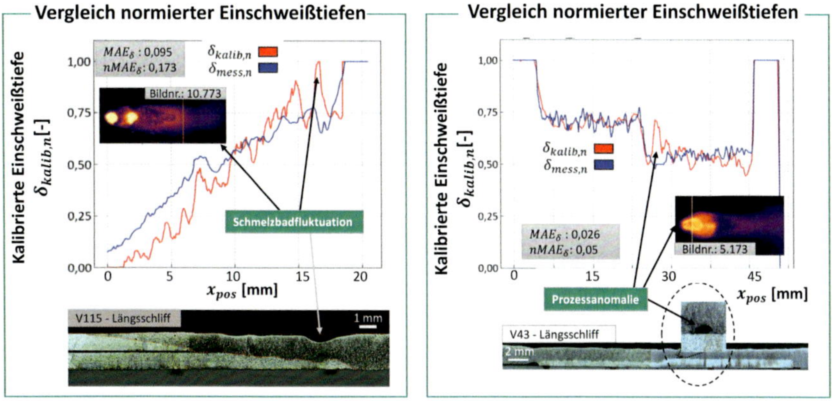

Abbildung 62: Vergleich vorhergesagter und auf die Blechstärke normierter Einschweißtiefen mit Messungen auf der Basis von Längsschliffen unterschiedlicher Schweißnähte.

Darüber hinaus ist die Bestimmung der EST anhand von Längsschliffen sowie deren exakte Ausrichtung zu den jeweiligen Sensorsignalen herausfordernd und kann ebenfalls zu weiteren Messabweichungen führen. Die prädizierte EST eignet sich, wie in diesem Kapitel gezeigt, grundsätzlich zur Schätzung der Einschweißtiefe und wird daher zur Regelung des Prozesses herangezogen.

5.3 Konsequenzen für die Prozessregelung

In Bezug auf die dritte Forschungsfrage wurde im vorangegangenen Abschnitt eine Methodik entwickelt und untersucht, mit der sich anhand eines hybriden Prozessmodells und auf Basis eines aktuellen Prozessbildes (NIR-1690) die Einschweißtiefe bestimmen lässt.

Eine Grundlage für die Berechnung der EST ist die mithilfe des RCNN-Modells prädizierte Laserleistung. Daher ist die Ausführungsgeschwindigkeit der EST-Berechnung im Wesentlichen von der Inferenzzeit des verwendeten KI-Modells abhängig, die in Kapitel 6.3.2 (Seite 141) ausführlicher untersucht wird.

Zudem erlaubt der vorgestellte Ansatz zur Bestimmung der EST während des Prozesses, eine automatisierte Anpassung der Berechnungsvorschrift auf Basis der bildbasierten Klassifizierung von Nahtunregelmäßigkeiten (*Defokussiert*), sodass einer Fokusabweichung entgegengewirkt werden kann.

Die notwendige Kalibration des EST-Modells kann beispielsweise nach der Erkennung einer bestimmten Modellunsicherheit auf Basis des RCNN-Modells eingeleitet werden. In diesem Fall ist eine Überlappschweißkonfiguration mit einem wärmeleitungsunterbrechenden Spalt zwischen den Fügepartnern notwendig, um die relevanten Signalcharakteristika zu erfassen. Insbesondere ist die Beobachtbarkeit des

Durchschweißlochs erforderlich, die nicht bei allen Material- und Parameterkombinationen gewährleistet werden kann.

Alternativ kann die EST anhand der gemessen Einschweißtiefenverläufe (siehe Abbildung 57, Seite 116) auf Basis metallografischer Analysen kalibriert werden, was jedoch in der Praxis mit hohen Kosten und Zeitaufwand verbunden ist. Die Kalibrationsprozedur anhand des Verlaufs der DSL-Wahrscheinlichkeit ermöglicht hingegen eine automatisierbare und von externen EST-Messungen unabhängige Lösung.

Mithilfe des gezeigten Ansatzes kann die Einschweißtiefe im Bereich zwischen 50-100 % bei einer Gesamteinschweißtiefe von $t_b = 2\,mm$ mit einem absoluten Fehler von $MAE_\delta = 0{,}14\,mm$ berechnet werden. Der normierte mittlere absolute Fehler auf Basis unterschiedlicher Schweißversuche beträgt $nMAE_\delta = 0{,}125$. Die Ergebnisse deuten darauf hin, dass das Verfahren zur Schätzung und damit zur Regelung der Einschweißtiefe verwendet werden kann. Eine weitere Evaluierung findet im Kontext der Prozessregelung im nachfolgenden Kapitel statt.

6 Prozessregelung mittels Reinforcement Learning

Nachfolgend wird die Entwicklung eines auf *Reinforcement Learning* basierenden Konzepts zum aktiven Eingriff in den Bearbeitungsprozess beschrieben und anhand praktischer Laborexperimente evaluiert. Ziel ist die Kompensation unterschiedlicher Störgrößen, welche die Nahtqualität und insbesondere die Einschweißtiefe beeinträchtigen können.

6.1 Entwicklung eines Regelkonzeptes

In den vorherigen Kapiteln wurden KI-basierte Datenverarbeitungsmethoden entwickelt und untersucht, um unterschiedliche Nahtunregelmäßigkeiten, Prozessabweichungen und geometrische Parameter verschiedenartiger Objekte anhand von Prozessbilddaten zu erkennen. Zudem ist ein Verfahren entwickelt worden, welches ein analytisches Prozessmodell sowie bestimmte Ausgaben des neuronalen Netzes kombiniert, um die Einschweißtiefe während des Prozesses zu bestimmen. Zur Übersicht ist das Gesamtkonzept des KI-basierten Qualitätssicherungssystems in Abbildung 63 schematisch abgebildet.

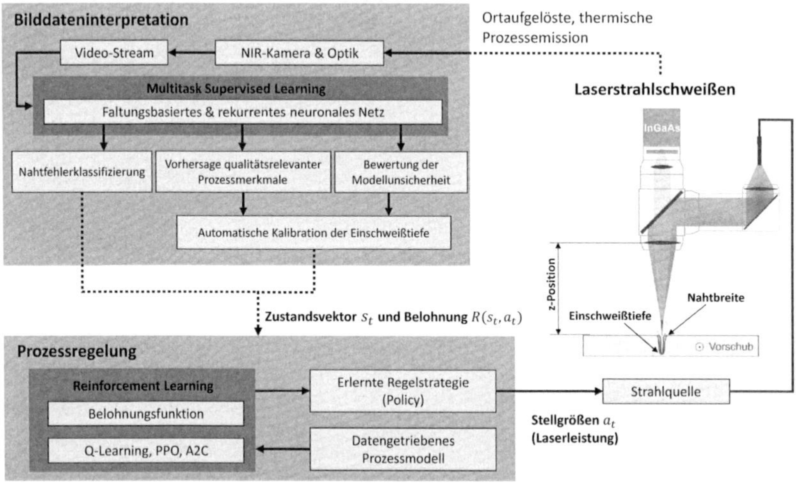

Abbildung 63: Schematische Darstellung des im Rahmen dieser Arbeit entwickelten KI-Systems zur In-Prozess-Qualitätsdiagnose und Prozessregelung.

In einem weiteren Schritt wird basierend auf diesen Vorarbeiten ein Konzept entwickelt, das die KI-basierte Regelung der Einschweißtiefe bei Laserstrahltiefschweißprozessen ermöglicht. Wie in Abbildung 63 ersichtlich, wird auf Basis der aus den Bilddaten berechneten Zustandsgrößen eine Regelstrategie erlernt, die es erlaubt die optimale Laserleistung einzustellen.

Dafür ist es zunächst notwendig, die Systemeigenschaften des Laserschweißprozesses zu untersuchen. Vor diesem Hintergrund sind in Abbildung 64 die Signalantworten prozessbezogener Messsignale auf eine sprunghafte Änderung der Laserleistung aufgetragen. Im linken Teil der Abbildung ist erkennbar, dass eine abrupte Erhöhung der vorgegebenen Laserleistung $P_{\mathrm{L,soll}}$ zu einer deutlichen Erhöhung der prädizierten Laserleistung $P_{\mathrm{L,präd}}$ innerhalb von etwa 3,75 ms führt. Die ebenfalls abgebildeten geometrischen Parameter, d.h. Breite und Länge der Dampfkapillare, zeigen einen vergleichbaren Signalverlauf als Antwort auf die Leistungsänderung.

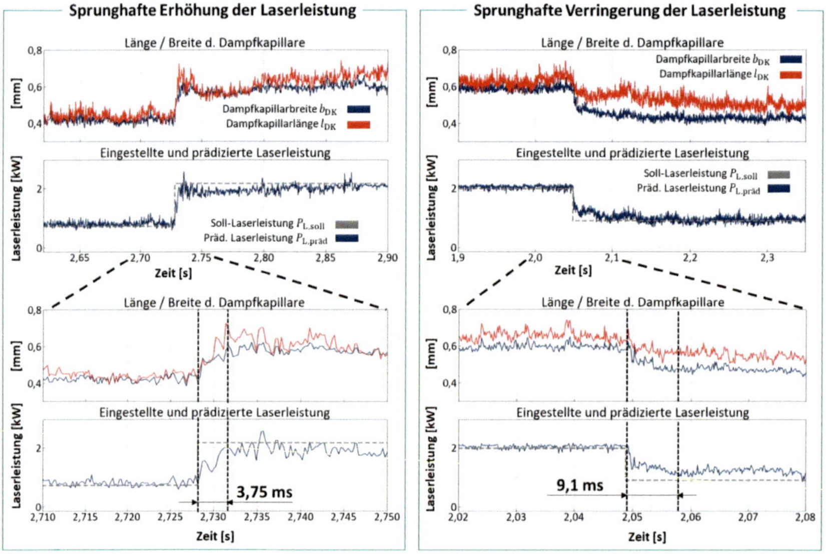

Abbildung 64: Prozesssignale vor und nach sprunghafter Änderung der Laserleistung bei einer Vorschubgeschwindigkeit von $v_s = 3\ m/min$ auf Basis des CNN-Modells.

Im rechten Teil von Abbildung 64 ist der Signalverlauf der geometrischen Parameter während einer Reduktion der Laserleistung ersichtlich. Nach der sprunghaften Verringerung der vorgegebenen Laserleistung reagieren die beobachteten Prozessgrößen innerhalb von 9,1 ms vergleichsweise langsam auf die Prozessänderung. Ein entsprechendes Verhalten ist ebenfalls im Verlauf der Länge und Breite der Dampfkapillare beobachtbar.

Obwohl die Ursache für die beobachteten Verzögerungen nicht abschließend geklärt ist, deuten die in Abbildung 64 und Abbildung 24 (Seite 61) dargestellten Ergebnisse darauf hin, dass die Wärmekapazität der Schmelze die geometrische Ausprägung der Dampfkapillare wesentlich beeinflusst. Dies kann auch anhand der Ergebnisse von [TEN18, S. 148] bestätigt werden. Aufgrund der verzögerten Energieaufnahme oder -abgabe des Schmelzbades, bei einer sprunghaften Änderung der Laserleistung, ist mit einer entsprechenden Verzögerung hinsichtlich der Veränderung der Dampfkapillargeometrie zu rechnen. Dies betrifft demnach auch die in Abbildung 64 dargestellten oberflächennahen, geometrischen Parameter der Dampfkapillare.

Bei sprunghaften Änderungen der eingebrachten Laserleistung sind ebenfalls entsprechende Verzögerungen im Signalverlauf der Einschweißtiefe zu erwarten, da diese wesentlich vom Energiegehalt der Schmelze [ABT17, S. 165], insbesondere im Bereich unterhalb der Dampfkapillare, abhängt. Die im Rahmen dieser Arbeit durchgeführte Berechnung der Einschweißtiefe wird von den in Abbildung 64 dargestellten Größen beeinflusst und resultiert bei sprunghaften Änderungen der eingebrachten Laserleistung ebenfalls in Verzögerungen des Signalverlaufs der Einschweißtiefe.

Zudem ist von einer Richtungsabhängigkeit des Effektes auszugehen, da der Wärmetransport innerhalb der Prozesszone davon abhängt, ob es sich um einen Aufheiz- oder Abkühlvorgang handelt.

Das in Abbildung 64 gezeigte Verhalten deutet auf einen dynamischen, nicht-linearen Prozess hin, dessen Systemantwort aufgrund seiner thermischen Eigenschaften nicht nur von der augenblicklichen Eingabe, sondern auch von seiner Historie abhängt. Diese Beobachtung deckt sich mit den Angaben in der Literatur hinsichtlich vergleichbarer laserbasierter Fügeprozesse [NA10]; [POS03].

Es ist zu bemerken, dass Abbildung 64 neben dem Systemverhalten des Schweißprozesses auch das Systemverhalten der Laserstrahlquelle und des Kamerasystems beinhaltet. Die technischen Angaben des Herstellers benennen die Reaktionsgeschwindigkeit des Lasers mit ≤ 100 µs. Bei Messungen mithilfe des in Kapitel 4.1 (Seite 45) beschriebenen Kameraequipments wurde, unter Berücksichtigung der Bildrate der Kamera (7.000 bps), eine Reaktionszeit von ≤ 143 µs festgestellt. Die Leistungsstabilität der Strahlquelle wird mit ± 0,5% der Nennleistung angegeben [TRU23]. Es ist daher davon auszugehen, dass die in Abbildung 64 sichtbaren Effekte maßgeblich durch die Eigenschaften des Prozesses hervorgerufen werden.

Zusätzlich zu den Beobachtungen kann die Reaktionszeit des Prozesses anhand der aus dem Strahldurchmesser und der Vorschubgeschwindigkeit resultierenden Zeitspanne $\tau_{\mathrm{r}} = \frac{\mathrm{d}_s}{v_s}$ abgeschätzt werden [ABT17, S. 166]. Die Reaktionszeit τ_{r} beschreibt damit die Zeit, die ein Laserstrahl mit einem Strahldurchmesser d_s benötigt, um bei einer Vorschubgeschwindigkeit v_s den aktuellen Wirkungsbereich des Lasers zu verlassen. Anhand dieses Zusammenhangs lässt sich abschätzen, nach welcher Zeitspanne sich, in Folge einer abrupten Prozessstörung, wieder ein stationärer, fehlerfreier Prozess einstellen kann. Unter Berücksichtigung einer Vorschubgeschwindigkeit von $v_s = 9\ \mathrm{m/min}$ und einem Strahldurchmesser von $\mathrm{d}_s = 390\ \mu\mathrm{m}$ ergibt sich eine Reaktionszeit des Schweißprozesses von $\tau_{\mathrm{r}} = 2{,}6\ ms$. Soll das System innerhalb der Reaktionszeit des Prozesses auf äußere Störgrößen reagieren können, ist eine Latenzzeit von weniger als 2,6 ms erforderlich.

Unter Berücksichtigung der zuvor genannten sowie der in Kapitel 2.6 beschriebenen Anforderungen an das Regelkonzept bieten sich *Reinforcement Learning*-Methoden als mögliche Lösung an. RL-Algorithmen können zum einen in dynamischen und nicht-linearen Umgebungen eingesetzt werden. Außerdem eignen sich die Methoden, wie in Kapitel 2.5 (Seite 35) dargestellt, zur Mehrgrößenregelung unter Berücksichtigung komplexer Regelziele, was mit herkömmlichen PID-Reglern nicht umsetzbar ist. Bei der Verwendung von RL-Methoden kann dies durch die datengetriebene Bestimmung einer Entscheidungsregel (Policy), beispielsweise auf Basis von Polynomen, *Support Vector Machines*, Entscheidungsbäumen oder künstlichen neuronalen Netzen erreicht werden.

Im Rahmen dieser Arbeit liefert das CNN-Modell die Datengrundlage, in Form prädizierter Bildmerkmale, für den regelungstechnischen Ansatz. Das CNN-Modell wird aufgrund des 42 % höheren Datendurchsatzes und voraussichtlich geringeren Systemlatenz für die regelungstechnische Anwendung bevorzugt, obwohl das RCNN-Modell eine um 1,3 % höhere Erkennungsleistung aufweist (siehe Kapitel 4.6.1, Seite 84).

Das entwickelte Gesamtkonzept des KI-basierten Systems zur Prozessregelung ist in Abbildung 63 (Seite 125) dargestellt. Um die auf den Prozess sowie auf die Laserstrahlquelle wirkenden Störgrößen zu kompensieren, werden geeignete Daten aus der Prozessumgebung erhoben. In diesem Fall ist die orts- und zeitaufgelöste Erfassung der thermischen Prozessemission im Wellenlängenbereich von $\lambda_3 = 1.690 \pm 82°$nm, gemäß des in Kapitel 4.1 (Seite 45) spezifizierten Aufbaus.

Anschließend wird die Einschweißtiefe mithilfe der in Kapitel 4.7 (Seite 103) entwickelten Methode auf Basis der in den Prozessbildern enthaltenen Informationen berechnet. Die Einschweißtiefe dient als Grundlage für die Berechnung der zeitabhängigen Belohnung des RL-Agenten und wird zusammen mit dem Prozesszustandsvektor $\boldsymbol{s}_t$ in Echtzeit bereitgestellt. Der Zustandsvektor dient als Eingabe für die erlernte Entscheidungsregel (*RL-Policy*) $\pi(\boldsymbol{s}_t)$, welche anhand der Informationen eine Aktion a_t bereitstellt, die zur Erzeugung der Soll-Laserleistung zum Zeitpunkt t verwendet werden kann.

Im Bereich des RL existiert eine große Menge an Algorithmen, die sich grundsätzlich zur Lösung des Problems einsetzen lassen. Bei den meisten Ansätzen wird häufig vorausgesetzt, dass der RL-Agent beliebig oft mit seiner Umgebung interagieren kann. Bei dem Einsatz von RL-Methoden in realen Umgebungen, wie bei der Erzeugung von Laserschweißnähten in industriellen Fertigungslinien, ist die Interaktion mit der Umgebung mit hohen Kosten verbunden, die es zu minimieren gilt. Darüber hinaus können weitere Herausforderungen bei einem Einsatz von RL im Rahmen der vorliegenden Applikation identifiziert werden:

- **Robustheit:** Die Fähigkeit, bekannte sowie unbekannte Störeinflüsse zu kompensieren, sodass der Fügeprozess optimal betrieben wird.
- **Betriebsbereichseinschränkung:** Die absoluten Werte oder Gradienten von Stellgrößen dürfen bei realen Systemen nur innerhalb definierter Grenzen verändert werden, da es ansonsten zur Gefährdung von Menschen oder zur Beschädigung der Maschinen kommen kann.
- **Dateneffizienz:** Erzeugung einer robusten *RL-Policy* zur Regelung des Prozesses auf Basis einer möglichst geringen Datenmenge.

- **Einbringung von (offline) Expertenwissen:** Mithilfe von Simulationen erzeugten oder in vorherigen Experimenten aufgezeichneten Daten können offline verwendet werden, um die Policy des RL-Agenten zu verbessern und um den Fertigungsprozess und die Trainingsphase zeitlich zu entkoppeln.
- **Echtzeitfähigkeit:** Die Berechnung des Prozesszustands und der Stellgrößen auf Basis des CNNs und der *RL-Policy* findet im statistischen Mittel in weniger als 2,6 ms statt.

Die Ausführungsgeschwindigkeit (Inferenzzeit) von *RL-Policies* hängt zum einen von der Komplexität des verwendeten Algorithmus ab. Zum anderen spielt die Größe des Zustandsraumes und Aktionsraumes eine signifikante Rolle hinsichtlich der erreichbaren Ausführungszeit der *Policy*. Daher ist im Hinblick auf die Echtzeitfähigkeit eine Minimierung beider Räume anzustreben, was beispielsweise mit einer Diskretisierung des Aktionsraumes und mit der Verwendung eines niedrigdimensionalen Zustandsvektors s_t erreicht werden kann.

Die Robustheit des Ansatzes ist, wie bei allen maschinellen Lernverfahren, stark abhängig von der Qualität und Diversität der Eingangsdaten, inklusive der erhaltenen Belohnungen. Zudem zeigen aktuelle Ansätze basierend auf maschinellem Lernen geringe Fähigkeiten, hinsichtlich unbekannter Situationen zu generalisieren. Eine Möglichkeit diesem Problem zu begegnen, ist die Nutzbarmachung von vorhandenem Expertenwissen, beispielsweise in Form von Prozesssimulationen oder entsprechend aufbereiteten experimentellen Daten. Dieses Potenzial kann mithilfe von modellbasiertem *Reinforcement Learning* (MBRL) erschlossen werden, indem RL-Agenten geeignete Modelle als Ersatzumgebung zum Erlernen einer Policy zur Verfügung gestellt werden. Die Modelle können kontinuierlich unter dem Einsatz neuer experimenteller Daten angepasst und verbessert werden.

Im nachfolgenden Abschnitt wird der verwendete MBRL-Ansatz inklusive der Vor- und Nachteile gegenüber modellfreien RL-Ansätzen detaillierter beschrieben.

6.1.1 Modellbasiertes RL

Das Erlernen von Entscheidungen durch die Interaktionen in einer bestimmten Umgebung und den daraus resultierenden erwarteten zukünftigen Belohnungen, beschreibt den wesentlichen Kern von RL. Formal können RL-Probleme innerhalb des mathematischen Rahmens sogenannter Markov-Entscheidungsprozesse (engl. *markov decision process*, MDP) beschrieben werden. MDP erlauben die Modellierung der Entscheidungsfindung in Situationen, in denen der Zusammenhang zwischen Handlungen (Aktion) des Entscheidungsträgers (RL-Agent) und der Wirkung (Observation und Belohnung) auf die Umgebung stochastischer Natur ist.

Ein RL-Problem im Rahmen des MDP hat dabei folgende Eigenschaften [SUT18]:

- Der RL-Agent kann eine Aktion $a_t \in \mathcal{A}$ zum Zeitpunkt t ausführen, um mit seiner Umwelt zu interagieren.
- $\boldsymbol{s}_t \in \mathcal{S}$ beschreibt den aktuellen Zustand des RL-Agenten und $\boldsymbol{s}_{t+1} \in \mathcal{S}$ den Zustand zum Zeitpunkt $t+1$ nach der Durchführung einer Aktion a_t.
- Übergangswahrscheinlichkeiten $p(\boldsymbol{s}_{t+1}|\boldsymbol{s}_t, a_t)$, die beschreiben mit welcher Wahrscheinlichkeit die Aktion a_t im Zustand $\boldsymbol{s}_t$ nach der Durchführung zum Zustand $\boldsymbol{s}_{t+1}$ führt.
- Die erwartete Belohnung (oder Bestrafung) R_t die nach dem Zustandsübergang von $\boldsymbol{s}_t$ zu $\boldsymbol{s}_{t+1}$ aufgrund einer Aktion a_t zu erwarten ist.

RL-Verfahren können in modellbasierte und modellfreie Ansätze unterschieden werden. Bei modellfreien Ansätzen wird in der Regel kein Vorwissen eingebracht, das zu einer Vorprägung der zu erlernenden Entscheidungsregel (*Policy*) führen könnte.

Als Alternative zu modellfreien RL-Ansätzen ermöglicht MBRL die Ausnutzung bestimmter Vorteile durch den Einsatz eines geeigneten Modells. Beispielsweise erlauben MBRL-Verfahren die Miteinbeziehung von strukturiertem Wissen aus den unterschiedlichen Fachgebieten (z.B. Strömungsmechanik, Thermodynamik) in Form von Modellen und Randbedingungen. Als Alternative bietet sich die Generierung von datengetriebenen Modellen auf Basis vergangener Interaktionen des RL-Agenten an. Die im Rahmen von MBRL genutzten Modelle ergänzen oder ersetzen die reale Umgebung, welche zum Erlernen einer *RL-Policy* benötigt wird. In Abbildung 65 sind die Unterschiede in Form einer schematischen Übersicht der Verfahren dargestellt.

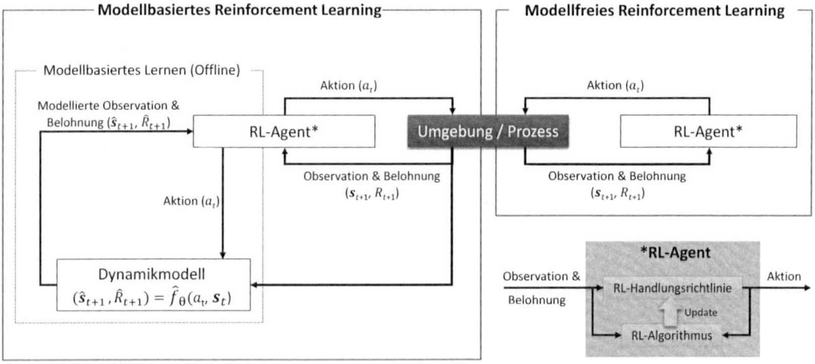

Abbildung 65: Schematische Darstellung modellbasierter und modellfreier RL-Verfahren.

Das Ziel beider RL-Ansätze ist es, eine *RL-Policy* in Form einer Funktion $\pi(s_t)$ zu finden, welche eine spezifische Lösung genannten Markov-Entscheidungsproblems darstellt. Die *RL-Policy* gibt die optimale Aktion a_t mit der höchsten erwartbaren Belohnung R aus, die von einem RL-Agenten in einer Umgebung mit den Zustandsübergangswahrscheinlichkeiten p zu wählen ist. Zusammenfassend gilt für RL-Algorithmen daher das folgende Optimierungsziel, welches mit unterschiedlichen modellfreien und modellbasierten RL-Algorithmen, gelöst werden kann [DUL21]:

$$\pi^* = \arg\underset{\pi}{max}\ \mathbb{E}^{\pi}\left[\sum_{t=0}^{\infty} \gamma_{\mathrm{RL}}{}^{t} R\left(\boldsymbol{s}_t, \pi(s_t), \boldsymbol{s}_{t+1} \sim p\big(\boldsymbol{s}_t, \pi(\boldsymbol{s}_t)\big)\right)\right] \tag{6.1}$$

Der Ausdruck γ stellt dabei den zeitlichen Diskontierungsfaktor der Belohnung R und π^* die optimale *RL-Policy* dar. Durch die Verwendung eines geeigneten Prozessmodells im Rahmen von MBRL ist es möglich, die tatsächlichen Übergangswahrscheinlichkeiten p zu approximieren. Beispielsweise können zukünftige Prozesszustände $\boldsymbol{s}_{t+1}$ sowie die erwartete Belohnung R_{t+1} mithilfe eines datengetriebenen Prozessmodells $\hat{f}_\theta$ geschätzt werden, um zusätzliche Trainingsbeispiele durch Interpolation vorhandener Datenpunkte zu gewinnen. Die Verwendung des Modells kann diesbezüglich auch als Datenaugmentierungsmethode während des Erlernens einer geeigneten *Policy* interpretiert werden, deren Einsatz zu einer höheren Dateneffizienz im Vergleich zu modellfreien Methoden führt.

Zudem ermöglicht MBRL die Entkopplung des Lernprozesses von der tatsächlichen Ausführung von Fertigungsschritten, da die für das Lernen erforderlichen Interaktionen stattdessen mithilfe des Modells zu einem geeigneten Zeitpunkt simuliert werden können. Im Gegensatz dazu sind modellfreie RL-Verfahren, wie in Abbildung 65 (rechts) dargestellt, unempfindlich gegenüber Modellfehlern oder Annahmen, die im Rahmen der Modellierung getroffen wurden [NAG17]. Insgesamt ist die Attraktivität des modellbasierten RL-Ansatzes aus den zuvor genannten Gründen für reale Anwendungen wie der Lasermaterialbearbeitung hoch, weshalb das Konzept im Rahmen dieser Arbeit weiterverfolgt wird.

Der zuvor beschriebene Ansatz basiert auf dem Dyna-Algorithmus [SUT91], der einer speziellen Kategorie des MBRL zuzuordnen ist, bei dem ein Umgebungsmodell anhand zuvor gewonnener Interaktionsdaten $(R_{t+1}, \boldsymbol{s}_{t+1}, \boldsymbol{s}_t, a_t)$ abgeleitet wird. Wie in Abbildung 65 (links) ersichtlich, wird der RL-Agent dazu in die Lage versetzt, eine *RL-Policy* auf Basis der unmittelbaren Rückmeldung des Prozesses oder, basierend auf der mithilfe des Prozessmodells erzeugten Daten, anzupassen. Der aus dem Dyna-Ansatz abgeleitete Algorithmus ist in Tabelle 13 dargestellt, bildet die Grundlage des RL-basierten Regelkonzeptes und wurde bereits in Vorarbeiten an einem Applikationsbeispiel aus der laserbasierten additiven Fertigung erprobt [KNA21b].

Die den Regler auszeichnende *RL-Policy* $\pi(s_t)$ kann dabei mithilfe unterschiedlicher RL-Algorithmen, wie dem *Q-Learning*, den *Actor-Critic*-Methoden oder *Policy-Search*-Ansätzen, gefunden werden [SUT18]; [LAP20]. Zusätzlich ist für den Einsatz des in Tabelle 13 dargestellten Algorithmus die Berücksichtigung eines geeigneten Prozessmodells erforderlich, dessen applikationsspezifische Umsetzung in Kapitel 6.1.3 beschrieben ist. Zunächst wird auf die ebenfalls notwendige Belohnungsfunktion eingegangen.

Tabelle 13: Beschreibung des verwendeten MBRL-Algorithmus basierend auf dem Dyna-Ansatz.

Generiere experimentellen Datensatz $\mathcal{D}_{RL}$ auf Basis einer initialen Policy (z.B. Trial-and-Error oder Expertendemonstration)

for Schweißnaht=1 **to** Schweißnaht_max **do**:

    Passe Prozessmodell $\hat{f}_\theta$ mithilfe des Datensatzes $\mathcal{D}_{RL}$ an.

    Aktualisiere Policy $\pi(\boldsymbol{s}_t)$ mittels RL-Algorithmus und durch Interaktion mit Prozessmodell $\hat{f}_\theta$

    for Bild=1 **to** Prozessbilder_max **do**:

        Berechne aktuellen Zustand $\boldsymbol{s}_t = \left(P_{L,soll,t}, v_{s,t}, d_{f,t}, \mu_{EST,t}, \sigma_{EST,t}, \bar{\psi}_t\right)$ mithilfe des (R)CNN-Modells und der Einschweißtiefenschätzung

        Bestimme nächste Aktion a_t mittels Policy $\pi(\boldsymbol{s}_t)$

        Füge neuen Datentupel $(R_t, \boldsymbol{s}_t, \boldsymbol{s}_{t-1}, a_t)$ zu Datensatz $\mathcal{D}_{RL}$ hinzu.

    end for

end for

6.1.2 Belohnungsfunktion

Während der Trainingsphase erhalten die in dieser Arbeit evaluierten RL-Algorithmen zu jedem Zeitpunkt t eine numerische Belohnung R_t basierend auf dem aktuellen Zustandsvektor $\boldsymbol{s}_t = \left(P_{L,soll,t}, v_{s,t}, d_{s,t}, \mu_{EST,t}, \sigma_{EST,t}, \bar{\psi}_t\right)$. Der Zustandsvektor setzt sich, neben den bekannten Prozessparametern, aus dem Mittelwert der vorherigen n_{hist} Einschweißtiefen $\mu_{EST,t}$ sowie der Standardabweichung $\sigma_{EST,t}$ der letzten n_{hist} Einschweißtiefen zusammen. Insgesamt stehen dem RL-Agenten damit, neben den Prozessparametern, Informationen auf Basis der Einschweißtiefe sowie der über n_{hist} gemittelten Klassifikationswahrscheinlichkeiten für Nahtfehler $\bar{\psi}_t$ zum Erlernen einer *RL-Policy* zur Verfügung. Für diesen Anwendungsfall werden die zeitlichen Mittelwerte auf Basis der jeweils letzten $n_{hist} = 8$ Werte berechnet, um einen möglichst schnellen Regeleingriff zu erlauben und gleichzeitig vergangene Prozesszustände ausreichend zu berücksichtigen. Außerdem wird dem RL-Agenten ermöglicht, zu jedem Zeitpunkt eine Aktion aus einem wie folgt definierten diskreten Aktionsraum zu wählen:

$$\mathcal{A} = \{-50;\ -25; -5;\ 0;\ 5; 25;\ 50\}\,Watt \tag{6.2}$$

Konkret bedeutet dies, dass bei einer angenommenen Regelfrequenz von 1 kHz eine maximale Veränderung der Laserleistung von 5 kW innerhalb von 100 ms erreicht werden kann. In der Praxis sind solche Änderungsraten selten, da Störgrößen meist weniger sprunghaft, sondern schleichend auf den Prozess einwirken. Prinzipiell sind auch kontinuierliche Aktionsräume umsetzbar, in denen die Laserleistung zu jedem

Zeitschritt im gesamten Bereich der Maschinenspezifikation eingestellt werden kann. Jedoch führt dies häufig zu komplexeren KI-Modellen bzw. *RL-Policies*, welche einen höheren Datenbedarf oder niedrige Inferenzzeiten der trainierten *RL-Policy* aufweisen.

Die Höhe der Belohnung und die Häufigkeit der Belohnungsausschüttung hat großen Einfluss auf den Lernerfolg des RL-Agenten. Sie wird daher so definiert, dass Handlungen, die zu einer hohen kumulativen Belohnung führen, bestärkt werden. Handlungen, die zu einer niedrigen oder negativen Belohnung führen, sollen im Gegenzug vermieden werden. Die verwendete Belohnungsfunktion basiert grundsätzlich auf dem in Kapitel 5 (Seite 111) vorgestellten Verfahren zur Ermittlung der Einschweißtiefe sowie dem CNN zur Erkennung von Nahtunregelmäßigkeiten und ist wie folgt definiert:

$$\mathrm{R}_t = \begin{cases} -1 & wenn\ Fehlerklasse\ „Durchbrand“\ oder\ „kein\ Prozess“ \\ R_{EST} + 0{,}5 & wenn\ (\left|\delta_{kalib,n,t} - \delta_{soll,n,t}\right| < 0{,}15\,) \wedge (a_t \neq 0) \\ R_{EST} + 1 & wenn\ \left(\left|\delta_{kalib,n,t} - \delta_{soll,n,t}\right| < 0{,}15\,\right) \wedge (a_t = 0) \\ R_{EST} & sonst \end{cases} \tag{6.3}$$

wobei R_{EST} der negativen absoluten Differenz aus der zum Zeitpunkt t berechneten normierten Einschweißtiefe $\delta_{kalib,n,t}$ und der angestrebten normierten Einschweißtiefe $\delta_{soll,n,t}$ entspricht:

$$R_{EST} = -\left|\delta_{kalib,n,t} - \delta_{soll,n,t}\right| \tag{6.4}$$

Gleichung 6.3 und 6.4 zeigen, dass sobald die absolute Einschweißtiefendifferenz einen Schwellenwert (0,15) unterschritten hat, eine zusätzliche Belohnung (+0,5) ausgegeben wird. Diese veranlasst den RL-Agenten zusätzlich, Aktionen auszuwählen, die Übergänge in einen Zustand nahe der Zieleinschweißtiefe ermöglichen. Um zudem das Regelverhalten zu stabilisieren, wird die Belohnung zusätzlich erhöht (+1,0), wenn bei ausreichend geringer Einschweißtiefendifferenz keine Veränderung der Laserleistung vorgenommen wird. Diese Teilbelohnung hat zum Ziel, das Ansprechverhalten des Reglers bzw. des RL-Agenten in der Nähe der optimalen Einschweißtiefe zu verzögern, um somit thermisch induziertes Überschwingen der Einschweißtiefe zu minimieren. Die Belohnungen werden gemäß der in Gleichung 6.3 definierten Struktur berechnet und jeweils zum Zeitpunkt t bereitgestellt. Es ist zu erwähnen, dass die Definition der Belohnungen alternativ als Annotation durch einen externen Beobachter erfolgen kann, falls die Zielgröße nicht eindeutig oder nur mit einem großen Fehler messbar ist.

6.1.3 Datenbasiertes Dynamikmodell für Laserfügeprozesse

Um eine geeignete *RL-Policy* zu erlernen, interagiert der RL-Agent mit einer Modellumgebung, die auf den Sensor- und Aktordaten vorangegangener Experimente basiert. Unter Berücksichtigung einer Aktion a_t, die in einem bestimmten Prozesszustand $\boldsymbol{s}_t = \left(P_{L,soll,t}, v_{s,t}, d_{s,t}, \mu_{EST,t}, \sigma_{EST,t}, \overline{\psi}_t\right)$ ausgeführt wird, liefert das Dynamikmodell $\hat{f}_\theta$ die Differenz zwischen dem erwarteten zukünftigen Prozesszustand $\hat{\boldsymbol{s}}_{t+1}$ und dem aktuellen Prozesszustand. Der zukünftige Prozesszustand kann damit wie folgt geschätzt werden:

$$\hat{\boldsymbol{s}}_{t+1} = \boldsymbol{s}_t + \hat{f}_\theta(\boldsymbol{s}_t, a_t) \quad (6.5)$$

Das Dynamikmodell wird in Form eines Regressionsmodells basierend auf dem RF-Algorithmus erzeugt, indem der in Gleichung 6.6 definierte mittlere quadratische Fehler bezüglich des Trainingsdatensatzes minimiert wird. Auf Grundlage der in Kapitel 4.6.3 (Seite 91) beschriebenen Eigenschaften von RFs zeigt sich, dass diese eine leistungsfähige Alternative zu vielen anderen Regressions-Algorithmen, einschließlich linearer Regression, *Support-Vektor*-Regression und neuronaler Netze, darstellen [WU17]. Zusammenfassend lässt sich festhalten, dass die Hauptvorteile von RFs zur Funktionsapproximation in der geringeren Empfindlichkeit hinsichtlich Überanpassung und Ausreißern während des Trainings liegen [ALI12].

$$\epsilon(\theta) = \frac{1}{|\mathcal{D}_{RL}|} \sum_{(s_{t+1}, s_t, a_t) \in \mathcal{D}_{RL}} \frac{1}{2} \left\| (\boldsymbol{s}_{t+1} - \boldsymbol{s}_t) - \hat{f}_\theta(\boldsymbol{s}_t, a_t) \right\|^2 \quad (6.6)$$

Das Dynamikmodell liefert keine regressionsbasierten Vorhersagen für die Solllaserleistung $P_{\mathrm{L,soll}}$, die Vorschubgeschwindigkeit v_s und den Strahldurchmesser d_s als Bestandteil des Prozesszustandsvektors $\boldsymbol{s}_t$. Stattdessen werden die zum Zeitpunkt $t+1$ einzustellenden und durch Addition bekannten Werte dieser Größen verwendet. Zudem findet die Berechnung der erwarteten Belohnung für den zukünftigen Prozesszustand $\boldsymbol{s}_{t+1}$ basierend auf der Einschweißtiefe und mithilfe der im vorangegangenen Abschnitt beschriebenen Belohnungsfunktion statt.

Zu Beginn einer Schweißaufgabe wird das Dynamikmodell mithilfe von Datensätzen aus vorherigen Experimenten in Form von $\mathcal{D}_{RL} = \{\boldsymbol{s}_t, a_t, \boldsymbol{s}_{t+1})| \, t \in \mathbb{N}, 1 \leq t \leq N\}$ erzeugt. Nachdem der RL-Agent durch die Interaktion mit der realen Umgebung weitere Datentupel generiert hat, kann der damit erweiterte Datensatz dazu verwendet werden, das Dynamikmodell neu zu trainieren. Somit ist eine kontinuierliche Anpassung des Dynamikmodells an sich ändernde Prozessgegebenheiten möglich. Die im initialen Datensatz enthaltenen Schweißversuche bilden Modulationen der Laserleistung ab, die in Form unterschiedlicher Laserleistungsrampen (siehe Abbildung 57, Seite 116) umgesetzt wurden. Außerdem stehen die Messdaten von Schweißexperimenten mit Leistungsrampen bei Vorschubgeschwindigkeiten von $v_s = 3\,m/min$ sowie $v_s = 5\,m/min$ zur Verfügung. Für die Vorschubgeschwindigkeit von $v_s = 3\,m/min$ sind Experimente mit Leistungsvariation in den Fokuslagenvariationen $\Delta z_f = -1\,mm, \Delta z_f = 0\,mm$ sowie $\Delta z_f = +1\,mm$ im initialen Trainingsdatensatz des Dynamikmodells enthalten.

6.2 Quantitative Analyse zum bestärkenden Lernen

Im folgenden Abschnitt werden verschiedene RL-Algorithmen im Rahmen des MBRL-Ansatzes hinsichtlich ihrer Leistungsfähigkeit während der Trainingsphase untersucht und wesentliche Einflussgrößen aufgezeigt.

6.2.1 Vergleich unterschiedlicher RL-Algorithmen

Im Rahmen des MBRL-Ansatzes nach Tabelle 13 interagiert ein RL-Agent in der Trainingsphase mit dem in Kapitel 6.1.3 (Seite 133) dargestellten Dynamikmodell als Teil einer Lernumgebung als Ersatz für den realen Schweißprozess. Die Lernumgebung ist so definiert, dass eine Episode nach $n_{inter} = 32$ Prozesszustandsänderungen bzw. durchgeführten Interaktionen mit dem Dynamikmodell als beendet gilt. Nach dem Beenden einer einzelnen Episode wird der RL-Agent in einem neuen, zufälligen Prozesszustand initialisiert. Die relative kurze Episodenlänge erlaubt einen häufige Reinitialisierung des RL-Agenten, sodass viele unterschiedliche Startpunkte für einen möglichen Regeleingriff mithilfe der erlernten *RL-Policy* berücksichtigt werden können. Während der Trainingsphase wird die *RL-Policy* am Ende einer Episode mithilfe des verwendeten RL-Algorithmus angepasst. Im Rahmen eines Vergleichs werden die folgenden RL-Algorithmen nach dem aktuellen Stand der Technik hinsichtlich ihrer Leistungsfähigkeit evaluiert:

- *Deep Q-Learning* (*DQN*) auf Basis der Arbeit von [MNI15]
- *Proximal Policy Optimization* (*PPO*) basierend auf der Arbeit von [SCH17b]
- *Advantage Actor Critic* (*A2C*) unter Berücksichtigung der Arbeit von [MNI16]

Die genannten Algorithmen basieren auf unterschiedlichen Ansätzen zur Generierung einer *RL-Policy* auf Basis des in Gleichung 6.1 beschriebenen Optimierungsziels. Dabei repräsentieren die RL-Algorithmen jeweils ein Verfahren aus den drei unterschiedlichen Hauptkategorien (Wertfunktionsbasiert, *Policy-Search*-Ansätze, *Actor-Critic*-Methoden) der RL-Algorithmen. Für weiterführende Informationen wird auf die Übersichtarbeiten von [ARU17] sowie auf die jeweiligen Erstveröffentlichungen verwiesen.

Zur Einbindung der genannten RL-Algorithmen in die entwickelte Regelungssoftware wurde auf die Implementierung der Softwarebibliothek *Stable-Baselines3* (Version 1.5) zurückgegriffen [ANT21]. Die verwendeten Hyperparameter des *DQN*-Algorithmus sind dem Ursprungwerk von [MNI15] entnommen. Eine Übersicht der genutzten Hyperparameter des *PPO*-Algorithmus und des *A2C* -Algorithmus sind in [SCH17b] beziehungsweise in [MNI16] zu finden.

Eine optimale *RL-Policy* zeichnet sich dadurch aus, dass nach Abschluss der Trainingsphase eine hohe und relativ konstante Belohnung in der betreffenden Umgebung erreicht wird. In Abbildung 66 ist der Verlauf der während der Trainingsphase ausgeschütteten mittleren Episodenbelohnungen für die unterschiedlichen RL-Algorithmen dargestellt. Die Episodenbelohnung eines RL-Agenten wird jeweils nach 100 Interaktionen mit dem Dynamikmodell anhand des Mittelwertes 10 zufälliger Evaluierungsepisoden bestimmt. Die in Abbildung 66 dargestellten Kurvenverläufe zeigen den

Mittelwert und die Standardabweichung der Episodenbelohnung basierend auf jeweils fünf unabhängigen Trainingsdurchläufen bzw. *RL-Policies*.

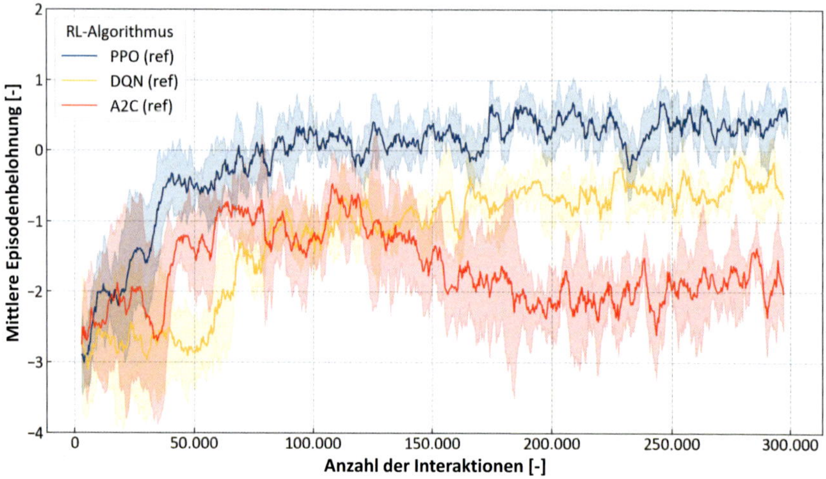

Abbildung 66: Mittlere Episodenbelohnung für jeweils 5 Trainingsdurchläufe unterschiedlicher RL-Algorithmen basierend auf der Interaktion mit dem Dynamikmodell (n=5x10).

Die Ergebnisse des *A2C*-Algorithmus deuten zunächst auf steigende mittlere Episodenbelohnungen bei wachsender Interaktionsanzahl hin, münden jedoch nach etwa hunderttausend Interaktionen in einer Verringerung der mittleren Episodenbelohnung.

Im direkten Vergleich zeigen die beiden alternativen RL-Algorithmen einer höhere mittlere Episodenbelohnung nach Abschluss der Trainingsphase. Der auf dem *DQN*-Algorithmus basierende RL-Agent speichert zunächst eine bestimmte Anzahl (d.h. 50.000) an Interaktionen in einem Wiederholungspuffer, bevor eine Anpassung der *Policy* stattfindet. Insgesamt wird nach 300.000 Interaktionen nicht das Belohnungsniveau des *PPO*-Algorithmus erreicht. Unter den drei untersuchten Ansätzen können nach Abbildung 66 mit dem *PPO*-Verfahren die höchsten mittleren Episodenbelohnungswerte erreicht werden. *PPO* basiert auf einer stochastischen *RL-Policy*, die auch während der Trainingsphase zur Auswahl der Aktionen genutzt wird (auch *On-Policy*-Methode genannt). Zudem verhindert das verwendete *Policy-Clipping*, dass die nach einem Aktualisierungsschritt entstandene *RL-Policy* zu weit von der vorherigen *Policy* entfernt ist. Beide genannten Eigenschaften führen womöglich zu der in Abbildung 66 sichtbaren Überlegenheit der *PPO*-Policy.

Bezüglich der Zeit, die jeweils notwendig ist, um die Trainingsphase abzuschließen zeigt Abbildung 67, dass die drei betrachteten RL-Algorithmen vergleichbare Werte von etwa 97 Minuten pro Trainingsdurchlauf erreichen.

Es zu bemerken, dass das datengetriebene Prozessmodell in Abhängigkeit des verwendeten Modells und dessen Implementierung eine dominante Rolle hinsichtlich der benötigen Trainingszeit einnehmen kann, da es ein Bestandteil des verwendeten MBRL-Algorithmus ist (siehe Tabelle 13, Seite 132).

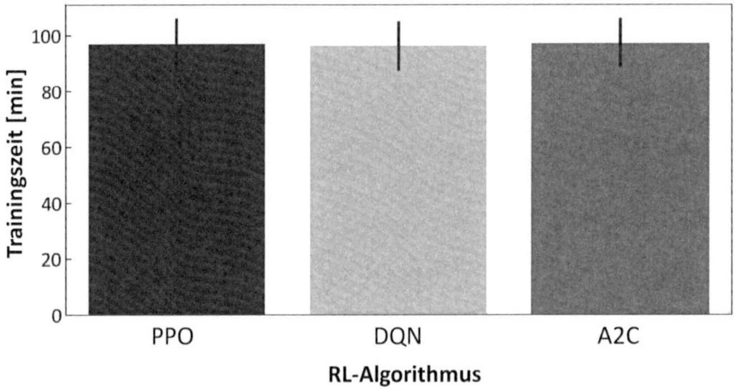

Abbildung 67: Vergleich der Trainingszeiten unterschiedlicher RL-Algorithmen basierend auf jeweils 300.000 Interaktionen mit dem Dynamikmodell (n=5).

Bei der Betrachtung der Inferenzzeiten in Abbildung 68 wird deutlich, dass der *DQN*-Algorithmus mit einem Mittelwert von 0,023 ms pro Datenpunkt nominell den niedrigsten Wert erreicht.

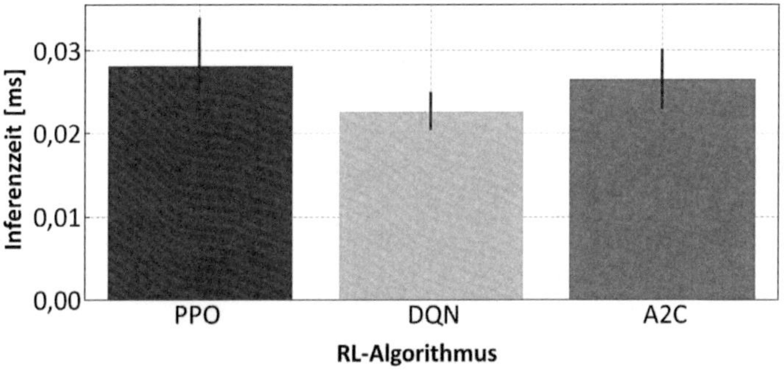

Abbildung 68: Vergleich der Inferenzzeiten unterschiedlicher *RL-Policies* (n=100x10000).

Jedoch liegt die Inferenzzeit der *RL-Policy* basierend auf dem PPO-Algorithmus bei einem Mittelwert von etwa 0,027 ms pro Datenpunkt um etwa 17 % über diesem Wert. Dabei ist zu beachten, dass sich die tatsächliche Ausführungszeit um die benötigte Zeit für die Bildakquise, die Bildverarbeitung mittels CNN-Modell und die Generierung von analogen Stellgrößen erhöht. Die insgesamt erreichbaren Ausführungs- bzw. Latenzzeiten der Regeleinrichtung liegen im Bereich von wenigen Millisekunden. Daher sind die im Vergleich geringen Ausführungszeiten der *RL-Policy* vernachlässigbar. Weitere Analysen zur Latenz und zum Datendurchsatz des Gesamtsystems sind in Kapitel 6.3.2 (Seite 141) zu finden.

6.2.2 Einfluss unterschiedlicher Hyperparameter

Die Lernrate $\alpha_{RL} \in [0,1]$ beschreibt bei einem RL-Algorithmus, mit welcher Intensität die *RL-Policy* auf Basis neuer Daten aktualisiert wird. Entspricht die Lernrate dem Wert Null, findet keine Aktualisierung der *Policy* auf Basis neuer Interaktionen bzw. Informationen statt. Bei einer Lernrate von $\alpha_{RL} = 1$ wird die *RL-Policy* vollständig auf Basis aktueller Informationen aktualisiert, sodass bereits gesammelte Erfahrungen verloren gehen. Abbildung 69 zeigt den Verlauf der mittleren Episodenbelohnung in Abhängigkeit der Interaktionszahl und der Lernrate.

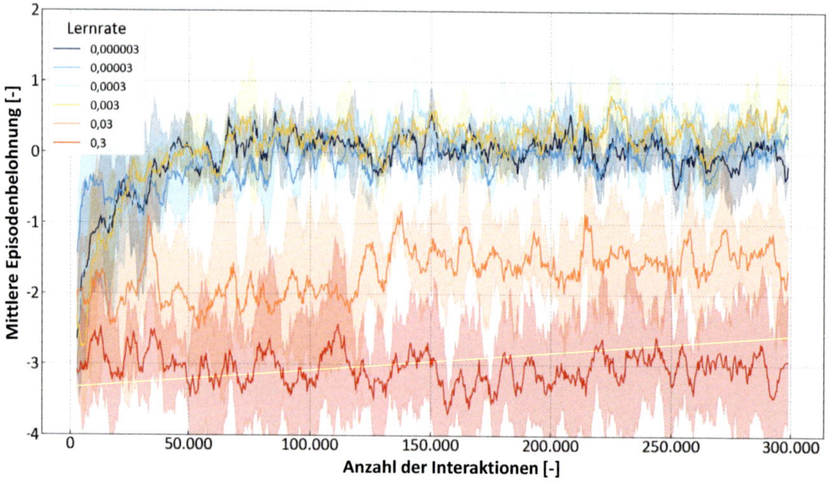

Abbildung 69: Einfluss der Lernrate α_{RL} auf den Verlauf der mittleren Episodenbelohnung des *PPO*-Algorithmus ($\gamma_{RL} = 0,90$, n=3x10).

Anhand der Abbildung wird deutlich, dass Lernraten von $\alpha_{RL} = 0{,}03$ bis $\alpha_{RL} = 0{,}3$ unvorteilhaft für die untersuchte Applikation sind. Erst mit Lernraten $\alpha_{RL} \leq 0{,}003$ können die höchsten mittleren Episodenbelohnungen erreicht werden. Als Ursache für den negativen Einfluss größerer Lernraten kommen Messunsicherheiten, Modellfehler sowie stochastische Eigenschaften des Laserschweißprozesses in Frage. Bei der Interaktion in stark stochastischen Umgebungen können zu große Aktualisierungen der *RL-Policy* ($\alpha_{RL} \geq 0{,}001$) dazu führen, dass diese zu stark an das Rauschen der Trainingsumgebung angepasst und somit für die zu lösende Aufgabe unbrauchbar wird.

Neben der Lernrate ist der Diskontierungsfaktor $\gamma_{RL} \in [0,1]$ eine wichtige Stellgröße für die erfolgreiche Anwendung eines RL-Algorithmus. Wird der Diskontierungsfaktor auf null gesetzt, berücksichtigt der RL-Agent ausschließlich die erreichbare Belohnung im aktuellen Zeitschritt t und vernachlässigt erwartbare zukünftige Belohnungen. Beim Einsatz eines Diskontierungsfaktors von $\gamma_{RL} = 1$ werden zukünftige Belohnungen, welche die Ausführung mehrerer Aktionen erfordern, mit sofortigen Belohnungen identischen Wertes gleichgesetzt. Anhand der in Abbildung 70 dargestellten Kurvenverläufe wird ersichtlich, dass es bei Diskontierungsfaktoren von $\gamma_{RL} \leq 0{,}90$ zu einer merklichen Beeinflussung der erreichbaren mittleren Episodenbelohnung kommt.

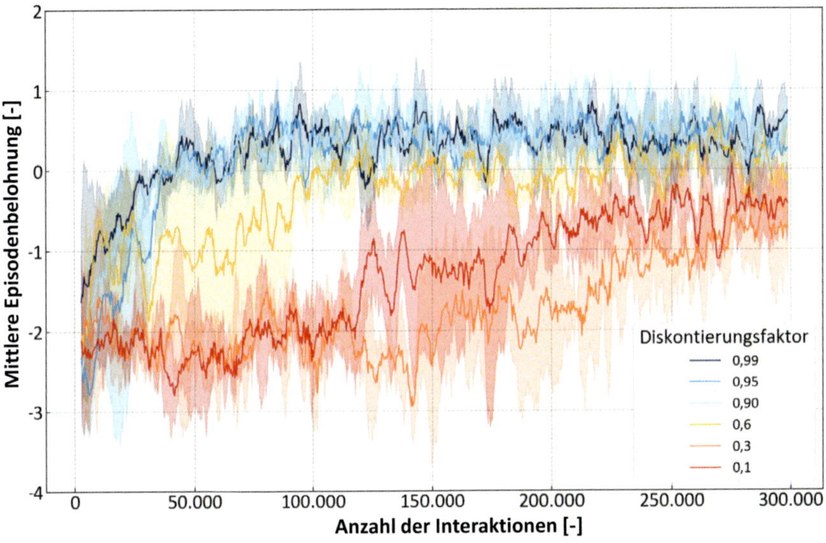

Abbildung 70: Einfluss des Diskontierungsfaktors γ_{RL} auf den Verlauf der mittleren Episodenbelohnung des *PPO*-Algorithmus ($\alpha_{RL} = 0,003$, n=3x10).

Der RL-Agent auf Basis des *PPO*-Algorithmus bevorzugt im Rahmen dieser Applikation die Ausführung mehrerer Aktionen zur Erreichung einer hohen Belohnung gegenüber einer einzigen. Die Ursache dafür kann ebenfalls die hohe Stochastizität der modellierten Umgebung auf Basis der im Experiment gewonnenen Sensordaten sein.

6.3 Umsetzung einer KI-basierten Prozessregelung

Im nachfolgenden Abschnitt werden hardware- und softwareseitige Implementierungsdetails erörtert und die Echtzeitfähigkeit des Gesamtsystems evaluiert.

6.3.1 Hardware- und softwareseitige Implementierung

Die Bildakquisition sowie einige Bildvorverarbeitungsschritte, wie die Reduktion der Bildgröße, finden in einem gesonderten Prozess auf dem Hauptprozessor statt und sind somit unabhängig von der weiteren Datenverarbeitung. Dies hat den Vorteil, dass die hohe Bildrate des NIR-1690-Kamerasystems in Kombination mit der effizienten Stapelverarbeitung von Bilddaten auf *Graphic Processing Units* (GPUs) ausgenutzt werden kann, um den Informationsgehalt in einem Auswertezyklus zur erhöhen.

In Abbildung 71 ist die Datenverarbeitungskette zur Erzeugung eines Stellsignals für die Laserleistung gezeigt, die auf der KI-gestützten Bildanalyse und dem anschließenden Ausführen der erlernten *RL-Policy* beruht.

Bei GPU-basierten Bildverarbeitungsroutinen lässt sich beobachten, dass die Rechenzeit nur geringfügig ansteigt, wenn die Anzahl der zu verarbeitenden Eingabebilder ansteigt. Dieser Effekt, dessen Ursache in der massiv für parallele Matrixoperationen optimierten Architektur von GPUs liegt, lässt sich nutzen, um den Bilddatendurchsatz des Systems zu steigern, ohne dass die Berechnungszeit bzw. die Latenz des Systems signifikant erhöht wird. Dies erfordert eine entsprechend hohe Datenrate der Kamera sowie eine Entkopplung der Datenakquisition und -verarbeitung, die in diesem Fall mithilfe von softwareseitigem *Multithreading* umgesetzt wird. Letzteres ermöglicht, dass während ein Bildstapel mithilfe des CNN-Modells und GPU-basiert verarbeitet wird (Prozess 2), bereits ein neuer Bildstapel mithilfe des Akquisitionsprozesses (Prozess 1) erzeugt werden kann, ohne dass Wartezeiten auftreten.

Der gesteigerte Datendurchsatz wirkt sich dahingehend aus, dass der Schweißprozess mit einer höheren zeitlichen Auflösung erfasst werden kann. Die mithilfe des CNN-Modells berechneten Klassifikationsergebnisse, Prozessmerkmale und die Berechnung der Einschweißtiefe, das Ausführen der *RL-Policy* sowie die Übergabe des Analogwertes an die I/O-Karte finden in Prozess 2 auf dem Hauptprozessor des Rechners statt.

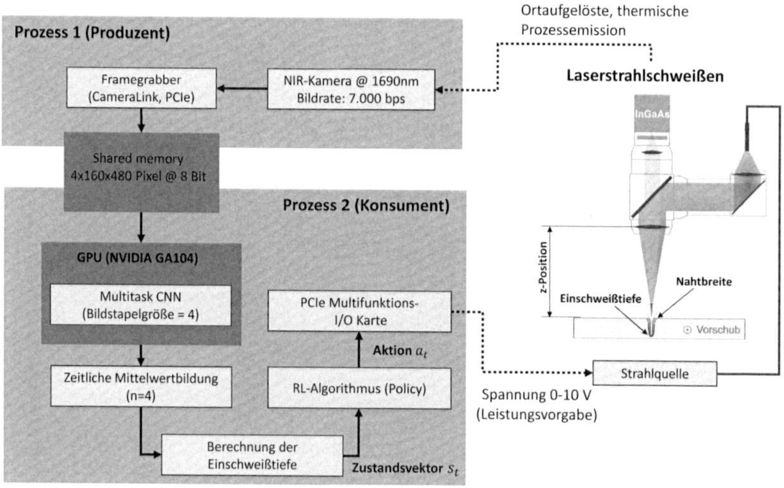

Abbildung 71: Datenverarbeitungskette auf Basis von *Multithreading* zur KI-basierten Regelung eines Laserschweißprozesses.

Die erzeugte Spannung (0-10 V) wird als Leistungsvorgabe mithilfe eines geschirmten Kabels zur Steuereinheit der Laserstrahlquelle geführt. Softwareseitig sind die dargestellten Abläufe in *Python* (Version 3.6) implementiert und werden auf einem Rechner mit dem Betriebssystem *Microsoft Windows 10* ausgeführt.

Die in Abbildung 38 (Seite 84) dargestellten Datendurchsätze (< 3.400 bps) basieren auf (R)CNN-Modellen, die im Rahmen der Implementierung noch nicht bezüglich geringer Latenzzeiten optimiert wurden. Für die Anwendung zur Qualitätsdiagnose als auch zur Umsetzung eines effektiven Reglers werden gemäß Kapitel 3 (Seite 43) Latenzzeiten von $t_{\text{lat}} < 2{,}6\,ms$ und Datendurchsätze des Bildverarbeitungssystems von C_{img} =6.000 bps benötigt, wobei das NIR-1690-Kamerasystem in der vorhandenen Konfiguration eine Bildrate von bis zu 7.000 bps bereitstellen kann.

Mithilfe der Softwarebibliothek *TensorRT* werden daher weitere Inferenzoptimierungen hinsichtlich des zur Regelung verwendeten CNN-Modells durchgeführt. Zu den umsetzbaren Laufzeitoptimierungen gehören folgende Maßnahmen [NVI22]:

- Zusammenführen von einzelnen Operationen in einem GPU-Kernel-Modul
- Auswahl optimaler Datenstrukturen und Algorithmen in Abhängigkeit der GPU-Architektur
- Minimierung der Speichernutzung durch effiziente Wiederverwendung einzelner Speicherbereiche
- Parallele Ausführung mehrere Einzel- oder Teilbildoperationen
- Quantisierung des Modells (Verringerung der Gleitkommagenauigkeit der erlernten Gewichte)

Die in nachfolgenden Abschnitten dargestellten Inferenz- bzw. Latenzzeiten und Datendurchsätze sind auf der Grundlage von GPU-spezifischen Inferenzoptierungen mithilfe der Optimierungssoftware *TensorRT* in Version 8.4.1 entstanden.

6.3.2 Echtzeitfähigkeit, Latenz und Durchsatz der Regeleinrichtung

Nach DIN ISO/IEC 2382 versteht man unter dem Begriff Echtzeit den Betrieb eines Systems zur Datenverarbeitung, das die Verarbeitungsergebnisse innerhalb einer definierten Zeitspanne zur Verfügung stellt [DIN15a]. Ein zur Prozessregelung eingesetztes System muss Daten innerhalb bestimmter zeitlicher Grenzen verarbeiten können, damit die Regeleingriffe auf Informationen basieren, die der aktuellen Prozesssituation entsprechen. Eine Zeitüberschreitung kann zu Qualitätseinbußen führen, ein unmittelbarer Schaden an Maschine und Umwelt ist im Rahmen dieser Applikation jedoch unwahrscheinlich. Zur Bewertung der Echtzeitfähigkeit werden im Folgenden die Reaktionszeiten des KI-Systems sowie darauf basierende statistische Kenngrößen bestimmt.

Zunächst wird auf erreichbare Datendurchsätze und Inferenzzeiten eingegangen, die im Rahmen einer GPU-basierten Datenverarbeitung erreichbar sind. Dabei werden auftretende Verzögerungen, beispielsweise aufgrund von Bilddatenakquisition und -transport sowie Signalgenerierung, zunächst vernachlässigt. In Abbildung 72 sind die erreichbaren Datendurchsätze in Abhängigkeit der Bildstapelgröße B_s auf Basis des

GPU-Typs *GA104* dargestellt. Die Inferenzzeit t_{inf}, also die Zeit, die das CNN-Modell benötigt, um einen Bildstapel zu verarbeiten, wird anhand des Kehrwertes des stapelbezogenen Datendurchsatzes C_{img} ermittelt:

$$t_{inf} = \frac{1}{C_{\text{img}}} * B_s \quad (6.7)$$

Zunächst steigt der Datendurchsatz mit wachsender Bildstapelgröße an, da sich die Anzahl der verarbeiteten Bilder vervielfacht, die Inferenzzeiten jedoch nur geringfügig ansteigen. Die stapelübergreifende Parallelisierung der Bildoperationen zeigt ihre Vorteile bis zu einer Bildstapelgröße von $B_s = 16$. Bei darüberhinausgehenden Bildstapelgrößen können kaum noch Durchsatzsteigerungen erreicht werden. Zudem erhöht sich aufgrund fehlender GPU-Ressourcen die Inferenzzeit bei hohen Bildstapelgrößen.

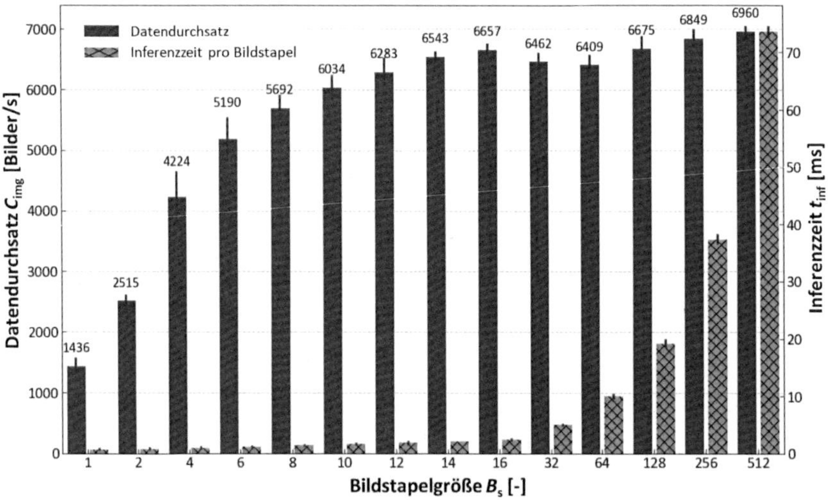

Abbildung 72: Inferenzzeiten t_{inf} und Datendurchsatz C_{img} des inferenzoptimierten CNN-Modells in Abhängigkeit der Bildstapelgröße (n=200).

Die Ergebnisse machen deutlich, dass ein Datendurchsatz von $C_{\text{img}} = 6.960\ bps$ bei einer Bildstapelgröße von $B_s = 512$ erreicht werden kann. In diesem Fall beträgt die Inferenzzeit $t_{\text{inf}} = 73\ ms$ pro Bildstapel. Eine weitere Steigerung der Bildstapelgröße ist in dieser Konfiguration aufgrund von limitierten GPU-Ressourcen nicht möglich. Jedoch ist eine deutliche Verringerung der Inferenzzeit auf $t_{\text{inf}} = 2{,}5\ ms$ bei einem Durchsatz von $C_{\text{img}} = 6.657\ bps$ durch die Verringerung der Bildstapelgröße auf $B_s = 16$ erreichbar.

Die zuvor genannten Größen beziehen sich einzig auf die Verarbeitung der Bilddaten durch das CNN-Modell und erlauben noch keinen Rückschluss hinsichtlich der Latenzzeit der in Abbildung 71 dargestellten vollständigen Datenverarbeitungskette zur

Prozessregelung. Aus diesem Grund werden im Folgenden die Latenzzeit des Gesamtsystems sowie darauf basierende statistische Kenngrößen bestimmt, welche eine Einschätzung zur Reaktions- bzw. Echtzeitfähigkeit der Regeleinrichtung erlauben.

Die Latenzzeit bezeichnet allgemein die Zeit, die zwischen einem Ereignis und dem Eintreten einer messbaren Reaktion auf Basis des Ereignisses vergeht. In diesem Abschnitt wird ausschließlich die Latenzzeit des informationsverarbeitenden Systems betrachtet. Damit gemeint ist die Zeit zwischen der Erfassung einer Änderung der thermischen Prozessemission bis zur Ausgabe der daraus abgeleiteten Laserleistungsvorgabe in Form einer Spannung U_L. Während dieser Zeit werden unterschiedliche Bild- bzw. Signalverarbeitungsschritte durchgeführt. Aus diesem Grund kommt es zu Verzögerungszeiten, die von zahlreichen Faktoren, wie der Belichtungszeit der Kamera sowie Übertragungs- und Verarbeitungsgeschwindigkeiten der Signale, abhängen. Die Latenzzeit der Regeleinrichtung wird dazu mithilfe des in Abbildung 73 dargestellten Versuchsaufbaus, unter Berücksichtigung unterschiedlicher elektrischer bzw. informationsverarbeitender Einzelkomponenten, ermittelt.

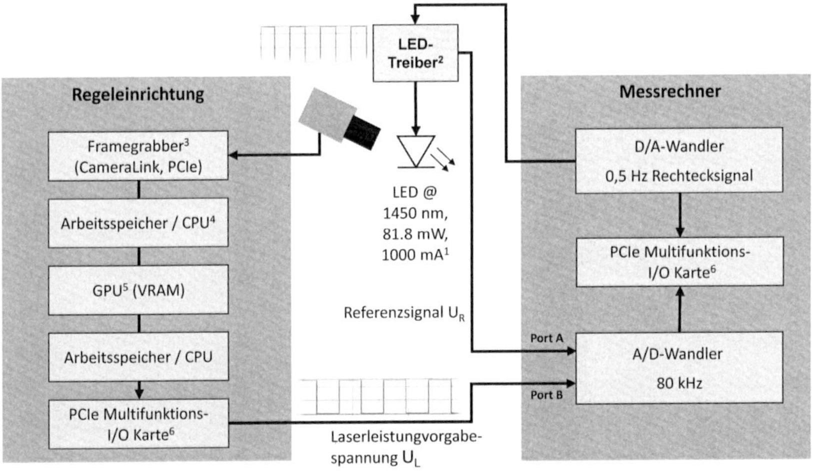

Abbildung 73: Schematische Darstellung zur experimentellen Bestimmung der Latenzzeit der Regeleinrichtung inklusive KI-System nach Abbildung 71 (ohne *RL-Policy*).

Durch die zeitliche Modulation der LED-Steuerspannung wird ein kontinuierliches Rechtecksignal von der in Abbildung 73 dargestellten LED emittiert, welches von der Kamera erfasst wird. Die Ausgaben der Klassifikations- und Regressionsschichten des CNN-Modells sind abhängig von der gemessen Intensitätsverteilung auf dem Kamerachip.

Weitere Rechenoperationen werden, wie in Abbildung 71 (Prozess 2) skizziert, innerhalb der Regeleinrichtung durchgeführt und münden in einer elektrischen Spannung zur Laserleistungsvorgabe. Die Erfassung des LED-Treiber-Spannungsprofils und des von der Regeleinrichtung erzeugten Spannungsprofils zur Laserleistungsvorgabe erfolgen mit einem separaten Messrechner und entsprechender Datenerfassungshardware. Aus der Phasendifferenz beider Signale lässt sich die Latenzzeit t_{lat} der Regeleinrichtung bestimmen.

Abbildung 74 zeigt den Einfluss der Bildstapelgröße B_s auf die Latenzzeit t_{lat} der Regeleinrichtung bei der Verwendung von CNN-Modellen mit einer Gleitkommagenauigkeit der Parameter von 32-bit. Die geringste mittlere Latenzzeit von $t_{lat} = 2{,}09\ ms$ ist in diesem Aufbau bei einer Einzelbildverarbeitung mit einer GPU des Typs *GA104*[11] erreichbar. Unter Berücksichtigung der Standardabweichung der in Abbildung 74 dargestellten mittleren Latenzzeiten, ergibt sich kein signifikanter Unterschied zwischen den erreichbaren Latenzzeiten der beiden GPU-Typen unterschiedlicher Generationen. Zudem kann der Datendurchsatz bei geringfügiger Steigerung der Latenz des Gesamtsystems erhöht werden, indem mehrere Bilder parallel verarbeitet werden.

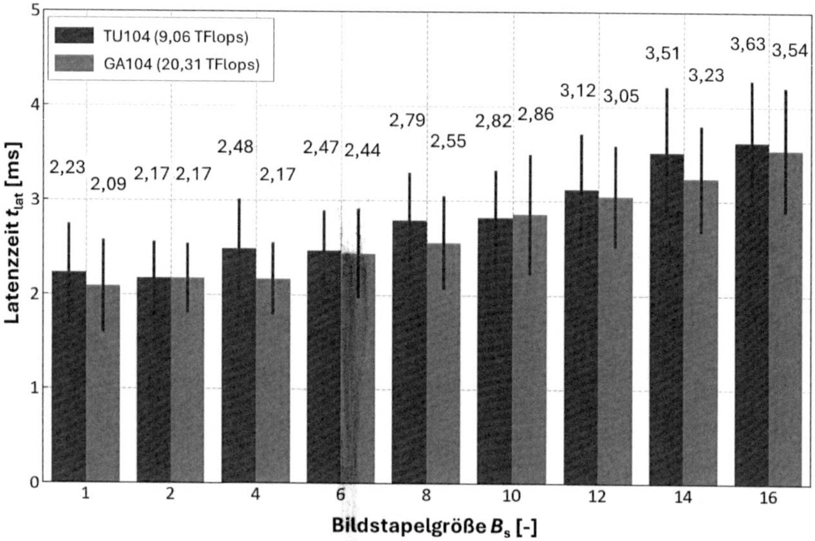

Abbildung 74: Mittlere Latenzzeiten t_{lat} der Regeleinrichtung (Gesamtsystem) inklusive Standardabweichung für unterschiedliche GPU-Typen und Bildstapelgrößen (n=300).

[11] NVIDIA® GeForce® RTX 3070 (2. Generation der RTX-Architektur) mit einer angegebenen Rechenleistung von 20,31 TFlops bei einer Gleitkommagenauigkeit von 32-bit [NVI20].

So erhöht sich beispielsweise für eine Bildstapelgröße von $B_s = 4$ die Latenzzeit nur unwesentlich auf $t_{lat} = 2{,}17\ ms$, wobei sich der Datendurchsatz der gesamten Datenverarbeitungskette von $C_{RE} = 478\ bps$ auf $C_{RE} = 1.843\ bps$ etwa vervierfacht.

Es ist außerdem zu erkennen, dass die gemessenen Latenzzeiten des Gesamtsystems im Vergleich zu den in Abbildung 72 gezeigten Inferenzzeiten des CNN-Modells signifikant höher sind. Die zusätzliche Verzögerung kann durch unterschiedliche Komponenten in der Datenverarbeitungskette des geschlossenen Regelkreises hervorgerufen werden. Weitere Untersuchungen diesbezüglich haben gezeigt, dass es insbesondere bei der verwendeten Hardware zur Erzeugung der Laserleistungsvorgabespannung U_L zu Limitierungen bei der Signalverarbeitung kommt. Verbesserungen können beispielsweise durch hardwareseitige Alternativen ermöglicht werden. Auch ein Umstieg auf eingebettete Systeme oder FPGA-basierte Lösungen ermöglicht weitere Latenzzeitverringerungen.

Neben der Latenzzeit und den erreichbaren Datendurchsätzen spielt die zeitliche Stabilität der Latenzzeit eine Rolle. In Tabelle 14 sind dazu weitere statistische Kennzahlen aufgeführt. Abhängig von der verwendeten Hardware- und Softwareumgebung kommt es zu deutlichen Unterschieden in den maximal auftretenden Latenzzeiten innerhalb einer Messreihe mit 300 Einzelmessungen. Die Messdauer einer Einzelmessung beträgt insgesamt 600 s. Die mithilfe der Softwarebibliothek *TensorRT* optimierten CNN-Modelle führen in dieser Untersuchung zu den geringsten mittleren Latenzzeiten und Standardabweichungen der Regeleinrichtung im Vergleich zu den alternativen Lösungen.

Tabelle 14: Ergebnisse der Latenzzeitmessung unterschiedlicher Hard- und Softwarearchitekturen basierend auf jeweils 300 Einzelmessungen.

Softwareumgebung	Hardware	Mittelwert [ms]	Standardabweichung [ms]	99 % Quantil [ms]	Maximalwert [ms]	Minimalwert [ms]	Bildstapelgröße
ONNX 1.12	Intel Xeon 3204	60,1	27,01	123,6	207,0	15,56	1
TensorFlow 2.6	RTX2070 S *(TU104)*	127,1	41,80	350,3	391,7	76,93	1
TensorRT 8.4.1	RTX2070 S *(TU104)*	2,23	0,50	4,23	4,4	1,37	1
TensorRT 8.4.1	RTX3070 *(GA104)*	2,09	0,47	3,76	5,64	1,33	1
TensorRT 8.4.1	RTX3070 *(GA104)*	2,17	0,37	3,29	3,36	1,37	4

Es ist zudem ersichtlich, dass für den Fall einer Bildstapelgröße von $B_s = 4$ bei 99 % der Messungen eine Latenzzeit von $t_{lat} \leq 3{,}29\ ms$ erreicht wird. Auf Basis dieser Ergebnisse wird im Kontext der Prozessregelung eine Bildstapelgröße von $B_s = 4$ verwendet, da der vervierfachte Datendurchsatz als vorteilhaft gegenüber einer möglichen Verringerung der Latenzzeit um 0,08 ms erachtet wird.

Insgesamt genügt die Regeleinrichtung sogenannten weichen Echtzeitanforderungen, wobei die Latenzzeit des Systems einen Mittelwert von $t_{\text{lat}} = 2{,}17\ ms$ erreicht. Das Kriterium der harten Echtzeit, also der strikten Einhaltung von Zeitvorgaben, ist mit dem verwendeten Hard- und Softwarekonzept nicht zu erreichen. Bei der Anwendung laserbasierter Schweißprozesse ist dies nicht problematisch, da kritische Situationen hinsichtlich Personen- oder Sachschäden unwahrscheinlich sind, selbst wenn die Reaktion des Reglers in seltenen Fällen verzögert auftritt. Nichtsdestotrotz sind Maßnahmen zur Begrenzung der Wertebereiche einzelner Prozessparameter, die durch den Regelalgorithmus angepasst werden können, zu prüfen und zu berücksichtigen.

6.4 Evaluierung in der Praxis

Im folgenden Abschnitt wird die KI-basierte Regeleinrichtung im Applikationslabor in praxisnahen Versuchsszenarien evaluiert. Wie in den vorherigen Kapiteln gezeigt, führen Schwankungen der Laserleistung und des Arbeitsabstandes zu Abweichungen der Einschweißtiefe oder können zu Nahtunregelmäßigkeiten wie Durchbränden oder Spritzern führen. Zur Vermeidung dieser Abweichungen wird unter Zuhilfenahme der kalibrierten Einschweißtiefe und der Fehlerklassifikation die Laserleistung an die aktuelle Prozesssituation angepasst. Die zur Regelung notwendigen Messgrößen stellt das CNN-Modell etwa alle 2,17 ms bereit. Nach Abbildung 71 wird anhand der aktuellen Messgrößen und der erlernten *RL-Policy* eine Entscheidung bezüglich der Erhöhung oder der Verringerung der Laserleistung im aktuellen Regeltakt getroffen. Die folgenden Unterkapitel stellen dar, inwiefern sich das entwickelte KI-System dazu eignet, unterschiedliche Störeinflüsse zu kompensieren. Zu den hier betrachteten Störgrößen gehört ein sich während des Prozesses ändernder Arbeitsabstand sowie eine künstlich eingebrachte Störgröße, welche temporär zu einer Reduzierung der Laserleistung führt.

6.4.1 Kompensation der Fokusposition

Ein häufig in der Praxis auftretender Fall ist die Abweichung des Arbeitsabstandes zwischen der Bearbeitungsoptik und der Werkstückoberfläche. In Abhängigkeit der Eigenschaften des optischen Systems, welches die Laserstrahlung fokussiert, kommt es folglich zu einer Änderung der Intensitätsverteilung an der Werkstückoberfläche. In Abbildung 75 ist ersichtlich, dass die Variation des Arbeitsabstands bei einem ungeregelten Prozess zu einer Verringerung der Einschweißtiefe führt, wie es die fehlende Wärmespur im Bereich des erhöhten Arbeitsabstandes indiziert. Die Fokuslage wurde in diesem Fall nach einer Schweißnahtlänge von $x_{pos} = 50\ mm$ auf $\Delta z_f = 2mm$ erhöht. Eine anschließende Verringerung der Fokuslage auf $\Delta z_f = 0\ mm$ führt ab einer Nahtlänge von $x_{pos} = 130\ mm$ erneut zu einem Prozess mit einem Strahldurchmesser an der Probenoberseite von $d_s = 390\ \mu m$.

Im unteren Bereich der Abbildung ist erkennbar, dass das KI-System die neue Prozesssituation in Form einer *Defokussierung* im Bereich zwischen den Nahtpositionen $x_{pos} = 55\,mm$ und $x_{pos} = 125mm$ erkennt. Die festgestellte Abweichung führt zu einer Veränderung bezüglich der Berechnung der Einschweißtiefe. Durch die Verzögerung, die bei der Bildklassifikation aufgrund der zur Erkennung mindestens benötigten *Defokussierung* von $\Delta z_f \geq 1{,}0\ \mathrm{mm}$ auftritt, kommt es zu einer sprunghaften Veränderung der berechneten Einschweißtiefe.

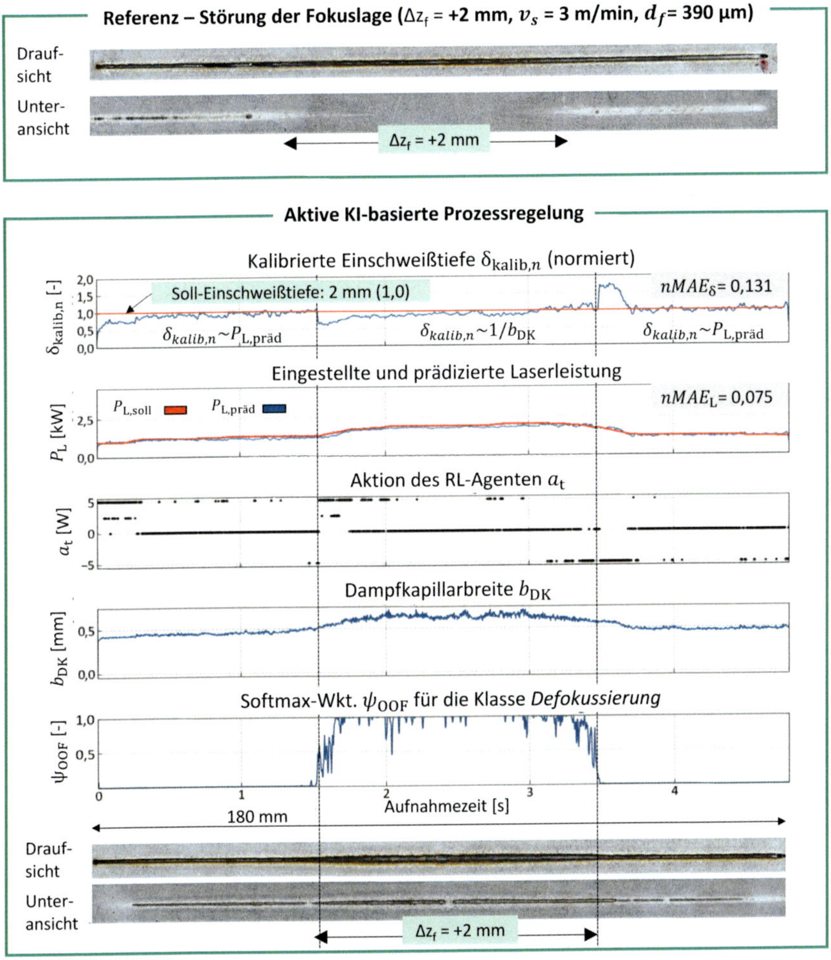

Abbildung 75: Ergebnis der Kompensation eines variierenden Arbeitsabstandes mithilfe des KI-Systems bei einer Vorschubgeschwindigkeit von $v_s = 3\ \mathrm{m/min}$.

Ursächlich dafür ist der Dampfkapillardurchmesser, der sich im Vergleich zu seinem Anfangszustand aufgrund der Defokussierung bereits vergrößert hat, aber aufgrund der leicht verzögerten Erkennung des neuen Zustandes mit zeitlichem Versatz in die Berechnung miteinbezogen wird.

Im Ergebnis zeigt die Schmelzspur an der Blechunterseite, dass die Variation des Arbeitsabstandes kompensiert werden kann. Gleichzeitig ist zu sehen, dass an einigen Stellen der Nahtunterseite kein Schmelzedurchtritt erreicht wird, obwohl eine normierte Zieleinschweißtiefe von $\delta_{soll,n} = 1{,}0$ eingestellt ist. Die betreffenden Stellen stehen jedoch nicht im Zusammenhang mit entsprechenden Signalvariationen und können daher nicht mit einem Fehlverhalten des Regelalgorithmus in Verbindung gebracht werden. Vielmehr ist davon auszugehen, dass bei einer Soll-Einschweißtiefe nahe der Gesamtmaterialstärke schon geringe Leistungs- bzw. Prozessschwankungen zu einer sichtbaren Veränderung der Schmelzebildung an der Blechunterseite führen.

In Abbildung 76 ist die Regelung der Einschweißtiefe bei einer Vorschubgeschwindigkeit von $v_s = 5\, m/min$ dargestellt. Die Fokuslage wurde nach der Hälfte der Prozesszeit linear bis zum Ende der Schweißung auf $\Delta z_f = 2\, mm$ erhöht. Das Resultat ist eine geringere Einschweißtiefe und Wärmespur an der Nahtunterseite. Aus den dargestellten Prozesssignalen ist ableitbar, dass die Erkennung der *Defokussierung* zunächst erfolgreich funktioniert. Im weiteren Verlauf führt die Ausführung der *RL-Policy* zu einer Erhöhung der Laserleistung, woraufhin die Erkennung der *Defokussierung* nicht mehr wie erwünscht stattfindet. Auch die prädizierte Laserleistung weicht im hinteren Teil der Naht deutlich von der Soll-Laserleistung ab. Die hohe normierte Abweichung der prädizierten Laserleistung von $nMAE_{PL} = 0{,}145$ legt nahe, dass die während der *Defokussierung* durchlaufenden Laserleistungsgradienten unzureichend im Trainingsdatensatz repräsentiert sind. Gleichzeitig zeigt die prädizierte Dampfkapillarbreite b_{DK} einen plausiblen Signalverlauf.

Trotz einer insgesamt leicht unterschätzten berechneten EST $\delta_{kalib,n}$ während des Versuchs, kann eine kontinuierliche sichtbare Wärmespur bis zum Ende der Naht an der Unterseite des Bleches erreicht werden. Insgesamt bleibt die Einschweißtiefe wie gefordert unterhalb der Gesamtprobendicke von $t_b = 2\, mm$, jedoch unterliegt sie aufgrund des häufigen Wechsels der Berechnungsvorschrift Schwankungen von bis zu 0,23 Millimetern. Die starken Variationen der Auftrittswahrscheinlichkeit ψ_{OOF} für die Klasse *Defokussierung* deuten zusammen mit dem erhöhten $nMAE_{PL}$ auf eine unzureichende Güte des CNN-Modells im hinteren Nahtbereich hin. Abhilfe kann das Nachtrainieren des Modells unter Berücksichtigung der spezifischen Leistungsvariationen dieses Versuchs schaffen.

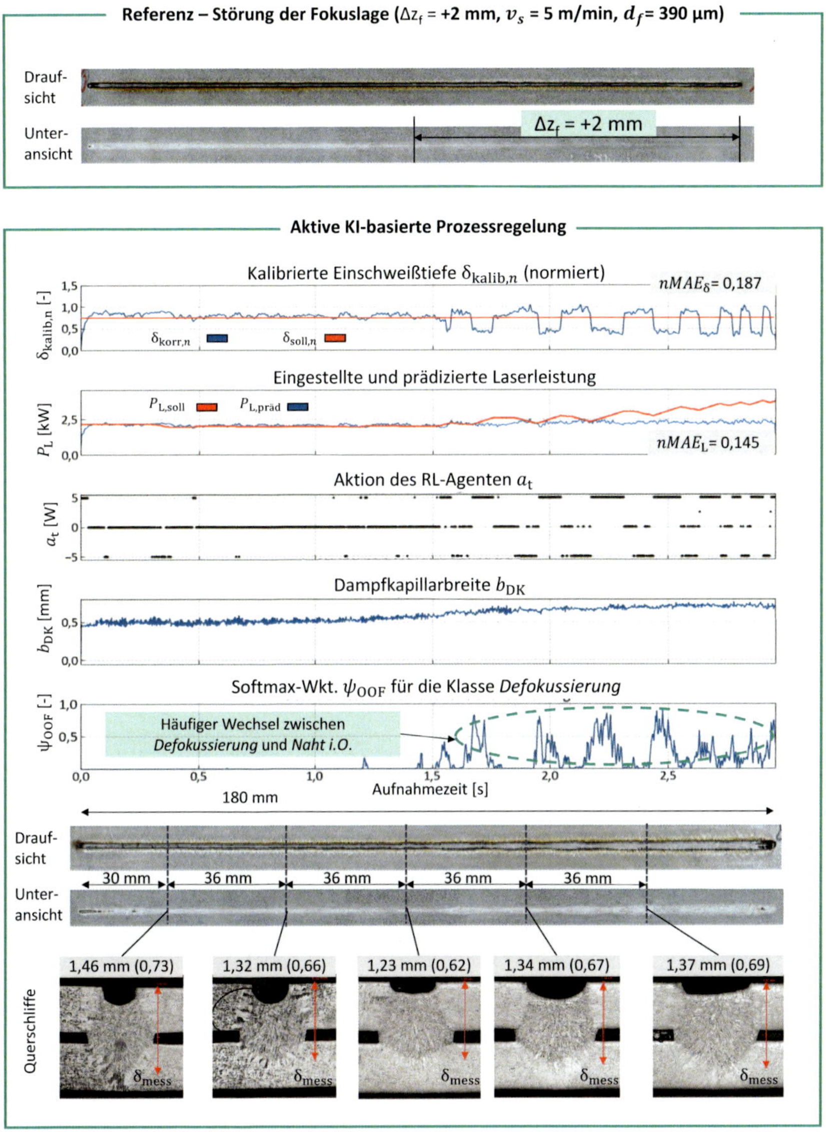

Abbildung 76: Ergebnis der Kompensation eines variierenden Arbeitsabstandes mithilfe des KI-Systems beim einer Vorschubgeschwindigkeit von $v_s = 5\ \mathrm{m/min}$.

6.4.2 Kompensation von Schwankungen der Laserleistung

Ein Versuch zur Kompensation der Leistungsschwankung bei einer Vorschubgeschwindigkeit von $v_s = 5\,m/min$ ist in Abbildung 77 dargestellt. Zur Simulation einer Abweichung der bereitgestellten Laserleistung, beispielsweise aufgrund verschmutzter Optiken oder eines degradierten Lasers, wird die Soll-Laserleistung vor der Übergabe an die Steuerung des Lasers ab einer bestimmten Position um 0,5% pro Regeltakt, d.h. durchschnittlich alle 2,17 ms verringert. Die Verringerung der Laserleistung wird zum Nahtende wieder schrittweise zurückgenommen.

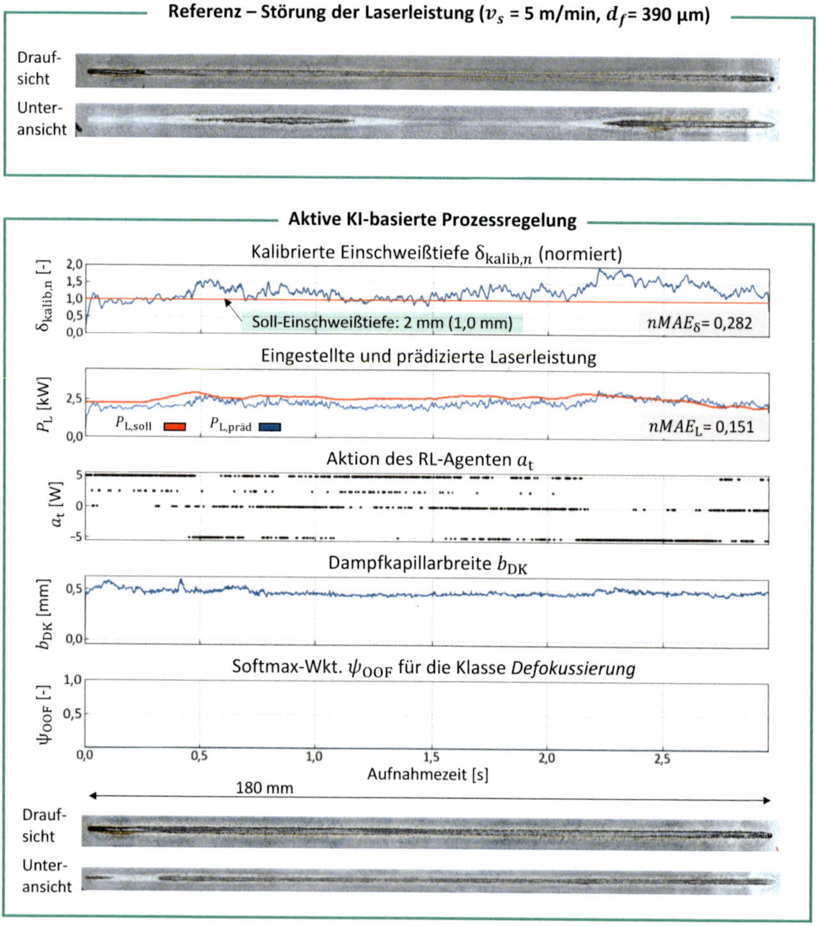

Abbildung 77: Ergebnis der Kompensation einer künstlich aufgebrachten Störung der Laserleistung mithilfe des KI-Systems bei einer Vorschubgeschwindigkeit von $v_s = 5\,m/min$.

Unkompensiert führt die eingebrachte Störung zu der in Abbildung 77 ersichtlichen lokalen Verringerung der Einschweißtiefe bzw. zum Verschwinden der Schmelzspur an der Nahtunterseite. Im Ergebnis zeigt sich mit aktiver Regelung durch das KI-System eine gleichmäßige Schmelzspur an der Nahtunterseite. Die berechnete normierte Einschweißtiefe zeigt starke Schwankungen, die auf einen instabilen Prozess oder große Unsicherheit des Laserleistungsvorhersagemodells zurückführbar sind.

Eine Defokussierung hat während dieses Versuchs nicht stattgefunden, was mithilfe des CNN-Modells korrekt vorhergesagt wird. Es ist außerdem zu beachten, dass der RL-Agent, nach etwa 0,49 s Aufnahmezeit, zunächst zügig auf die Änderung der Einschweißtiefe reagiert. Allerdings steigt die berechnete Einschweißtiefe zu diesem Zeitpunkt noch überproportional an und sinkt erst in den nächsten 300-400 ms auf den angestrebten Wert von 2 mm ab. Das dargestellte Einschweißtiefensignal ist in diesem Bereich direkt proportional zur vorhergesagten Laserleistung. Die Ursache für den beobachteten Phasenversatz, der sich auch im weiteren Signalverlauf zeigt, kann auf die verzögerte Energieaufnahme oder -abgabe der Dampfkapillare bzw. der Metallschmelze zurückgeführt werden.

Diese Hypothese wird durch die in Kapitel 6.1(Seite 125) festgestellten Systemeigenschaften unterstützt. Insgesamt ist festzustellen, dass es aufgrund der thermischen Eigenschaften des Prozesses bei kurzfristigen Änderungen der Laserleistung zu einer verzögerten Prozessantwort kommt. Die geometrischen Parameter der Dampfkapillare und Schmelzbades verändern sich typischerweise in Abhängigkeit der eingebrachten Energiemenge, also dem Produkt aus Leistung und Zeit. Die Größe der Verzögerung ist damit abhängig von der Prozesshistorie sowie der Dauer der aktuell aufgeprägten Leistungsänderung und ist aktuell nicht für jeden Fall in den Trainingsdaten abgebildet.

Auch bei einer Vorschubgeschwindigkeit von $v_s = 3\ m/min$ kommt es nach Abbildung 78 zu sichtbaren Schwankungen der berechneten Einschweißtiefe. Trotzdem wird das aufgebrachte Störsignal so weit kompensiert, dass eine weitestgehend durchgängige Schmelzspur auf der Probenunterseite sichtbar ist. Zudem wird auf den letzten Zentimetern der Schweißnaht die Prozessunregelmäßigkeit *Nahteinfall* durch das KI-System prädiziert. Anhand des Höhenprofils kann bestätigt werden, dass es bei dieser Naht am Ende zu einem Nahteinfall gekommen ist. Es ist davon auszugehen, dass es aufgrund dieses Ereignisses zu einer Überschätzung der vorhergesagten Laserleistung gekommen ist. Um mögliche negative Einflüsse auf die Prozessstabilität zu vermeiden, kann die KI-basierte Einschweißtiefenreglung im Falle eines detektierten Nahtfehlers automatisch deaktiviert werden.

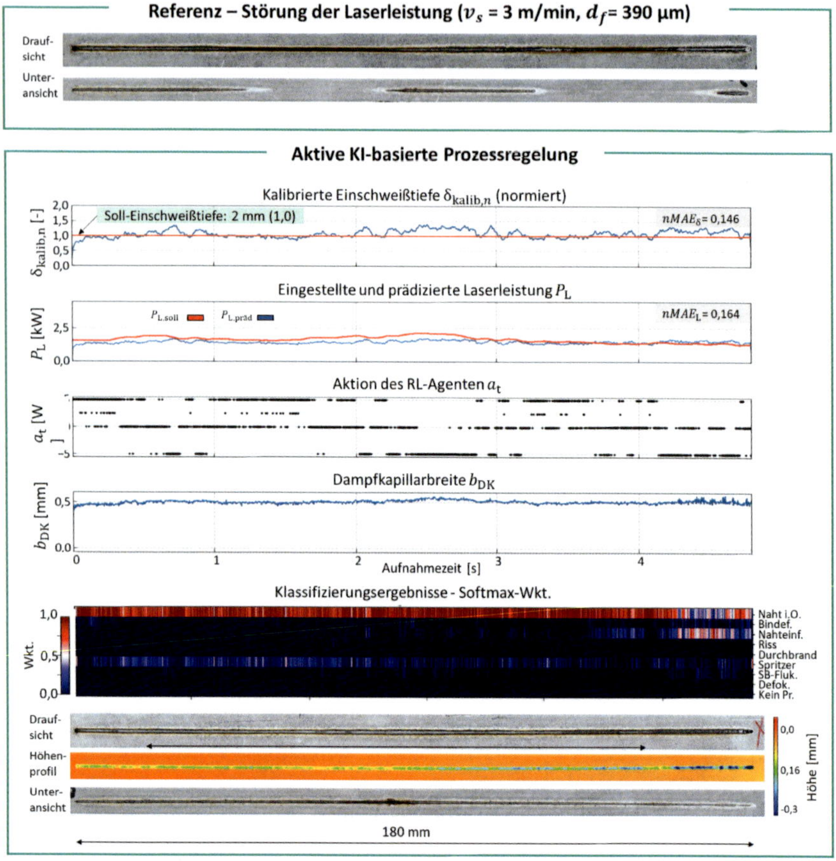

Abbildung 78: Ergebnis der Kompensation einer künstlich aufgebrachten Störung der Laserleistung mithilfe des KI-Systems bei einer Vorschubgeschwindigkeit von $v_s = 3\ m/min$.

Die Ergebnisse zeigen, dass der Einsatz des KI-basierten Reglers zu einer Verringerung der Abweichung der Einschweißtiefe führt und damit dem Einfluss von Störgrößen entgegenwirkt. Gleichzeitig ist ersichtlich, dass der verbleibende normierte EST-Fehler $nMAE_\delta$ bei einer Vorschubgeschwindigkeit von $v_s = 3\ m/min$ etwa 13,1 % bezogen auf die Soll-Einschweißtiefe beträgt. Der Wert steigt bei einer Vorschubgeschwindigkeit von $v_s = 5\ m/min$ auf 28,2 % an. Anhand der gezeigten qualitativen Verläufe der kalibrierten EST einzelner Schweißungen wird deutlich, dass die verbleibenden Abweichungen einerseits durch den fokuslagenabhängigen Wechsel der EST-Berechnungsvorschrift hervorgerufen werden. Andererseits führt die Volatilität der prädizierten Laserleistung $P_{L,präd}$ auf Basis des mit Gleichung 5.1 gegebenen Zusammenhangs zu einer proportionalen Übertragung der Schwankung auf die berechnete Einschweißtiefe. Obwohl das CNN-Modell mit Daten von geregelten Schweißversuchen neu angepasst wurde, sind die mittleren Fehler der Laserleistungsprädiktion, wie an den vorherigen drei Abbildungen ersichtlich, nicht zu vernachlässigen. Weitere Experimente und Entwicklungen sind erforderlich, um die Anforderungen und Einflussgrößen bezüglich der Trainingsdatensätze für eine robuste Laserleistungsprädiktion zu bestimmen.

6.4.3 Zwischenfazit zur KI-basierten Prozessregelung

Die Ergebnisse der Evaluierung zeigen, in Bezug auf die vierte Forschungsfrage, die prinzipielle Machbarkeit des vorgestellten Konzeptes zur situationsangepassten Regelung der Einschweißtiefe anhand von Bilddaten aus der Prozesszone auf Basis eines KI-Systems. Das entwickelte modellbasierte RL-Verfahren eignet sich zur Entkopplung der Datenverarbeitungs- und Materialbearbeitungsphasen, sodass eine hohe Dateneffizienz erreicht werden kann. Durch den Einsatz eines datengetriebenen Prozessmodells, welches die Gegebenheiten des Prozesses anhand einer geringen Anzahl (<10) zuvor aufgenommener Versuchsdaten nachbildet, können geeignete *RL-Policies* zur Prozessregelung abgeleitet werden.

Das System ist zudem in der Lage, unterschiedliche Nahtqualitätszustände zu erkennen und, basierend auf diesen Informationen, die Methode zur Bestimmung der Einschweißtiefe dynamisch an die jeweilige Prozesssituation anzupassen. Insgesamt erlaubt das KI-System die Kompensation von Störgrößen, die zu einer Abweichung der eingebrachten Laserleistung oder der Fokuslage führen, sodass daraus resultierende EST-Schwankungen reduziert werden können. Der Aktionsraum des RL-Agenten ist so gewählt, dass lokale Abweichungen der Einschweißtiefe kompensiert werden können und gleichzeitig ein Überschwingen aufgrund großer Leistungsgradienten verringert wird. Es ist zu bemerken, dass die eingebrachten Störungen keine sprunghaften Änderungen der Einschweißtiefe bewirken, was allerdings auch häufig dem Verhalten von Störgrößen in der Praxis entspricht (z.B. falsche Einspannung, Bauteiltoleranzen, Schutzglasverschmutzungen[12], Leistungsschwankung der Strahlquelle).

Zudem wurde in Kapitel 6.1 (Seite 125) festgestellt, dass es aufgrund thermischer Materialeigenschaften zu Verzögerungen aufgrund von Aufheiz- und Abkühlvorgängen innerhalb der Prozesszone während des Fügeprozesses kommen kann. Eine, nach Anpassung der Laserleistung auftretende, verzögerte Veränderung der Dampfkapillar- und Schmelzbadgeometrie ist daher bei der Umsetzung einer Prozessregelung zu berücksichtigen. Durch entsprechende Auslegung des Regelkonzeptes konnte ein stabiles Regelverhalten erreicht werden, sodass eine Kompensation von

[12]In der Praxis führt die Verschmutzung des Schutzglases häufig zu einer Defokussierung und zu einer Verringerung der am Bauteil zur Verfügung stehenden Laserleistung.

Leistungsabweichungen von 0,5% der Soll-Laserleistung pro Regeltakt, d.h. durchschnittlich alle 2,17 ms möglich sind.

Weiterhin führen Ungenauigkeiten des CNN-Modells bei der Prädiktion der Laserleistung zu einer erhöhten Variabilität der berechneten EST, welche aufgrund verschiedener Modellannahmen zusätzlich fehlerbehaftet ist. Des Weiteren resultiert die verzögerte Erkennung einer Fokuslagenabweichung mithilfe des CNN-Modells in einer ebenfalls verzögerten Anwendung der jeweiligen Berechnungsregel und somit zu lokalen Abweichungen der berechneten EST. Darüber hinaus führen Messungenauigkeiten des Bildsensors, Unzulänglichkeiten der erlernten *RL-Policy* aufgrund des Modells, der Trainingsdaten und des RL-Algorithmus, zu weiteren Unsicherheiten bei der Regelung des Schweißprozesses. Außerdem wird der Ansatz der KI-gestützten Einschweißtiefenregelung aktuell dadurch begrenzt, dass das Durchschweißloch innerhalb der Dampfkapillare zur Kalibrierung des Systems als detektierbares Bildmerkmal vorhanden sein muss.

Hinsichtlich der Echtzeitfähigkeit des Systems zeigen die für diese Arbeit durchgeführten Untersuchungen, dass eine mittlere Latenzzeit der Regeleinrichtung von $t_{\mathrm{lat}} = 2{,}17\ ms$ erreicht werden kann und damit den Anforderungen einer Reaktionszeit von $\tau_{\mathrm{r}} \leq 2{,}6\, ms$ im Rahmen des Anwendungsbeispiels gerecht wird. In Bezug auf die In-Prozess-Qualitätsdiagnose resultiert die Erhöhung der Bildstapelgröße auf $B_s = 512$ bei der Verwendung des inferenzoptimierten CNN-Modells in einem Bilddatendurchsatz von etwa $C_{img} = 6.960\ bps$, was etwa der Messfrequenz des NIR-1690-Kamerasystems (7.000 Hz) entspricht. Damit genügt das KI-System den Anforderungen hinsichtlich eines Datendurchsatzes von mindestens 6.000 bps, welcher zur Detektion kritischer Prozessabweichungen erforderlich ist (siehe Kapitel 4.1.4, Seite 48). Zusammen mit der bereits in Kapitel 4.6.1 festgestellten Vorhersageleistung des KI-Modells ist damit die erste Forschungsfrage hinsichtlich einer geeigneten Modellarchitektur beantwortet.

7 Zusammenfassung und Ausblick

Das Potential künstlicher Intelligenz in der industriellen Fertigung spiegelt sich unter anderem in der automatisierten Qualitätssicherung und Prozessoptimierung wider. Um die Vorteile datengetriebener Verfahren nutzbar zu machen, sind applikationsangepasste Konzepte notwendig, welche die zu erfüllenden Ziele und Randbedingungen in den jeweiligen Anwendungsfällen berücksichtigen. Vor diesem Hintergrund wurde in dieser Arbeit ein ganzheitliches Konzept zur KI-basierten Qualitätssicherung beim Laserstrahlschweißen entwickelt (siehe Abbildung 63, Seite 125).

Die messtechnische Entwicklungsgrundlage des KI-Systems stellen drei bildgebende Sensoren dar, die Informationen auf Basis der elektromagnetischen Emissionen aus der Wechselwirkungszone zwischen Laser und Material zur Verfügung stellen. Insbesondere ermöglichen die Sensoren die simultane Vermessung der Dampfkapillare, des Schmelzbades und der Metalldampffackel mit einer Bildrate von bis zu von 7.000 bps. Zur Entwicklung eines wesentlichen Bausteins des KI-Systems wurde ein maßgeschneidertes neuronales Netz zur Verarbeitung der Bilddaten mit dem Ziel entworfen, eine hohe Detektionsleistung und gleichzeitig geringe Inferenzzeiten im Hinblick auf die Prozessregelung zu erreichen. Neben der Erkennung von bis zu neun unterschiedlichen Qualitätskategorien ermöglicht das neuronale Netz die Identifikation und Lokalisierung unterschiedlicher Bildobjekte. Dies erlaubt bei gleichzeitiger Bewertung der Nahtqualität, die kontinuierliche Vermessung der Dampfkapillar-, und Schmelzbadgeometrie sowie die Prädiktion weiterer qualitätsrelevanter Parameter während des Prozesses. Die Leistungsfähigkeit des neuronalen Netzes wurde, durch Anpassung unterschiedlicher Hyperparameter sowie der Struktur des Netzes, hinsichtlich der applikationsspezifischen Aufgabenstellung optimiert und anhand experimenteller Versuche validiert. Bezüglich der in diesem Abschnitt erwähnten Entwicklungen konnten folgende Ergebnisse erarbeitet werden (Forschungsfrage Nr. 1):

- Die applikationsspezifische Kombination aus faltungsbasierten und rekurrenten neuronalen Netzen erreicht eine um bis zu 23 % höhere Klassifikationsgenauigkeit gegenüber den untersuchten Referenzarchitekturen.
- Anhand 40 unabhängiger Schweißversuche konnte nachgewiesen werden, dass eine ortsaufgelöste Klassifikation von Schweißnähten hinsichtlich neun verschiedener Qualitätskategorien (siehe Tabelle 8, Seite 67) mit einer Genauigkeit von $BACC$[13] $= 0{,}90$ möglich ist.

[13] Ausgeglichene Klassifikationsgenauigkeit (engl.: *balanced accuracy*, kurz $BACC$) im Kontext einer Klassifikation mit mehreren Kategorien und ungleich verteilten Daten. Ausführlichere Definitionen sind in Anhang 8.2.3 zu finden.

- Bei der Klassifizierung der Nahtqualität werden die Top-3 der Richtig-Positiv-Raten von den Nahtunregelmäßigkeiten *Defokussiert* (TPR[14] $= 96\ \%$), *Erstarrungsriss* ($TPR = 95\ \%$) und *Bindefehler* ($TPR = 91\ \%$) belegt.
- Weiteres Potential zur Verbesserung der Fehlererkennung zeigt sich bei der In-Prozess-Detektion von *Spritzern* ($TPR = 81\ \%$) und *Nahteinfall* ($TPR = 82\ \%$).
- Als wichtigstes Bildmerkmal zur Detektion von Nahtunregelmäßigkeiten konnte die Länge der oberflächennahen Dampfkapillaröffnung auf Basis der koaxialen Beobachtungsposition (NIR-1690) identifiziert werden (siehe Kapitel 4.6.3, Seite 91).
- Parallel zur Erkennung von Nahtunregelmäßigkeiten können mithilfe des KI-Systems zwölf qualitätsrelevante Prozessmerkmale (siehe Tabelle 9, Seite 71) mit einem mittleren absoluten Fehler (gemittelt) von $MAE = 0{,}029$ prädiziert werden.
- Das untersuchte KI-System ermöglicht zudem die Erkennung und Vermessung der Schmelzbadbreite, welche sich mit einer mittleren relativen Abweichung von etwa 6,1 % gegenüber 3D-Profilmessungen prädizieren lässt.
- Die höchsten Klassifikations- und Regressionsleistungen wurden auf Basis der Bilddaten einer koaxial integrierten Infrarotkamera (1.690 nm) erzielt, welche thermische Prozessemissionen mit einer Bildrate von 7.000 bps erfasst.
- Auf Basis GPU-spezifischer Inferenzoptimierungen, erreicht das entwickelte neuronale Netz einen maximalen Datendurchsatz von $C_{img} = 6.960\ \mathrm{bps}$ und liegt damit deutlich über den Durchsätzen bekannter Objektdetektoren wie *SSD* oder *YOLO*.

Bei einem Einsatz KI-basierter Methoden zur automatisierten Bewertung von Prozesssignalen im produktionstechnischen Umfeld ist es von entscheidender Bedeutung, dass Prädiktionen, die eine hohe Unsicherheit aufweisen, erkannt werden, um entsprechende Gegenmaßnahmen einleiten zu können. Dazu wurde ein Ansatz untersucht, mit dem die Zuverlässigkeit der Modellvorhersagen bezüglich der Qualitätsparameter einer Schweißnaht anhand der Güte der Laserleistungsprädiktion abgeschätzt werden kann. Auf der Basis mehrerer Experimente konnte festgestellt werden, dass sich die Methode zur Abschätzung der Zuverlässigkeit der Vorhersagen des neuronalen Netzes eignet. Basierend auf den zuvor beschriebenen Entwicklungsschritten sind die wichtigsten Ergebnisse der Arbeit nachfolgend zusammengefasst (Forschungsfrage Nr. 2):

- Auf Basis einer Versuchsreihe bestehend aus 24 unterschiedlichen Schweißexperimenten weisen alle 12 Experimente, mit unterschiedlicher Konfiguration (z.B. anderes Material, Schutzgas oder Vorschubgeschwindigkeit) im Vergleich zu den im Trainingsdatensatz enthaltenen Prozesskonfigurationen einen höheren Vorhersagefehler hinsichtlich der prädizierten Laserleistung auf.

---

[14] Richtig-Positiv-Rate (engl.: *true positive rate*, kurz: TPR), siehe Anhang 8.2.3

- Die experimentelle Evaluierung des Verfahrens zur Bestimmung der epistemischen Modellunsicherheit ergibt, dass Abweichungen zwischen prädizierter und applizierter Laserleistung größer als $nMAE_{\mathrm{PL,krit}} = 0{,}097\ (205\ \mathrm{W})$ im Kontext dieser Applikation auf Messpunkte außerhalb der Trainingsdatenverteilung hinweisen und damit eine hohe Modellunsicherheit indizieren.

Auf den vorangegangenen Ergebnissen aufbauend, wurde ein hybrides Prozessmodell zur Bestimmung der Einschweißtiefe entwickelt. Das Modell berücksichtigt die wesentlichen Prozessparameter und nutzt mithilfe des neuronalen Netzes prädizierte Größen zur Berechnung der Einschweißtiefe. Unbekannte Modellparameter werden mithilfe eines entwickelten Kalibrationsverfahrens bestimmt, welches auf der Erkennung des Durchschweißlochs an unterschiedlichen Bauteilpositionen basiert.

Mit dem entwickelten Ansatz kann die Einschweißtiefe während des Fügeprozesses auf Basis eines ortsaufgelösten thermischen Messsignals bestimmt werden. Folgende Ergebnisse sind diesbezüglich erreicht worden (Forschungsfrage Nr. 3):

- Mithilfe eines hybriden Prozessmodells konnte die Einschweißtiefe in Abhängigkeit der Prozessparameter und der Prozessbilddaten bestimmt werden. Der normierte mittlere absolute Fehler auf Basis unterschiedlicher Schweißversuche beträgt $nMAE_{\delta} = 0{,}125$.
- Im Rahmen von Laborversuchen wurde festgestellt, dass die Einschweißtiefe für Proben mit einer Gesamtstärke von 1,0-2,0 mm mit einem mittleren absoluten Fehler von etwa 0,14 mm bestimmt werden kann.

Abschließend wurde die Regelung der Einschweißtiefe auf Basis des modellbasierten *Reinforcement Learning* umgesetzt und erprobt. Dabei liefert das neuronale Netz, in Kombination mit der hybriden Bestimmung der Einschweißtiefe, die Eingangsdaten für die Prozessregelung. Neben der Definition einer applikationsspezifischen Belohnungsfunktion wurde auf Basis der Messdaten mehrerer Schweißversuche ein Prozessmodell erstellt, welches als Grundlage zur Erstellung der RL-basierten Regelstrategie dient. Es konnte nachgewiesen werden, dass mit dem entwickelten KI-System eine Kompensation unterschiedlicher Störeinflüsse während des Prozesses und eine datengetriebene und automatisierbare Anpassung an neue Prozesssituationen möglich ist. Die folgenden Ergebnisse konnten dabei erzielt werden (Forschungsfrage Nr. 4):

- Eine Erweiterung des KI-Systems durch modellbasiertes *Reinforcement Learning* erlaubt die situationsangepasste Kompensation von Schwankungen der Laserleistung (0,5 % der Soll-Laserleistung pro Regeltakt) und der Fokuslage in z-Richtung ($\Delta z_f = +2\ mm$).
- Das gesamte KI-System erreicht bei geschlossenem Regelkreis eine mittlere Latenzzeit von $t_{\mathrm{lat}} = 2{,}17\ ms$.
- Zur Erstellung des Prozessmodells als Grundlage für die Prozessregelung mittels *RL-Policy* sind Daten von weniger als 10 Schweißexperimenten benötigt worden.

7.1.1 Fazit und Einordnung

Eine Einordnung der Ergebnisse bezüglich bisheriger Arbeiten ist in Abbildung 79 dargestellt. Zusammenfassend zeigen die Ergebnisse der vorliegenden Arbeit, dass die bildgebende Prozesssensorik in Kombination mit KI-basierter Auswertung signifikante Vorteile bietet.

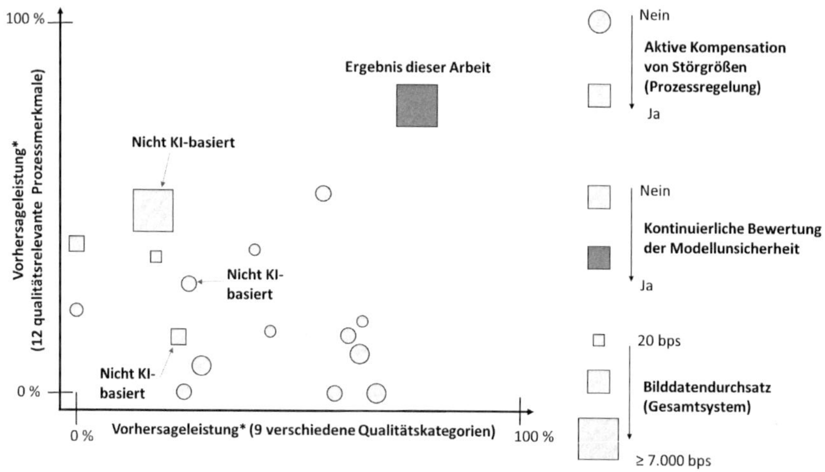

* Die hier genannten Autoren nutzen teils unterschiedliche Vorhersagegrößen (Anzahl und Typ) sowie verschiedene Metriken zur Bewertung, was einen direkten Vergleich erschwert (siehe Tabelle 3). Die Vorhersageleistungen werden daher, soweit möglich, unter Berücksichtigung der jeweiligen Anzahl der untersuchten Qualitätsmerkmale abgeschätzt.

Abbildung 79: Qualitative Einordnung der Ergebnisse dieser Arbeit basierend auf Abbildung 15 (Seite 40).

Das entwickelte KI-System erreicht eine höhere Gesamtleistung hinsichtlich der In-Prozess-Qualitätsdiagnose, da unterschiedliche kritische Prozessabweichungen wie *Bindefehler*, *Nahteinfall*, *Durchbrand*, *Erstarrungsriss*, *Defokussierung*, *Schmelzbadfluktuation* und *Spritzer* mit hoher Zuverlässigkeit in Echtzeit unterschieden und lokalisiert werden können. Damit bietet die in dieser Arbeit entwickelte Lösung das Potenzial, effizienter auf die jeweilige Fehlerursache schließen zu können, was wiederum zu einer gezielten und schnelleren Fehlerbehebung beitragen kann. Die robuste Erkennung und Lokalisierung von Nahtfehlern während des Prozesses ermöglicht zudem einen Verzicht auf zusätzliche manuelle oder automatisierte Nahtprüfsysteme als Teil der Produktionslinie.

Mit einem Datendurchsatz von bis zu 6.960 Bildern pro Sekunde und einer mittleren Latenzzeit von 2,17 ms des Gesamtsystems, ist dies unter Beachtung der Vorhersageleistung (Genauigkeit und Anzahl der Qualitätsmerkmale), die bisher schnellste und leistungsfähigste KI-basierte Lösung zur bildbasierten Prozessüberwachung beim Laserstrahlschweißen. Damit ermöglicht das System insbesondere die automatisierte Erkennung hochdynamischer Ereignisse, wie Schmelzbadfluktuationen und Spritzer, die bei anderen laserbasierten Fertigungsverfahren (z.B. additive Fertigung), ebenfalls von Bedeutung sein können. Im Vergleich zu bisherigen Ansätzen erweitert das entwickelte Verfahren aufgrund zusätzlicher Eigenschaften, wie der kontinuierlichen Bewertung der Modellunsicherheit sowie der hybriden, modellgestützten Berechnung und der Einschweißtiefe, den Standard hinsichtlich einer effektiven Prozesskontrolle.

Insgesamt lässt sich feststellen, dass das vorgeschlagene KI-basierte Qualitätssicherungs- und Regelungskonzept erfolgreich in der Praxis anwendbar ist. Das realisierte System adressiert die Schwachstellen heutiger Prozessüberwachungs- und Regelsysteme und erweitert deren Fähigkeiten hinsichtlich unterschiedlicher Aspekte. Aus produktionstechnischer Sicht kann das KI-System maßgeblich dazu beitragen, die aufgrund von Fehlproduktion entstehenden Kosten durch die rechtzeitige Erkennung von Prozessabweichungen zu minimieren. In Kombination mit einer adaptiven Regelung der Einschweißtiefe ermöglicht dies, Fertigungszeiten zu optimieren, Ausschuss zu reduzieren und somit die Gesamtanlageneffektivität zu steigern. Dabei bieten die verwendeten KI-basierten Ansätze den Vorteil, dass eine kontinuierliche Verbesserung sowie Anpassungen der Modelle an neuartige Randbedingungen, unter Zuhilfenahme aktueller Daten, mit vergleichsweise geringem Aufwand erfolgen kann.

7.1.2 Ausblick

Das im Rahmen dieser Arbeit entwickelte KI-basierte System zur In-Prozess-Qualitätsdiagnose ermöglicht eine präzise und detailreiche Erfassung der Prozess- bzw. Nahtqualität. Die Regelung der Einschweißtiefe mithilfe von modellbasiertem *Reinforcement Learning* erlaubt die aktive Kompensation von Prozessabweichungen sowie die zeitliche Entkopplung von Produktion und dem Erlernen einer Regelstrategie. Unter Verwendung des KI-Systems zeigt sich jedoch auch, dass derzeit nicht alle Schwankungen der Einschweißtiefe, unter anderem aufgrund der verzögerten Energieaufnahme oder -abgabe des Schmelzbades während des Prozesses (siehe Kapitel 6.1, Seite 125), ausgeglichen werden können. Zwar bieten alternative Messverfahren, wie die OCT, die Möglichkeit zur Messung und Regelung der Einschweißtiefe auf Basis der Dampfkapillartiefe. Jedoch sind die prozessspezifischen Herausforderungen hinsichtlich thermisch bedingter Verzögerungen auch in diesem Fall zu adressieren, da der unterhalb der Kapillare befindliche Schmelzefilm zu berücksichtigen ist. Weitere Untersuchen könnten dahingehend erfolgen, dass detailliertere Prozessmodelle entwickelt und erprobt werden, welche entsprechende Abhängigkeiten berücksichtigen, um die Einschweißtiefe präziser bestimmen und regeln zu können.

Zudem zeigen sich beispielsweise bei der Verwendung KI-basierter Verfahren zur Klassifikation von Nahtunregelmäßigkeiten Grenzen bezüglich der Verfügbarkeit geeigneter Datenmengen der entsprechenden Fehlerkategorien. Dem könnte durch die computergestützte Generierung (Generative KI) maßgeschneiderter künstlicher Bilddaten bestimmter Nahtunregelmäßigkeiten entgegengewirkt werden, sodass sich die erforderliche Trainingsdatenmenge aus realen Fertigungsprozessen reduziert. Das erfordert neben dem domänenspezifischen Know-how die Entwicklung geeigneter Werkzeuge und Ressourcen zur effizienten Erstellung repräsentativer Datensätze. Auch Untersuchungen zur Übertragbarkeit bzw. Ausweitung des Ansatzes auf andere Lasermaterialbearbeitungsprozesse könnten potenzielle Synergieeffekte aufdecken und zu einer höheren Dateneffizienz beim Anlernen derartiger Systeme beitragen.

Im Hinblick auf die Verbesserung der Messbarkeit kritischer Nahtimperfektionen, wie beispielsweise Poren innerhalb der Schweißnaht, bieten alternative Messverfahren die Möglichkeit, die die Leistungsfähigkeit von In-Prozess-Qualitätsdiagnosesystem zu erhöhen. Zu diesem Zweck könnten in zukünftigen Arbeiten Verfahren wie die Impulsthermografie für den Einsatz während oder kurz nach der Bearbeitung weiterentwickelt werden. Auch die Ergebnisse aus einer Kombination bildgebender Messverfahren mit Sensoren alternativer Modalität (z.B. Mikrofon, OCT, Spektrometer), können zu einem aussagekräftigen Prozessfingerabdruck aggregiert werden, bei dem die Nachteile einzelner Messsysteme gegebenenfalls kompensiert werden.

Die Verknüpfung unterschiedlicher Daten- bzw. Wissensquellen (z.B. Fachliteratur oder Forschungsergebnisse) und Prozessüberwachungsdaten zur automatisierten Erstellung von Ursache-Wirkungs-Analysen ist ein weiterer vielversprechender Forschungsansatz. So sind beispielsweise heutige Prozessüberwachungssysteme nicht in der Lage, konkrete Handlungsempfehlungen auf Basis umfassender (In-Prozess)-Qualitätsdiagnosedaten bereitzustellen. Dies erfordert nicht nur die Detektion spezifischer Prozessabweichungen, sondern auch deren Verknüpfung mit möglichen Ursachen, deren Auftrittshäufigkeiten und potenziellen Lösungsstrategien für die jeweiligen Applikation. In diesem Kontext sind jedoch weitere Untersuchungen erforderlich, um die Machbarkeit und Grenzen derartiger Ansätze identifizieren. Dabei könnte ein Aspekt zukünftiger Untersuchungen, die Integration von Mess- bzw. Prozessüberwachungssystemen in übergeordnete KI-Assistenzsysteme, basierend auf multimodalen Sprachmodellen in Anlehnung an *Gemini* [GEM23] oder *Mistral-7B* [JIA23] sein. Zusammen mit der Verknüpfung von internem und externen Fachwissen verfügen solche Modelle über das Potenzial, sich in Form wertschöpfender und dauerhaft verfügbarer Assistenzsysteme zur Erhöhung der Produktivität sowie Qualität in der laserbasierten Fertigungstechnik zu etablieren.

8 Anhang

8.1 Strahlkaustik der Bearbeitungsoptik

Tabelle 15: Übersicht des Strahldurchmessers in Abhängigkeit der Fokuslage.

Ebene / Abweichung von Sollfokuslage	Strahldurchmesser
17 / $\Delta z_f = -2\ mm$	$d_s = 224\ \mu m$
16 / $\Delta z_f = -1\ mm$	$d_s = 262\ \mu m$
15 / $\boldsymbol{\Delta z_f = 0\ mm}$	$\boldsymbol{d_s = 390\ \mu m}$
14 / $\Delta z_f = +1\ mm$	$d_s = 540\ \mu m$
13 / $\Delta z_f = +2\ mm$	$d_s = 710\ \mu m$

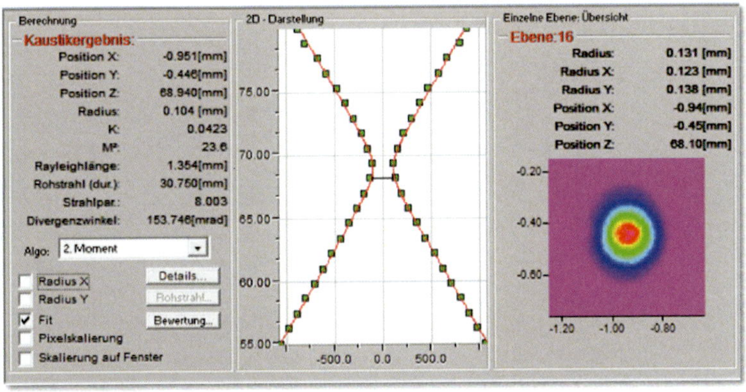

Abbildung 80: Ergebnis einer Strahlkaustikvermessung der verwendeten Bearbeitungsoptik (Scansonic BO) mit einer Brennweite von 170 mm.

8.2 Grundlagen zu neuronalen Netzen

8.2.1 Grundlagen zu faltungsbasierten neuronalen Netzen

Ein einfaches CNN besteht in der Regel aus unterschiedlichen Schichttypen, die aufeinander folgen und in der Summe ein tiefes neuronales Netz bilden. Diese Schichten werden in der Regel als Faltungsoperation, nicht-lineare Aktivierung und Pooling-Operation definiert. Die Ausgabe mehrerer hintereinander geschalteter Schichten mündet meist in einem mehrschichtigen System vollverbundener künstlicher Neuronen (engl.: *multi-layer perceptron*), dass die finale Klassifikationsausgabe erzeugt. In der Faltungsschicht werden im Falle zweidimensionaler Eingabedaten (Grauwertbild) ebenfalls zweidimensionale Filtermatrizen oder Kernel mit dem Eingabebild gefaltet. Da sich die Dimensionalität der Eingabe der nachfolgenden Faltungsschichten aufgrund einer durch die Architektur vorgegebenen Anzahl an Merkmalskarten (engl.: *feature map*) auf drei Dimensionen erhöht, wird auch die Dimensionalität der jeweiligen Filtermatrizen entsprechend gesteigert. Ein Beispiel für die Dimensionalität der aus einem Eingabebild resultierenden Tensoren im Verlauf von zwei aufeinander folgenden Faltungsschichten ohne zwischengeschaltete Aktivierungs- und *Pooling*-Operationen ist in Abbildung 81 dargestellt. Die Anzahl der Merkmalskarten in der ersten Faltungsschicht beträgt zwei. In der darauffolgenden Schicht ist eine Anzahl von n_{filter} Merkmalskarten schematisch dargestellt.

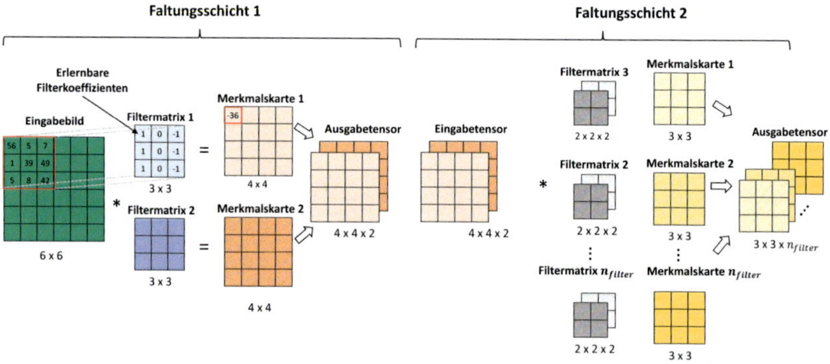

Abbildung 81: Beispielhafte Darstellung von Ein- und Ausgabetensoren zweier unmittelbar aufeinanderfolgender Faltungsschichten eines CNNs.

Die Koeffizienten der, in jeder Faltungsschicht für jede einzelne Merkmalskarte definierten, Filtermatrizen werden während der Trainingsphase bestimmt.

Die Ausgabe einer einzelnen Merkmalskarte innerhalb einer Faltungsschicht mit zweidimensionaler Eingabe $\boldsymbol{I}_{\mathrm{im}}$ (z.B. Grauwertbild) kann wie folgt formuliert werden:

$$\boldsymbol{X}_d(\mathrm{i},\mathrm{j}) = f\left(\left(\sum_m \sum_n \boldsymbol{I}_{\mathrm{im}}(m,n)\boldsymbol{K}_d(i-m,j-n)\right) + \boldsymbol{B}_d\right) \tag{8.1}$$

Dabei repräsentiert $\boldsymbol{X}_d$ die d-te berechnete Merkmalskarte der betrachteten Faltungsschicht. Auf der rechten Seite wird das Eingabebild mit dem merkmalskartenspezifischen Kernel $\boldsymbol{K}_d$ gefaltet. Mit $\boldsymbol{B}_d$ wird ein zusätzlich anwendbarer Versatz (engl.: *offset*) bezeichnet, während f eine geeignete Aktivierungsfunktion (z.B. sigmoid, tanh, ReLU) darstellt.

Der Vorteil der Faltung im Vergleich zur Bildung einer gewichteten Summe über alle Eingangsparameter (Pixel), wie es bei vollständig verbundenen Neuronen der Fall wäre, ist die deutlich geringere Anzahl der zu erlernenden Parameter. Dies verringert die im Vergleich benötigte Anzahl an Trainingsdaten und führt während der Modellanpassung zu einer höheren Wahrscheinlichkeit, ein globales Optimum zu finden [BIS13].

Auf eine Faltungsoperation mit anschließender nichtlinearer Aktivierung folgt zur weiteren Modifikation der Ausgabe häufig eine *Pooling*-Operation, wobei die Merkmalskarten der vorangegangenen Schicht auf bestimmte Weise neu abgetastet werden. Typische Arten von Pooling-Operationen sind *Maxpooling* und *Averagepooling*. Das *Maxpooling*-Verfahren ist eine in der Praxis oftmals eingesetzte Operation, die zur Verringerung der Auflösung bzw. Dimensionalität von Merkmalskarten eingesetzt wird, um eine Überanpassung des Modells zu vermeiden [GOO16]. Generell fasst die Pooling-Operation ein definiertes rechteckiges Fenster einer Eingabemerkmalskarte zu einem neuartigen Wert zusammen. Im Fall des *Maxpoolings* wird ausschließlich der Maximalwert des jeweiligen Fensters an die Ausgabe übergeben. Die Dimensionalität der Ausgabe der Pooling-Schicht ist abhängig von der gewählten Schrittweite des Fensters, mit dem die Eingabe abgetastet wird. Zusammen mit der, aufgrund der geteilten Gewichte, in den Merkmalskarten entstehenden Äquivarianz[15] führt das *Maxpooling* zu annähernder Invarianz in der Ausgabeschicht gegenüber der Verschiebung von Objekten im Eingabebild [GOO16]. Dies hat die praktische Bedeutung, dass die Position eines Objektes im Eingabebild im Hinblick auf die finale Klassifikation von geringer Bedeutung ist. Gleichzeitig ist zu bemerken, dass CNNs nicht ohne weiteres rotations-, skalen-, oder luminanzinvariant sind. Diese Eigenschaften können jedoch beispielsweise durch entsprechende Augmentierung der Eingabedaten erreicht werden.

Im Anschluss an mehrere aufeinanderfolgende Faltungs-, Aktivierungs- und Pooling-Operationen erhöht sich üblicherweise die Anzahl an Merkmalskarten, wobei

---

[15] Mit Äquivarianz ist gemeint, dass eine Verschiebung eines Objektes in der Eingabe zu einer gleichartigen Änderung der Ausgabe führt [GOO16].

gleichzeitig die örtlichen Auflösung stark reduziert wird. Bei zur Klassifikation eingesetzten CNNs werden die letzten Merkmalskarten zu einem eindimensionalen Vektor transformiert und einem vollverbundenen neuronalen Netz als Eingabe zur Verfügung gestellt. Die verwendete Aktivierungsfunktion in der Ausgabeschicht eines CNNs ist abhängig von der konkreten Aufgabenstellung. Im Fall einer Klassifikationsaufgabe wird häufig die normalisierte Exponentialfunktion (*Softmax*-Aktivierung), wie in Gleichung 8.2 dargestellt, verwendet [GOO16]:

$$softmax(z_j) = \frac{e^{z_j}}{\sum_{k=1}^{K} e^{z_k}} \quad für \quad j = 1, \dots, K \tag{8.2}$$

Dabei repräsentiert K die Anzahl der Klassen und z_j den j-ten Ausgabewert vor einer Aktivierung in der letzten Schicht des neuronalen Netzes. Bei Regressionsaufgaben hingegen kommt üblicherweise keine Aktivierung in der Ausgabeschicht zum Einsatz. Nach der Definition einer geeigneten Fehlerfunktion kann das CNN-Modell mithilfe des Backpropagation-Algorithmus [LEC98] trainiert werden. Heutzutage ist es möglich, aktuelle mehrschichtige CNN-Modelle, die in der Regel aus unterschiedlichen Schichttypen bestehen, mithilfe umfangreicher Datenmengen auf handelsüblicher GPU-Hardware zu trainieren. Dafür stehen neben der Hardware etablierte Open-Source-Softwarebibliotheken wie TensorFlow [ABA15], PyTorch [PAS19] oder Caffe [JIA14] zur Implementierung der CNN-Architekturen zur Verfügung.

Seit dem erfolgreichen Auftritt CNN-basierter Bildverarbeitungstechniken beim *ImageNet*-Wettbewerb, wurden die Architekturen hinsichtlich der Netzwerktiefe, aber auch in Bezug auf die eingesetzten Schichttypen, deutlich erweitert. Beispielsweise besteht die im Jahr 2012 von [KRI12] eingeführte CNN-Architektur *AlexNet* aus acht aufeinander aufbauenden Schichten. Die 2014 vorgeschlagene *VGG*-Architektur setzt sich aus bis zu 19 Schichten zusammen und ermöglicht eine signifikante Steigerung der Klassifikationsgenauigkeit bei einem gleichzeitig höheren Bedarf an Rechenleistung [SIM14]. Deutlich tiefere CNN-Architekturen wie *ResNet50* (2016) [HE15b] und *InceptionV4* (2016) [SZE16], bestehen aus bis zu 152 Schichten und sind zum ersten Mal in der Lage, die Leistungsfähigkeit von Menschen bei der Kategorisierung von Bildern zu übertreffen [HE15a].

8.2.2 Rekurrente neuronale Netze (RNNs)

Eine der am meisten genutzten RNN-Architekturen ist die Long Short-term Memory (LSTM) -Einheit [HOC97]. Ein Hauptmerkmal dieser Einheit ist die Fähigkeit, relevante Informationen über mehrere Zeitschritte hinweg zu speichern. Sogenannte *Gates* innerhalb der LSTM-Einheiten erlernen während der Trainingsphase, welche Informationen der Sequenz für die aktuelle Aufgabenstellung relevant sind. Als Alternative zum verwendeten LSTM-Ansatz wurden im Jahr 2014 die Gated Recurrent Unit (GRU)-Architektur vorgeschlagen [CHO14]. Das GRU-basierte RNN ist eine vereinfachte Variante des RNNs auf Basis der LSTM-Architektur, mit einer geringen Anzahl an erlernbaren Parametern. Im Vergleich zum LSTM-RNN wird bei der GRU-Architektur der gesamte Informationsspeicher intern zur Verfügung gestellt, während bei LSTM-Einheiten der Zugriff auf andere interne Zustandswerte durch das *output-gate* gesteuert wird [CHU14]. Ein GRU-basiertes RNN mit einem *update-gate* $\boldsymbol{z}_t$ und einem *reset-gate* $\boldsymbol{r}_t$ kann wie folgt formuliert werden [DEY17]:

$$\boldsymbol{h}_t = (1 - \boldsymbol{z}_t) \odot \boldsymbol{h}_{t-1} + \boldsymbol{z}_t \odot \widetilde{\boldsymbol{h}}_t \tag{8.3}$$

$$\widetilde{\boldsymbol{h}}_t = g(\boldsymbol{W}_h \boldsymbol{x}_t + \boldsymbol{U}_h(\boldsymbol{r}_t \odot \boldsymbol{h}_{t-1}) + \boldsymbol{b}_h \tag{8.4}$$

Mit den zwei Gate-Funktionen:

$$\boldsymbol{z}_t = \sigma_l(\boldsymbol{W}_z \boldsymbol{x}_t + \boldsymbol{U}_z \boldsymbol{h}_{t-1} + \boldsymbol{b}_z) \tag{8.5}$$

$$\boldsymbol{r}_t = \sigma_l(\boldsymbol{W}_r \boldsymbol{x}_t + \boldsymbol{U}_r \boldsymbol{h}_{t-1} + \boldsymbol{b}_r) \tag{8.6}$$

Dabei stellt $\boldsymbol{x}_t$ einen m-dimensionalen Eingabevektor zum Zeitpunkt t dar. Zudem werden die verdeckten Zustandswerte (*hidden state*) durch die n-dimensionalen Vektor $\boldsymbol{h}_t$ repräsentiert. Die Parametermatrizen (Gewichte und Versatz) $\boldsymbol{W}_h$, $\boldsymbol{U}_h$, $\boldsymbol{b}_h$, $\boldsymbol{W}_z$, $\boldsymbol{U}_z$, $\boldsymbol{b}_z$, und $\boldsymbol{W}_r$, $\boldsymbol{U}_r$, $\boldsymbol{b}_r$, werden während des Trainings mittels Backpropagation-Algorithmus, einer geeigneten Gradientenabstiegsmethode und Fehlerfunktion bestimmt. In diesem Fall weisen die Gewichtsmatritzen $\boldsymbol{W}$ eine Größe von $n \times m$, die Gewichtsmatritzen $\boldsymbol{U}$ eine Größe von $n \times n$ und die Versatz-Vektoren $\boldsymbol{b}$ eine Größe $n \times 1$ auf. g stellt die tanh-Aktivierungsfunktion (elementweise) dar und σ_l ist in Form der logistischen Funktion implementiert. Das *update-gate* $\boldsymbol{z}_t$ beeinflusst in diesem Zusammenhang vorwiegend die Aktualisierungsgeschwindigkeit des verdeckten Zustandsvektors $\boldsymbol{h}_t$. Wie viele Information aus der Vergangenheit behalten werden, ist mithilfe des *reset-gate* $\boldsymbol{r}_t$ beeinflussbar [CAH23]. Dieses ist in der Lage, Teile des internen Informationsspeichers, in Form vorheriger verdeckter Zustandsvektoren, zurückzusetzen. Für den Fall der hier vorgestellten GRU-RNNs beträgt die Anzahl der erlernbaren Parameter $3 \times (n^2 + mn + n)$ und repräsentiert damit 75 % der Menge an erlernbaren Parametern eines LSTM-basierten RNNs ($4 \times (n^2 + mn + n)$) [CAH23]. Erkenntnisse aus der Literatur deuten darauf hin, dass GRU-Architekturen im Vergleich zu LSTM-basierten Ansätzen eine vergleichbare Genauigkeit bei geringerem Rechenaufwand bzw. höherem Datendurchsatz hinsichtlich der Erkennung von Mustern in Zeitreihen bieten [YIN17]. Im Rahmen der in Kapitel 4.5.3 durchgeführten Hyperparameteroptimierung werden RNNs auf Basis der LSTM- sowie der GRU-Architektur einem Leistungsvergleich unterzogen.

8.2.3 Metriken zu Bewertung der Klassifikationsleistung

Zur Bewertung eines Klassifikationsmodells kann die Genauigkeit (engl.: *accuracy*, kurz: ACC) nach Gleichung 8.7 herangezogen werden [PED11]. Die Genauigkeit beschreibt den Anteil an Datenpunkten die korrekt klassifiziert wurden im Verhältnis zu allen klassifizierten Datenpunkten.

$$\text{Genauigkeit } (ACC) = \frac{r_p + r_n}{r_p + r_n + f_p + f_n} \tag{8.7}$$

mit:

$r_p = richtig\ positiv$ (Fehler vorhanden und richtig vorhergesagt)

$r_n = richtig\ negativ$ (Fehler nicht vorhanden und richtig vorhergesagt)

$f_p = falsch\ positiv$ (Fehler vorhanden und falsch vorhergesagt)

$f_n = falsch\ negativ$ (Fehler nicht vorhanden und falsch vorhergesagt)

In Falle eines unausgeglichenen Datensatzes, bei dem einzelne Klassen unter- oder überrepräsentiert sind, kann es bei der Verwendung der Genauigkeit (ACC) zu einer Fehleinschätzung hinsichtlich der Leistungsfähigkeit des Modells kommen. Repräsentiert beispielsweise eine Klasse 95 % der Datenpunkte im gegebenen Datensatz, kann ein Klassifikationsmodell bereits eine Genauigkeit von 95 % erreichen, wenn ausschließlich diese Klasse vorhergesagt wird.

Um dem Problem ungleich verteilter Daten über mehrere Klassen zu begegnen, wird im Rahmen dieser Arbeit die ausgeglichene Genauigkeit (engl.: *balanced accuracy*, kurz: $BACC$) eingeführt und verwendet [URB15]:

$$\text{Ausgelichene Genauigkeit } (BACC) = \frac{\sum_{i=1}^{N} \frac{1}{2} \times \left(\frac{r_{p,i}}{r_{p,i} + f_{n,i}} + \frac{r_{n,i}}{r_{n,i} + f_{p,i}} \right)}{N} \tag{8.8}$$

Zur Berechnung der ausgeglichenen Genauigkeit ($BACC$) findet eine Mittelung der Vorhersageleistung der individuellen Klassen statt. Aufgrund der Mittelung leisten die Prädiktionen jeder Klasse einen gleichwertigen Beitrag zur ausgeglichenen Genauigkeit ($BACC$). Im Vergleich zur Genauigkeit (ACC) gelingt dadurch, für den Fall ungleich verteilter Daten, eine realistischere Bewertung des Klassifikationsmodells.

Eine weitere Bewertung eines Klassifikationsmodells kann mithilfe einer Wahrheitsmatrix erreicht werden. Dabei repräsentiert die normalisierten Diagonale der Matrix die Richtig-positiv-Rate der jeweiligen Klasse. Die Richtig-Positiv-Rate (engl.: *true positive rate*, kurz: TPR) ist wie folgt definiert [PED11]:

$$\text{Richtig} - \text{positiv} - \text{Rate } (TRP) = \frac{r_p}{r_p + f_n} \tag{8.9}$$

Die Richtig-Positiv-Rate (auch Sensitivität, Empfindlichkeit oder Trefferquote) gibt in diesem Zusammenhang an, mit welcher Wahrscheinlichkeit eine vorhandene (positive) Nahtunregelmäßigkeit korrekt als vorhanden (positiv) klassifiziert wird [PED11].

8.3 Details zu den verwendeten Modell-Architekturen

8.3.1 CNN-Modell

Schicht (Typ)	Tensorgröße	Parameter	Verbunden mit
input_1 (InputLayer)	[(Bs, 40, 120, 1)]	0	
lambda (Lambda)	(Bs, 40, 120, 1)	0	input_1[0][0]
conv2d_1 (Conv2D)	(Bs, 40, 120, 128)	256	lambda[0][0]
conv2d_3 (Conv2D)	(Bs, 40, 120, 32)	64	lambda[0][0]
max_pooling2d (MaxPooling2D)	(Bs, 40, 120, 1)	0	lambda[0][0]
conv2d (Conv2D)	(Bs, 40, 120, 64)	128	lambda[0][0]
conv2d_2 (Conv2D)	(Bs, 40, 120, 128)	147584	conv2d_1[0][0]
conv2d_4 (Conv2D)	(Bs, 40, 120, 32)	25632	conv2d_3[0][0]
conv2d_5 (Conv2D)	(Bs, 40, 120, 32)	64	max_pooling2d[0][0]
concatenate (Concatenate)	(Bs, 40, 120, 256)	0	conv2d[0][0] conv2d_2[0][0] conv2d_4[0][0] conv2d_5[0][0]
max_pooling2d_1 (MaxPooling2D)	(Bs, 20, 60, 256)	0	concatenate[0][0]
conv2d_7 (Conv2D)	(Bs, 20, 60, 128)	32896	max_pooling2d_1[0][0]
conv2d_9 (Conv2D)	(Bs, 20, 60, 32)	8224	max_pooling2d_1[0][0]
max_pooling2d_2 (MaxPooling2D)	(Bs, 20, 60, 256)	0	max_pooling2d_1[0][0]
conv2d_6 (Conv2D)	(Bs, 20, 60, 64)	16448	max_pooling2d_1[0][0]
conv2d_8 (Conv2D)	(Bs, 20, 60, 128)	147584	conv2d_7[0][0]
conv2d_10 (Conv2D)	(Bs, 20, 60, 32)	25632	conv2d_9[0][0]
conv2d_11 (Conv2D)	(Bs, 20, 60, 32)	8224	max_pooling2d_2[0][0]
concatenate_1 (Concatenate)	(Bs, 20, 60, 256)	0	conv2d_6[0][0] conv2d_8[0][0] conv2d_10[0][0] conv2d_11[0][0]
max_pooling2d_3 (MaxPooling2D)	(Bs, 10, 30, 256)	0	concatenate_1[0][0]
max_pooling2d_4 (MaxPooling2D)	(Bs, 5, 15, 256)	0	max_pooling2d_3[0][0]
max_pooling2d_5 (MaxPooling2D)	(Bs, 3, 8, 256)	0	max_pooling2d_4[0][0]
flatten (Flatten)	(Bs, 6144)	0	max_pooling2d_5[0][0]
dense_1 (Dense)	(Bs, 256)	1573120	flatten[0][0]
dense (Dense)	(Bs, 96)	589920	flatten[0][0]
dense_2 (Dense)	(Bs, 64)	16448	dense_1[0][0]
Klassifikationsausgabe (Dense)	(Bs, 9)	873	dense[0][0]
Regressionsausgabe (Dense)	(Bs, 16)	1040	dense_2[0][0]

Total params: 2,594,137
Trainable params: 2,594,137
Non-trainable params: 0

Abbildung 82: CNN-Modellarchitektur und resultierende Tensorgrößen des CNN-Modells mit einer Stapelgröße der Eingabebilder von $B_s = 32$.

8.3.2 RNN-Modell

```
Schicht (Typ)                      Tensorgröße          Parameter   Verbunden mit
==================================================================================
input_88 (InputLayer)              [(None, 15, 25)]     0
----------------------------------------------------------------------------------
gru_213 (GRU)                      (None, 15, 128)      59520       input_88[0][0]
----------------------------------------------------------------------------------
gru_214 (GRU)                      (None, 32)           15552       gru_213[0][0]
----------------------------------------------------------------------------------
gru_215 (GRU)                      (None, 32)           15552       gru_213[0][0]
----------------------------------------------------------------------------------
Klassifikationsausgabe (Dense)     (None, 9)            297         gru_214[0][0]
----------------------------------------------------------------------------------
Regressionsausgabe (Dense)         (None, 16)           528         gru_215[0][0]
==================================================================================
Total params: 91,449
Trainable params: 91,449
Non-trainable params: 0
----------------------------------------------------------------------------------
```

Abbildung 83: RNN-Modellarchitektur und resultierende Tensorgrößen des GRU-Modells mit einer Stapelgröße der Eingabebilder von $B_s = 32$.

8.4 Datensätze für KI-basierte Prozessüberwachung

Tabelle 16: Zusammensetzung des Trainings- bzw. Validierungsdatensatzes

Versuch	Vorschub-geschwindigkeit v_s [m/min]	Laserleistung P_L [kW]	Strahldurchmesser d_s [µm]	Fügeabstand a_s [µm]	Blechdicke t_b [mm]	Annotationen: Naht i.O.:1; Bindefehler: 2; Nahteinfall: 3; Riss: 4; Durchbrand: 5; Spritzer: 6; Fluktuation: 7; Defokussiert: 9; Kein Prozess: 9
44	7,0	5,04	390	200	0,9+0,9	1;6
51	7,0	2,52	390	200	0,9+0,9	1;6
115	3,0	0-2,4	390	200	0,9+0,9	1;6;7;9
187	5,0	3,6	390	50	0,9+0,9	1;6;7
222	3,0	2,1	390	200	0,9+0,9	1;2;3;6
223	5,0	3,6	390	200	0,9+0,9	1;2;3;6;7;9
247	3,0	2,6	390	100	1,6+0,9	1;2;3;5;7;9
250	5,0	4,3	390	100	1,6+0,9	1;3;5;6
251	7,0	6,0	390	100	1,6+0,9	1;3;5;6;7
265	3,0	2,37	390	200	1,6+0,9	1;2;3;6;7
266	3,0	1,73	390	200	1,6+0,9	1;2;3;6

268	3,0	2,1	390	200	1,6+0,9	1;2;3;5;6;9
289	5,0	0-4,2	390	200	0,9+0,9	1;2;3;6;7;9
294	5,0	0-4,2	540	200	0,9+0,9	3;6;8
309	5,0	0-4,2	540	200	0,9+0,9	6;7;8;9
317	3,0	0-3	710	200	0,9+0,9	6;8
331	3,0	0-3	224	200	0,9+0,9	6;8
332	5,0	0-4,8	224	200	0,9+0,9	6;8
355	3,0	0-3	262	200	0,9+0,9	6;8
358	5,0	0-4,8	262	200	0,9+0,9	3;5;6;8
359	5,0	0-4,8	262	200	0,9+0,9	6;8
369	5,0	0-4,8	390	-	0,9	1;5;6;9
374	5,0	0-4,8	390	-	0,9	5;6;9
376	3,0	0-3	390	-	0,9	5;6;9
381	3,0	2,1	390-710	200	0,9+0,9	1;6;8
395	3,0	2,4	224-710	200	0,9+0,9	1;6;8
408	3,0	0,9-2,9	390	200	0,9+0,9	1;6
484	5,0	2,52	390	-	1,6 (DP980)	4;6
504	3,0	2,4	390	-	1,6 (DP980)	4;6
512	3,0	2,4	390	-	1,6 (DP980)	4;6
513	3,0	2,4	390	-	1,6 (DP980)	1;6
525	5,0	2,4	390	-	1,6 (DP980)	1;4;6
628	3,0	2,1	390	200	0,9+0,9	1;2;3;6;7
632	5,0	1,8-4,3	390	200	0,9+0,9	1;5;6;7
635	3,0	0,9-2,9	390	200	0,9+0,9	1;6
637	5,0	1,8-4,3	540	200	0,9+0,9	7;8
638	3,0	0,9-2,9	540	200	0,9+0,9	6;8
639	5,0	1,8-4,3	540	200	0,9+0,9	6;8
899	3,0	2,7	390	200	1,6+0,9	1;6;7
1484	5,0	2,52	390	-	1,6 (DP980)	1;6
1504	3,0	2,4	390	-	1,6 (DP980)	1;6
1512	3,0	2,4	390	-	1,6 (DP980)	1;6
2512	3,0	2,4	390	-	1,6 (DP980)	1;6

Tabelle 17: Zusammensetzung des Testdatensatzes

a	Vorschub-geschwindigkeit v_s [m/min]	Laserleistung P_L [kW]	Strahldurchmesser d_s [µm]	Fügeabstand a_s [µm]	Blechdicke t_b [mm]	Annotationen: Naht i.O.:1; Bindefehler: 2; Nahteinfall: 3; Riss: 4; Durchbrand: 5; Spritzer: 6; Fluktuation: 7; Defokussiert; 9; Kein Prozess: 9
7	3,0	1,51	390	200	0,9+0,9	1;3;6;7
8	3,0	1,94	390	200	0,9+0,9	1;3;6
10	3,0	1,3	390	200	0,9+0,9	1;3;6
45	7,0	6,0	390	200	0,9+0,9	1;3;6
116	3,0	2,4	390	200	0,9+0,9	1;6;9
122	3,0	0,9-2,9	390	200	0,9+0,9	1;6
141	7,0	5,04	390	100	0,9+0,9	1;6
144	3,0	0,9-2,9	390	100	0,9+0,9	6
151	3,0	2,1	390	50	0,9+0,9	6
175	3,0	2,1	390	50	0,9+0,9	6;7
186	5,0	3,6	390	50	0,9+0,9	1;2;3;5;6;7
190	5,0	3,6	390	50	0,9+0,9	6;7
249	3,0	2,6	390	100	1,6+0,9	1;2;3;5;6
262	3,0	1,73	390	200	1,6+0,9	1;2;3;5;9
263	3,0	1,94	390	200	1,6+0,9	1;2;3;5;9
273	5,0	2,52	390	200	1,6+0,9	1;2;3;6;7
276	3,0	1,73	390	200	1,6+0,9	1;2;3
277	3,0	1,51	390	200	1,6+0,9	1;2;3;6;9
366	3,0	0-3,0	390	-	0,9	1;5;6
368	3,0	0-3,0	390	-	0,9	5;6
375	3,0	0-3,0	390	-	0,9	5;6
381	3,0	2,16	390-710	200	0,9+0,9	1;6;8
384	3,0	2,81	390-710	200	0,9+0,9	1;6;8
385	3,0	3,0	390-710	200	0,9+0,9	1;6;8

396	3,0	3,24	224-710	200	0,9+0,9	1;6;8
399	3,0	2,16	224-710	200	0,9+0,9	1;6;8
425	3,0	0-3,6	390	200	0,9+0,9	1;6;7;9
476	3,0	1,51	390	-	1,6 (DP980)	1;6
489	7,0	2,52	390	-	1,6 (DP980)	1;4;6
518	5,0	2,4	390	-	1,6 (DP980)	1;4;6
528	5,0	2,4	390	-	1,6 (DP980)	4;6
625	5,0	2,1	390	-	1,6 (DP980)	1;2;3;6;7
627	1,5-3,0	0,8-2,1	390	200	0,9+0,9	2;6;7
633	3,0	0,9-2,9	390	200	0,9+0,9	1;6;7
634	5,0	1,8-4,3	390	200	0,9+0,9	1;5;6;7
641	5,0	1,8-4,3	540	200	0,9+0,9	6;7;8
669	3,0	1,73	390	200	0,9+0,9	1;6
891	3,0	2,7	390	200	0,9+0,9	1;6;7
894	3,0	2,7	390	200	0,9+0,9	1;6;7
897	3,0	2,7	390	200	0,9+0,9	1;6;7

8.5 Technische Details zum Aufbau der NIR-Optik

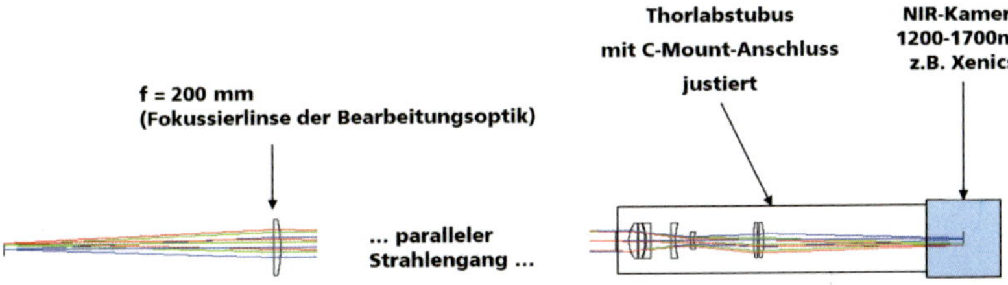

Abbildung 84: Schematische Darstellung des Strahlengangs der NIR-Optik zur Abbildung der Prozessstrahlung auf den NIR-1690-Kamerachip.

Surf	Type	Comment	Radius	Thickness		Glass	Semi-Diameter	
OBJ	Standard		Infinity	200.000			4.460	
1*	Standard		Infinity	5.200		SILICA	20.000	U
2*	Standard		-91.649	60.000			20.000	U
3	Coordinat..			0.000		-	0.000	
4*	Standard		Infinity	6.350		BK7	30.000	U
5*	Standard		Infinity	0.000			30.000	U
6	Coordinat..			0.000		-	0.000	
7	Standard		Infinity	120.000			13.557	
8	Coordinat..			0.000		-	0.000	
9*	Standard		Infinity	6.350		BK7	30.000	U
10*	Standard		Infinity	0.000			30.000	U
11	Coordinat..			0.000		-	0.000	
12	Standard		Infinity	80.000			10.880	
STO	Standard	NIR-Optik	Infinity	10.000			7.208	
14*	Standard	LA 5763	21.700	6.100		CAF2	12.700	U
15*	Standard		Infinity	0.999	V		12.700	U
16*	Standard	LA 5042	Infinity	4.600		CAF2	12.700	U
17*	Standard		-32.500	1.190	V		12.700	U
18*	Standard	LC 1715-C	-25.700	3.500		N-BK7	12.700	U
19*	Standard		Infinity	14.338	V		12.700	U
20*	Standard	LC 1582-C	Infinity	3.500		N-BK7	12.700	U
21*	Standard		38.600	10.808	V		12.700	U
22*	Standard	LC 1060-C	Infinity	3.000		N-BK7	6.350	U
23*	Standard		15.400	43.910	V		6.350	U
24*	Standard	LA 1708-C	103.000	2.800		N-BK7	12.700	U
25*	Standard		Infinity	1.000	V		12.700	U
26*	Standard	LA 1509-C	Infinity	3.600		N-BK7	12.700	U
27*	Standard		-51.500	146.740	V		12.700	U
IMA	Standard		Infinity	-			5.085	

Abbildung 85: Linsenkonfiguration der verwendeten NIR-Optik zur koaxialen Prozessbeobachtung.

8.6 Extraktion geometrischer Merkmale

8.6.1 Definition unterschiedlicher Prozesszonen

In Abbildung 86 sind die in Kapitel 4.6.3 untersuchten Prozesszonen am Bespiel einer NIR-1690-Aufnahme dargestellt. Die Länge und Breite der Dampfkapillare werden mithilfe des RCNN-Modells prädiziert.

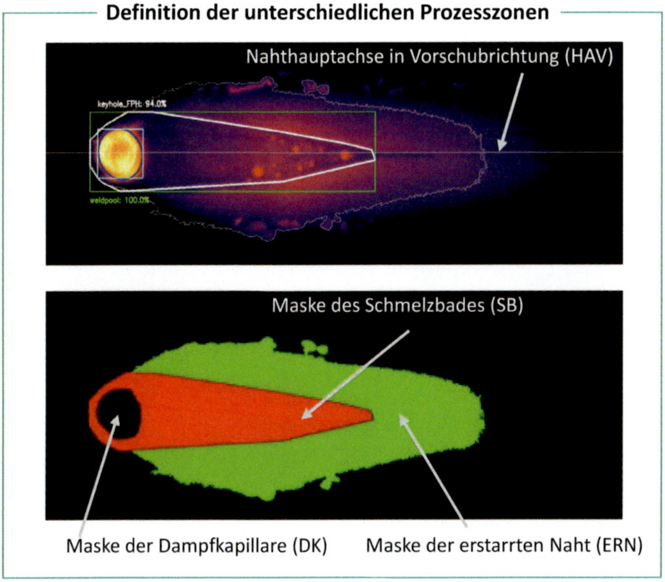

Abbildung 86: Definition unterschiedlicher Prozesszonen auf Basis der NIR-1690-Bilddaten.

Zur Berechnung der Temperaturmerkmale der Dampfkapillare wird ein Schwellenwert von 2500 K angewandt, um pro Bild eine Maske zur Auswahl der relevanten Pixel zu generieren. Im Rahmen der nachgelagerten Berechnung von Temperaturmerkmalen des Schmelzbades wird innerhalb der prädizierten Geometrie das Konturdetektionsverfahren nach [SUZ85] angewandt, um die Geometrie des Schmelzbades präziser zu bestimmen. Zur Generierung der bildbezogenen Schmelzbadtemperaturverteilung wird die jeweilige Pixelmaske des Schmelzbades (siehe Abbildung 86) herangezogen. Zusätzlich wird der Bereich der erstarrten Naht mithilfe eines niedrigen Temperaturschwellenwerts von 1000 K bestimmt. Anhand der Differenz aus Schmelzbadmaske und der mittels Schwellenwert bestimmten Fläche der erstarrten Naht wird die Maske der abkühlenden Schweißnaht ermittelt. Schließlich werden die jeweiligen Temperaturverteilung der unterschiedlichen Prozesszonen auf Basis der berechneten Pixelmasken bestimmt, indem nur die Temperaturwerte innerhalb der jeweiligen Masken berücksichtigt werden. Die Nahthauptachse in Vorschubrichtung (HAV) wird anhand der Position und Breite des Schmelzbades bestimmt. Die Temperaturwerte entlang der HAV bilden ebenfalls eine Temperaturverteilung aus denen sich statistische Kennwerte ableiten lassen.

Schließlich können die resultierenden Temperaturverteilungen mithilfe der in Tabelle 19 dargestellten Rechenvorschriften prozesszonenspezifisch zu statistischen Merkmalen zusammengefasst werden.

8.6.2 Definition und Berechnungsvorschriften für einzelne Bildmerkmale

Tabelle 18: Geometrische Merkmale dedizierte Bildbereiche

Merkmal	Berechnungsvorschrift	Merkmalsbeschreibung
Kameraname/*Prefix*/Fläche	$m_{00} = \sum_x \sum_y I(x,y)\,\Delta A$	Summe der Helligkeitswerte innerhalb der Pixelmaske einer Prozesszone (*Prefix*)
Kameraname/*Prefix*/Aspektverhältnis	$Aspektverhältnis = \frac{Länge}{Breite}$	Verhältnis von Länge und Breite des Objektes in der Prozesszone (*Prefix*)
NIR-1690/*Prefix*/Länge	-	(R)CNN-Prädiktion
NIR-1690/*Prefix*/Breite	-	(R)CNN-Prädiktion
EXT-NIR-808/*Prefix*/Länge	-	(R)CNN-Prädiktion
EXT-NIR-808/*Prefix*/Länge	-	(R)CNN-Prädiktion
VIS-450/MDF/Länge	Schwellenwertbasierte Konturdetektion nach *[SUZ85]*	Länge des umschließenden Rechtecks der Kontur des Bildbereichs
VIS-450/MDF/Breite	Schwellenwertbasierte Konturdetektion nach *[SUZ85]*	Breite des umschließenden Rechtecks der Kontur des Bildbereichs
VIS-450/ MDF/Spritzeranzahl	Schwellenwertbasierte Konturdetektion nach *[SUZ85]*	Anzahl der gefundenen Binärbildkonturen außerhalb der Pixelmasken

Tabelle 19: Temperaturbezogene Bildmerkmale basierend auf statistischen Kenngrößen.

Merkmal	Berechnungsvorschrift	Merkmalsbeschreibung
NIR-1690/*Prefix*/Temperatur-min	$\min(x_0..x_n)$	Minimum der Temperaturwerte im Bildbereich
NIR-1690/*Prefix*/Temperatur-max	$\max(x_0..x_n)$	Maximum der Temperaturwerte im Bildbereich
NIR-1690/*Prefix*/Temperatur	$\overline{x} = \frac{1}{n}\left(\sum_{i=1}^{n} x_i\right)$	Mittelwert der Temperaturwerte im Bildbereich
NIR-1690/*Prefix*/Temperatur-var	$\sigma^2 = \frac{1}{n}\sum_{i=1}^{n}(x_i - \overline{x})^2$	Varianz der Temperaturwerte im Bildbereich
NIR-1690/*Prefix*/Temperatur-skew	$Skew = \frac{1}{n}\sum_{i=1}^{n}\left[\frac{(x_i - \overline{x})}{\sigma}\right]^3$	Schiefe der Temperaturwerte im Bildbereich
NIR-1690/*Prefix*/Temperatur-kurt	$Kurt = \frac{1}{n}\sum_{i=1}^{n}\left[\frac{(x_i - \overline{x})}{\sigma}\right]^4$	Wölbung der Temperaturwerte im Bildbereich

Mit *Prefix* werden die in Abbildung 86 gekennzeichneten Bereiche (DK, SB, NL, HAV) bezeichnet.

8.7 Temperaturkalibration

Die mithilfe der koaxial integrierten NIR-Kamera erfassten Bilddaten lassen sich grundsätzlich ohne weitere Kalibration auswerten indem beispielsweise abgebildete Objekte erkannt und geometrisch vermessen werden. Um allerdings aus den gemessenen Strahlungsintensitäten die Temperaturverteilung der emittierenden Oberfläche zu bestimmen, ist zunächst eine Kalibration des Systems notwendig. Die physikalischen Grundlagen sowie der Kalibrationsprozess zur strahlungsbasierten Temperaturmessung, werden in den nachfolgenden Abschnitten erörtert.

8.7.1 Grundlagen der strahlungsbasierten Temperaturmessung

Ein Körper oder Stoff emittiert elektromagnetische Temperaturstrahlung, wenn dessen Oberflächentemperatur größer als 0 K ist. Als Ursache sind bis zu einer Temperatur von etwa 4.000 K hauptsächlich Atomschwingungen und Molekülbewegung verantwortlich. Die Intensität der Strahlung ist bei nichttransparenten Körpern und Flüssigkeiten ausschließlich von der Temperatur der Oberfläche und von deren Emissionsgrad abhängig [BER14]; [KNA16]. Bei der Betrachtung eines idealen schwarzen Temperaturstrahlers hängt die messbare spektrale Strahldichte $L_{\lambda,S}$ ausschließlich von dessen Temperatur ab. Eigenschaften wie die Oberflächenbeschaffenheit oder der Materialtyp beeinflussen die elektromagnetische Emission des idealen schwarzen Strahlers nicht. Für derartige Strahler beschreibt das Plancksche Strahlungsgesetz den Zusammenhang zwischen der messbaren spektralen Strahldichte $L_{\lambda,S}$ und der Temperatur eines Körpers [BER14]:

$$L_{\lambda,S} = \frac{C_1}{\pi * \Omega_0 * \lambda^5 * \left[e^{\frac{C_2}{\lambda * T}} - 1\right]} \tag{8.10}$$

Die physikalischen Konstanten $C_1 = 3{,}741 * 10^{-16}\, W\, m^2$ und $C_2 = 1{,}438 * 10^{-2}\, m\, K$ sind aus der Literatur bekannt [BER14]. Ω_0 beschreibt den Raumwinkel und λ entspricht der Beobachtungswellenlänge der Temperaturstrahlung.

Um die Temperatur eines Körpers mithilfe von Gleichung 8.7 mit realen Oberflächeneigenschaften bestimmen zu können, ist die Berücksichtigung des Emissionsgrades notwendig. Der Emissionsgrad ε_λ beschreibt das Verhältnis der von einer realen technischen Oberfläche emittierten thermischen Strahlung und der thermischen Strahlung eines schwarzen Strahlers bei gleicher Temperatur [DEW88]:

$$\varepsilon_\lambda = \frac{L_\lambda}{L_{\lambda,S}} < 1 \tag{8.11}$$

Der Emissionsgrad einer technischen Oberfläche wird durch folgende Eigenschaften beeinflusst [BER14]; [KNA16]:

- Material / Werkstoff
- Oberflächenbeschaffenheit
- Temperatur der Oberfläche
- Wellenlänge der emittierten Strahlung
- Abstrahlwinkel der emittierten Strahlung
- Bei Metallen: Die Korngröße und Versetzungen im Kristallgitter

Die Werte für Emissionsgrade metallischer Oberflächen liegen im Bereich zwischen 0,1 (polierte Oberfläche) und 0,95 (oxidierte, grobe Oberfläche) [TOU70].

In dieser Arbeit wird der Ansatz verfolgt einen globalen Emissionsgrad anhand der Strahlungsintensität bzw. Temperatur an der Schmelzbadgrenze abzuschätzen. Zudem erfordert die Berechnung der Temperatur auf Basis der gemessenen Pixelintensitäten des NIR-1690-Kamerasystems eine Kalibration des Gesamtsystems inklusive des Strahlengangs der Bearbeitungsoptik. Der Zusammenhang zwischen dem Messsignal eines Pyrometers bzw. eines Thermografiesystems und der Temperatur T kann mithilfe von Gleichung 8.9 ausgedrückt werden [TAP16]:

$$I_\lambda = \frac{K \cdot \varepsilon_\lambda}{\lambda^5 \cdot e^{\frac{C_2}{\lambda T}}} \quad (8.12)$$

Dabei repräsentiert C_2 die Plancksche Strahlungskonstante. Zudem sind die Messwellenlänge λ und die zusammengefasste Konstante K weitere Parameter der Gleichung. Es ist zu bemerken, dass das verwendete Kameraobjektiv, der Detektor und andere gerätespezifische Parameter den Faktor K beeinflussen. Da Gleichung 8.9 für diskrete Messwellenlängen gültig ist, muss für eine korrekte Anwendung über die Messwellenlängen $\Delta\lambda$ der detektierten Strahlung integriert werden. Aufgrund des verwendeten schmalbandigen Bandpassfilters ist das betreffende Wellenlängenband $\Delta\lambda$ sehr klein, weshalb der durch die Vereinfachung in Gleichung 8.9 verursachte Fehler vernachlässigbar ist.

8.7.2 Kalibration des Kamerasystems am schwarzen Strahler

Das NIR-1690-Kamerasystem wird inklusive der Bearbeitungsoptik mit den Kameraparametern, die bei den Schweißexperimenten zum Einsatz kamen, an einem schwarzen Strahler kalibriert. In Schritten von 50°C sind dazu thermische Bilddaten bei den jeweiligen Temperaturen eines schwarzen Strahlers (*Land Infrared Type R1500T*) aufgezeichnet worden, die von der niedrigsten messbaren Temperatur (1.000°C), bis zur höchsten einstellbaren Temperatur des schwarzen Strahlers (1.500°C) reichen. Die Temperaturgenauigkeit des Strahlers wird mit +/-3°C angegeben.

Jedes Einzelvideo besteht aus 2.000 Einzelbildern, welche durch zeitliche Mittelung zu temperaturspezifischen Mittelwertbildern zusammengefasst werden, um Sensorrauschen zu verringern. In Abbildung 87 (unten) sind beispielhaft Kalibrationskurven einzelner Pixel aufgetragen. Die Verläufe zeigen den Zusammenhang der gemessenen Strahlungsintensität und der Temperatur eines schwarzen Strahlers.

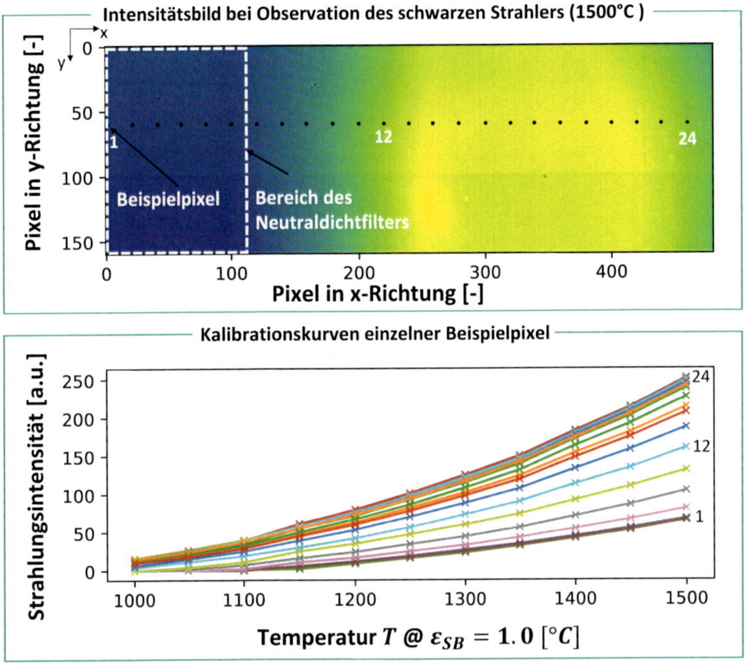

Abbildung 87: Beispielhaftes Intensitätsbild von einer Messung an einem schwarzen Strahler sowie aus den Messungen abgeleitete Kalibrationskurven.

Zwischen den Messpunkten wurden die jeweiligen Werte linear interpoliert. Aufgrund der durch den ND-Filter verursachten Abschwächung zeigt der linke Bereich des in Abbildung 87 (oben) gezeigten Intensitätsbildes eine geringere Signalstärke, die mit den flacheren Kurvenverläufen der Beispielpixel korrespondiert. In einem weiteren Schritt wird der Emissionsgrad ($\varepsilon_{SB} = 0{,}42$) derart angepasst, dass die Temperatur an der Erstarrungsgrenze (schmelzbadseitig) der Schmelztemperatur des Werkstoffes (1.464°C) entspricht. Abbildung 88 zeigt das unkalibrierte Intensitätsbild einer Prozessaufnahme im oberen Teil der Abbildung. Im unteren Teil ist das kalibrierte Temperaturbild erkennbar. Die erkennbare Schmelzbadgrenze stimmt mit der Isolinie der Schmelztemperatur überein.

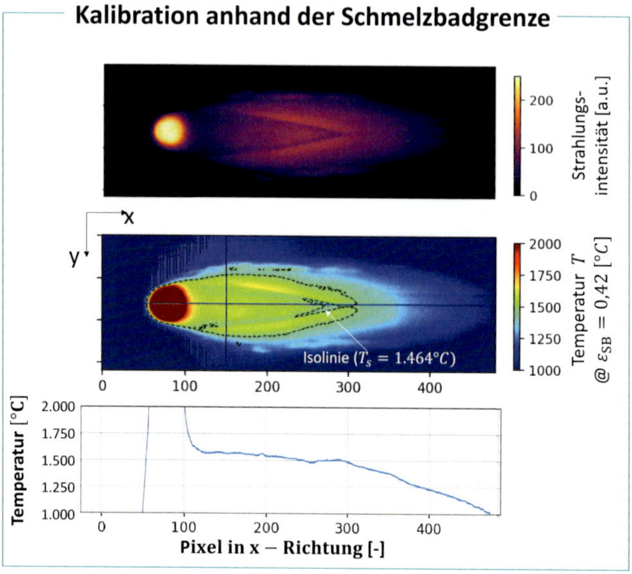

Abbildung 88: Intensitäts- und berechnetes Temperaturbild mit Isolinien der Schmelztemperatur.

Die in dieser Arbeit gezeigten Temperaturverläufe basieren auf der vorgestellten Kalibrationsmethode, welche jedoch nur Rahmen der getroffenen Annahmen (d.h. $\varepsilon_{SB} = konst.$, Schmelztemperatur entspricht der Erstarrungstemperatur, nicht-transparenter Körper) gültig sind. Bei dem Einsatz der ortsaufgelösten Strahlungsthermographie zur Temperaturbestimmung während des Laserstrahlschweißens ist zu beachten, dass der Emissionsgrad örtlichen und zeitlich Änderungen unterliegt. Durch das Auftreten unterschiedliche Aggregatszustände des bearbeiteten Materials und aufgrund von Oxidationsprozessen im Nahtbereich können deutlich unterschiedliche Emissionsgrade im Messbereich des NIR-1690-Kamerasystem zur Wirkung kommen.

II Quellenverzeichnis

[AAL05] Aalderink, B.; Aarts, R., et al.: Weld Plume Emissions During Nd:YAG Laser Welding, In: *Material Science,* 2005

[AAR15] Aarno, Daniel; Engblom, Jakob: DMA: A concrete modeling example, In: Full-System Simulation with Simics, Elsevier, 2015, S. 211–236

[ABA15] Abadi, M.; Agarwal, A., et al.: TensorFlow: Large-Scale Machine Learning on Heterogeneous Systems, 2015, (https://arxiv.org/abs/1603.04467)

[ABB18] Abbasi, Z.; Yuhas, D., et al.: The Detection of Burn-Through Weld Defects Using Noncontact Ultrasonics, In: *Materials,* 2018, H. 1

[ABT11] Abt, F.; Heider, A., et al.: Camera Based Closed Loop Control for Partial Penetration Welding of Overlap Joints, In: *Physics Procedia,* 2011, S. 730–738

[ABT17] Abt, F.: Bildbasierte Charakterisierung und Regelung von Laserschweißprozessen, Dissertation, Universität Stuttgart (ISFW), 2017

[AGA18] Agarwal, G.; Gao, H., et al.: Study of Solidification Cracking Susceptibility during Laser Welding in an Advanced High Strength Automotive Steel, In: *Metals,* 2018, H. 9, S. 673

[AGA19] Agarwal, G.: Study of solidification cracking during laser welding in advanced high strength steels: A combined experimental and numerical approach, Dissertation, Delft University of Technology, 2019

[AKH91] Akhter, R.; Steen, W. M., et al.: Welding Zinc-Coated Steel with a Laser and the Properties of the Weldment, In: *Journal of Laser Applications,* 1991, H. 2, S. 9–20

[ALI12] Ali, J.; Khan., R., et al.: Random Forests and Decision Trees, In: *International Journal of Computer Science Issues (IJCSI),* 2012

[ANT21] Antonin, R.; Ashley, H., et al.: Stable-Baselines3: Reliable Reinforcement Learning Implementations, In: *Journal of Machine Learning Research,* 2021, H. 268, S. 1–8

[ARU17] Arulkumaran, K.; Deisenroth, M. P., et al.: Deep Reinforcement Learning: A Brief Survey, In: *IEEE Signal Processing Magazine,* 2017, H. 6, S. 26–38

[AUC17] Aucott, L.; Huang, D., et al.: Initiation and growth kinetics of solidification cracking during welding of steel, In: *Scientific reports,* 2017, S. 40255

[BAL14] Baluch, N.; Udin, Z. M., et al.: Advanced High Strength Steel in Auto Industry: an Overview, In: *Engineering, Technology & Applied Science Research,* 2014, H. 4, S. 686–689

[BAR05] Bardin, F.; Cobo, A., et al.: Closed-loop power and focus control of laser welding for full-penetration monitoring, In: *Applied optics,* 2005, H. 44, S. 13–21

[BEE04] Beersiek, Jörg: Überwachung und Regelung der Einschweißtiefe beim Schweißen mit Laserstrahlung: Dissertation, RWTH Aachen (LLT), Shaker, 2004

[BEH93] Behler, K.; Imhoff, R., et al.: Überlappstoß zum Schweißen von beschichteten Werkstücken mittels Laserstrahlung. Patent. Deutschland. Veröffentlichungsnr. DE3909471C2, 1993

[BER14] Bernhard, F. (Hrsg.): Handbuch der Technischen Temperaturmessung, 2. Aufl. 2014, Berlin, Heidelberg, Springer Berlin Heidelberg, 2014

[BIR11] Birnesser, A.: Prozessregelung beim Laserstrahlschweißen: Dissertation, Universität Stuttgart (ISFW), Herbert Utz Verlag, 2011

[BIS13] Bishop, C. M.: Pattern recognition and machine learning, 11. (corr. printing), New York, Springer, 2013

[BLU15] Blug, A.: Camera based closed-loop control of laser micro-welding processes by observation of the full penetration hole, In: *Lasers in Manufacturing Conference,* 2015

[BOC20] Bochkovskiy, A.; Wang, C., et al.: YOLOv4: Optimal Speed and Accuracy of Object Detection, 2020, (https://arxiv.org/pdf/2004.10934)

[BOE22] Boer, E.; Friligos, Y., et al.: Transforming advanced manufacturing through Industry 4.0, Internet, (https://www.mckinsey.com/capabilities/operations/our-insights/transforming-advanced-manufacturing-through-industry-4-0#/), Abgerufen am: 2023-05-10.

[BOL03] Bollig, A.; Abel, D., et al.: Identification and predictive control of laser beam welding using neural networks, In: *European Control Conference, ECC,* 2003, S. 2457–2462

[BRE01] Breiman, L.: Random Forests, In: *Machine Learning,* 2001, H. 1, S. 5–32

[BRE02] Breiman, L.: Manual On Setting Up, Using, And Understanding Random Forests V3.1, Internet, (https://www.stat.berkeley.edu/~breiman/Using_random_forests_V3.1.pdf), Abgerufen am: 2023-05-09.

[BRO13] Brock, C.; Tenner, F., et al.: Detection of Weld Defects by High Speed Imaging of the Vapor Plume, In: *Physics Procedia,* 2013, S. 539–543

[BRO14] Brock, C.: Analyse und Regelung des Laserstrahltiefschweißprozesses durch Detektion der Metalldampffackelposition: Dissertation, Friedrich-Alexander-Universität Erlangen-Nürnberg (LPT), Meisenbach, 2014

[CAH23] Cahuantzi, R.; Chen, X., et al.: A comparison of LSTM and GRU networks for learning symbolic sequences, 2023, (https://arxiv.org/abs/2107.02248)

[CAI20] Cai, W.; Wang, J., et al.: Application of sensing techniques and artificial intelligence-based methods to laser welding real-time monitoring: A critical review of recent literature, In: *Journal of Manufacturing Systems,* 2020, S. 1–18

[CHO12a] Cho, W.; Na, S., et al.: Numerical simulation of molten pool dynamics in high power disk laser welding, In: *Journal of Materials Processing Technology,* 2012, H. 1, S. 262–275

[CHO12b] Chokkalingham, S.; Chandrasekhar, N., et al.: Predicting the depth of penetration and weld bead width from the infra red thermal image of the weld pool using artificial neural network modeling, In: *Journal of Intelligent Manufacturing,* 2012, H. 5, S. 1995–2001

[CHO14] Cho, K.; van Merrienboer, B., et al.: Learning Phrase Representations using RNN Encoder-Decoder for Statistical Machine Translation, 2014, (http://arxiv.org/pdf/1406.1078v3)

[CHU14] Chung, J.; Gulcehre, C., et al.: Empirical Evaluation of Gated Recurrent Neural Networks on Sequence Modeling, 2014, (http://arxiv.org/pdf/1412.3555v1)

[DEU96] Deutsch, P.: GZIP file format specification version 4.3, 1996

[DEW88] DeWitt, D. P.; Nutter, G. D.: Theory and practice of radiation thermometry, New York, Wiley, 1988

[DEY17] Dey, R.; Salem, F. M.: Gate-Variants of Gated Recurrent Unit (GRU) Neural Networks, 2017, (10.48550/arXiv.1701.05923)

[DI22] Di Wu; Z., Peilei, et al.: Progress and perspectives of in-situ optical monitoring in laser beam welding: Sensing, characterization and modeling, In: *Journal of Manufacturing Processes,* 2022, S. 767–791

[DIN07a] Norm DIN ISO 20473: Optik und Photonik - Wellenlängenbereiche, 2007

[DIN07b] Norm: ISO 6520-1. Classification of geometric imperfections in metallic materials – Part 1: Fusion welding (ISO 6520-1:2007); Trilingual version, 2007

[DIN15a] Norm DIN ISO/IEC 2382: Informationstechnologie - Vokabularien, Mai 2015

[DIN15b] Norm ISO 9001: Qualitätsmanagementsysteme - Anforderungen, November 2015

[DIN18] Norm: EN ISO 13919-1:2018-11, Schweißen- Elektronen- und Laserstrahl-Schweißverbindungen. Leitfaden für Bewertungsgruppen für Unregelmäßigkeiten - Teil 1: Stahl, Nickel, Titan und seine Legierungen, 2018

[DOR14] Dorsch, F.; Braun, H., et al.: Online NIR diagnostic of laser welding processes and its potential for quality assuring sensor systems, SPIE LASE, In: *High-Power Laser Materials Processing,* 2014, H. 8963

[DU06] Du, P.; Kibbe, W. A., et al.: Improved peak detection in mass spectrum by incorporating continuous wavelet transform-based pattern matching, In: *Bioinformatics,* 2006, H. 17, S. 2059–2065

[DU18] Du, S. S.; Wang, Y., et al.: How Many Samples are Needed to Estimate a Convolutional Neural Network?, In: *32nd Conference on Neural Information Processing Systems,* 2018

[DUL21] Dulac-Arnold, g.; Levine, N., et al.: An empirical investigation of the challenges of real-world reinforcement learning, 2021, (https://arxiv.org/abs/2003.11881)

[EMV21] Norm STANDARD 1288: Norm EMVA Standard 1288 Standard for Characterization of Image Sensors and Cameras. Release 4.0 General, Release Candidate, März 2021

[ERZ11] Erz, Michael: Charakterisierung von Laufzeitkamerasystemen für Lumineszenzlebensdauermessungen: Dissertation, Heidelberg University Library, 2011

[EßE22] Eßen, J. von: Automatisierte Detektion der tiefsten Kapillarposition beim Laserstrahlschweißen: Masterarbeit RWTH (LLT), 2022

[FAB05] Fabbro, Rémy; Slimani, Sonia, et al.: Study of keyhole behaviour for full penetration Nd–Yag CW laser welding, In: *Journal of Physics D: Applied Physics,* 2005, H. 12, S. 1881–1887

[FAB06] Fabbro, R.; Coste, F., et al.: Study of CW Nd-Yag laser welding of Zn-coated steel sheets, In: *Journal of Physics D: Applied Physics,* 2006, H. 2, S. 401–409

[FAB10] Fabbro, R.: Melt pool and keyhole behaviour analysis for deep penetration laser welding, In: *Journal of Physics D: Applied Physics,* 2010, H. 44, S. 445501

[FRA20] Franceschetti, L.; Pacher, M., et al.: Dross attachment estimation in the laser-cutting process via Convolutional Neural Networks (CNN), In:

2020 28th Mediterranean Conference on Control and Automation (MED), Piscataway, NJ, IEEE, 2020, S. 850–855

[GAO13] Gao, X.; Wen, Q., et al.: Analysis of high-power disk laser welding stability based on classification of plume and spatter characteristics, In: *Transactions of Nonferrous Metals Society of China,* 2013, H. 12, S. 3748–3757

[GAO18] Gao, H.; Agarwal, G., et al.: Investigation on hot cracking during laser welding by means of experimental and numerical methods, In: *Welding in the World,* 2018, H. 1, S. 71–78

[GEM23] Gemini Team; Anil, Rohan, et al.: Gemini: A Family of Highly Capable Multimodal Models, 2023, (http://arxiv.org/pdf/2312.11805.pdf)

[GOM17] Gommlich, T.: Avoidance of hydrogen damage on the high strength steel 300M at the electrodeposition of zinc-nickel coatings: Dissertation, RWTH Aachen, Shaker, 2017

[GON19] Gonzalez-Val, C.; Pallas, A., et al.: A convolutional approach to quality monitoring for laser manufacturing, In: *Journal of Intelligent Manufacturing,* 2019, 3–4, S. 2505

[GOO16] Goodfellow, I.; Bengio, Y., et al.: Deep learning, Cambridge, MassachusettsLondon, England, MIT Press, 2016

[GOO18] Goodfellow, Ian; Bengio, Yoshua, et al.: Deep Learning: Das umfassende Handbuch : Grundlagen, aktuelle Verfahren und Algorithmen, neue Forschungsansätze, 1. Auflage, Frechen, mitp, 2018

[GRA93] Graham, M. P.; Hirak, D. M., et al.: Nd:YAG laser welding of coated sheet steel, In: *LIA conference proceedings,* 1993, S. 651–660

[GU96] Gu, H.; Duley, W. W.: Resonant acoustic emission during laser welding of metals, In: *Journal of Physics D: Applied Physics,* 1996, H. 3, S. 550–555

[GÜN16] Günther, J.; Pilarski, P. M., et al.: Intelligent laser welding through representation, prediction, and control learning: An architecture with deep neural networks and reinforcement learning, In: *Mechatronics,* 2016, S. 1–11

[GUO17] Guo, Chuan; Pleiss, Geoff, et al.: On Calibration of Modern Neural Networks, 2017, (https://arxiv.org/pdf/1706.04599)

[HAD22] Haddad, E.; Chung, W. S., et al.: Laser micro welding with fiber lasers for battery and fuel cell based electromobility, In: *Journal of Advanced Joining Processes,* 2022, S. 100085

[HAN11] Hann, D. B.; Iammi, J., et al.: A simple methodology for predicting laser-weld properties from material and laser parameters, In: *Journal of Physics D: Applied Physics,* 2011, H. 44, S. 445401

[HAR24] Hartung, Julia: Machine Learning for Camera-Based Monitoring of Laser Welding Processes, Dissertation, Karlsruher Institut für Technologie, KIT Scientific Publishing, 2024

[HAU19] Haubold, Martin Wilhelm; Zäh, Michael Friedrich: Real-time spatter detection in laser welding with beam oscillation, In: *Procedia CIRP,* 2019, S. 159–164

[HAU21] Haubold, M. W.: Automatische Qualitätssicherung hinsichtlich der Spritzerbildung beim Remote-Laserstrahlschweißen: Dissertation, Universitätsbibliothek der TU München, 2021

[HDF24] The HDF Group: Hierarchical Data Format, version 5: Software, Internet, (https://www.hdfgroup.org/HDF5/), Abgerufen am: 2024-12-27.

[HE15a] He, K.; Zhang, X., et al.: Delving Deep into Rectifiers: Surpassing Human-Level Performance on ImageNet Classification, In: *IEEE International Conference on Computer Vision,* 2015, S. 1026–1034

[HE15b] He, K.; Zhang, X., et al.: Deep Residual Learning for Image Recognition, 2015, (http://arxiv.org/pdf/1512.03385v1)

[HEI18] Heider, A.: Erweitern der Prozessgrenzen beim Laserstrahlschweißen von Kupfer mit Einschweißtiefen zwischen 1 mm und 10 mm: Dissertation, Universität Stuttgart (ISFW), Herbert Utz Verlag, 2018

[HEL17] Heller, K.: Analytische Temperaturfeldbeschreibung beim Laserstrahlschweißen für thermographische Prozessbeobachtung: Dissertation, Universität Stuttgart (ISFW), Herbert Utz Verlag, 2017

[HEL22] Helm, Johanna Gisela Margarete; GILLNER, Arnold (Mitarb.); REISGEN, Uwe (Mitarb.) : Prozessstabilität und Prozesseffizienz beim Laserstrahlfügen von hoch reflektiven Kupferwerkstoffen; 1. Auflage: Dissertation, RWTH Aachen (LLT), Apprimus Verlag, 2022

[HEM14] Hemmerich, M.; Thiel, C., et al.: Reduction of Focal Shift Effects in Industrial Laser Beam Welding by Means of Innovative Protection Glass Concept, In: *Physics Procedia,* 2014, S. 681–688

[HOC97] Hochreiter, S.; Schmidhuber, J.: Long short-term memory, In: *Neural computation,* 1997, H. 8, S. 1735–1780

[HOL16] Holzer, M.; Hofmann, K., et al.: Change of Hot Cracking Susceptibility in Welding of High Strength Aluminum Alloy AA 7075, In: *Physics Procedia,* 2016, S. 463–471

[HOR00] Hornig, J.: Laserstrahl-Schweißverfahren für Überlappnähte an beschichteten Blechen. Patent. Deutschland. Veröffentlichungsnr. DE19854217C2, 2000

[HUA09] Huang, W.; Kovacevic, R.: Feasibility study of using acoustic signals for online monitoring of the depth of weld in the laser welding of high-strength steels, In: *Proceedings of the Institution of Mechanical Engineers,* 2009, H. 4, S. 343–361

[HUA23] Huang, Weiwei; Gao, Xiangdong, et al.: Improved Convolutional Neural Network for Laser Welding Defect Prediction, In: *International Journal of Precision Engineering and Manufacturing,* 2023, H. 1, S. 33–41

[HUB14] Huber, S.: In-situ-Legierungsbestimmung beim Laserstrahlschweißen: Dissertation, Technische Universität München (iwb), Herbert Utz Verlag, 2014

[HÜG14] Hügel, H.; Graf, T.: Laser in der Fertigung: Grundlagen der Strahlquellen, Systeme, Fertigungsverfahren, 3., überarbeitete und erweiterte Auflage, Wiesbaden, Springer Vieweg, 2014

[HÜL21] Hüllermeier, E.; Waegeman, W.: Aleatoric and epistemic uncertainty in machine learning: an introduction to concepts and methods, In: *Machine Learning,* 2021, H. 3, S. 457–506

[IAT16] Norm IATF 16949: Anforderungen an Qualitätsmanagementsysteme für die Serien- und Ersatzteilproduktion in der Automobilindustrie, Oktober 2016

[ISO23] Norm ISO 15739:2023: Photography - Electronic still-picture imaging - Noise measurements, Edition 4, 2023

[JÄH12] Jähne, Bernd: Digitale Bildverarbeitung, Berlin, Heidelberg, Springer Berlin Heidelberg, 2012

[JAN18] Jan-Patrick Hermani: Seam tracking and welding depth determination by means of OCT technology (EALA - European Automotive Laser Applications), 2018-02-07

[JIA14] Jia, Y.; Shelhamer, E., et al.: Caffe: Convolutional Architecture for Fast Feature Embedding, 2014, (http://arxiv.org/pdf/1408.5093v1)

[JIA23] Jiang, Albert Q.; Sablayrolles, Alexandre, et al.: Mistral 7B, 2023, (http://arxiv.org/pdf/2310.06825.pdf)

[KAE17] Kaehler, Adrian; Bradski, Gary R.: Learning OpenCV 3: Computer vision in C++ with the OpenCV library, First edition, BeijingBoston, Mass.FarnhamSebastopolTokyo, O'Reilly, 2017

[KÄG13] Kägeler, C.: Prozessdynamik beim Laserstrahlschweißen verzinkter Stahlbleche im Überlappstoß: Dissertation, Friedrich-Alexander-Universität Erlangen-Nürnberg (LPT), Meisenbach, 2013

[KAN22] Kang, S.; Kang, M., et al.: Deep learning-based penetration depth prediction in Al/Cu laser welding using spectrometer signal and CCD image, In: *Journal of Laser Applications,* 2022, H. 4, S. 42035

[KAP10] Kaplan, A. F. H.; Powell, J.: Laser welding: The spatter map, In: *Pacific International Conference on Applications of Lasers and Optics,* 2010, S. 683–690

[KAP11] Kaplan, A. F. H.; Powell, J.: Spatter in laser welding, In: *Journal of Laser Applications,* 2011, H. 3, S. 32005

[KAR21] Karniadakis, G.; Kevrekidis, I. G., et al.: Physics-informed machine learning, In: *Nature Reviews Physics,* 2021, H. 6, S. 422–440

[KAW08] Kawahito, Y.; Matsumoto, N., et al.: Characterisation of plasma induced during high power fibre laser welding of stainless steel, In: *Science and Technology of Welding and Joining,* 2008, H. 8, S. 744–748

[KAW09] Kawahito, Y.; Mizutani, M., et al.: High quality welding of stainless steel with 10 kW high power fibre laser, In: *Science and Technology of Welding and Joining,* 2009, H. 4, S. 288–294

[KER19] Kerner, H. R.; Wellington, D. F., et al.: Novelty Detection for Multispectral Images with Application to Planetary Exploration, In: *Proceedings of the AAAI Conference on Artificial Intelligence,* 2019, H. 01, S. 9484–9491

[KIM12] Kim, C.; Ahn, D.: Coaxial monitoring of keyhole during Yb:YAG laser welding, In: *Optics & Laser Technology,* 2012, H. 6, S. 1874–1880

[KIM19] Kim, D.; Cho, H., et al.: An Efficient Three-Dimensional Convolutional Neural Network for Inferring Physical Interaction Force from Video, In: *Sensors (Basel, Switzerland),* 2019, H. 16

[KIM21] Kim, H.; Nam, Kimoon, et al.: Deep-learning-based real-time monitoring of full-penetration laser keyhole welding by using the synchronized coaxial observation method, In: *Journal of Manufacturing Processes,* 2021, S. 1018–1030

[KIN14] Kingma, D. P.; Ba, J.: Adam: A Method for Stochastic Optimization, 2014, (http://arxiv.org/pdf/1412.6980v9)

[KNA16] Knaak; Christian: Koaxiale Integration eines Quotienthermografiesystems in eine Laserstrahlschweißoptik, Masterarbeit, RWTH Aachen (LLT), 2016

[KNA18] Knaak, C.; Thombansen, U., et al.: Machine learning as a comparative tool to determine the relevance of signal features in laser welding, In: *Procedia CIRP,* 2018, S. 623–627

[KNA19] Knaak, C.; Kolter, G., et al.: Deep learning-based semantic segmentation for in-process monitoring in laser welding applications, In: *Applications of Machine Learning (SPIE),* 2019

[KNA21a] Knaak, C.; Eßen, J. von, et al.: A Spatio-Temporal Ensemble Deep Learning Architecture for Real-Time Defect Detection during Laser Welding on Low Power Embedded Computing Boards, In: *Sensors (Basel, Switzerland),* 2021, H. 12

[KNA21b] Knaak, C.; Masseling, L., et al.: Improving Build Quality in Laser Powder Bed Fusion Using High Dynamic Range Imaging and Model-Based Reinforcement Learning, In: *IEEE Access,* 2021, S. 55214–55231

[KOG16] Kogel-Hollacher, M.; Schoenleber, M., et al.: Measurement and Closed-Loop Control of the Penetration Depth in Laser Materials Processing, In: *9th International Conference on Photonic Technologies LANE,* 2016

[KOT05] Kotsiantis, S.; Kanellopoulos, D., et al.: Handling imbalanced datasets: A review, In: *GESTS International Transactions on Computer Science and Engineering,* 2005, S. 25–36

[KOT10] Kotsev, T.: Schmelzbadsimulation beim Laserstrahlschweißen unterschiedlicher Materialien: Dissertation, Otto-von-Guericke-Universität Magdeburg, 2010

[KOU03] Kou, S.: Welding metallurgy, 2nd ed., Hoboken, N.J, Wiley-Interscience, 2003

[KOU18] Kouw, W. M.; Loog, M.: An introduction to domain adaptation and transfer learning, 2018, (http://arxiv.org/pdf/1812.11806v2)

[KOV97] Kovacevic, R.; Zhang, Y. M.: Real-Time Image Processing for Monitoring of Free Weld Pool Surface, In: *Journal of Manufacturing Science and Engineering,* 1997, H. 2, S. 161

[KRA03] Kratzsch, C.: Realisierung eines kamerabasierten Prozessüberwachungssystems am Beispiel des Laserstrahlschweißens: Dissertation, RWTH Aachen (LLT), Shaker, 2003

[KRÄ14] Krämer, S.; Fiedler, W., et al.: Seam tracking with texture based image processing for laser materials processing: SPIE LASE, 2014, H. 8963

[KRI12] Krizhevsky, A.; Sutskever, I., et al.: ImageNet Classification with Deep Convolutional Neural Networks, In: *Advances in Neural Information Processing Systems 25 (NIPS),* 2012, S. 1097–1105

[KRÜ13] Krüger, N.; Janssen, P., et al.: Deep hierarchies in the primate visual cortex: what can we learn for computer vision?, In: *IEEE transactions on pattern analysis and machine intelligence,* 2013, H. 8, S. 1847–1871

[LAN19] Lange, Jörg (Hrsg.); Lange, Tatjana (Hrsg.): Mathematische Grundlagen der Digitalisierung: Kompakt, visuell, intuitiv verständlich, WiesbadenHeidelberg, Springer Vieweg, 2019

[LAP20] Lapan, M.: Deep reinforcement learning hands-on: Apply modern RL methods to practical problems of chatbots, robotics, discrete optimization, web automation, and more, Second edition, BirminghamMumbai, Packt, 2020

[LEC89] Lecun, Y.; Boser, B., et al.: Backpropagation Applied to Handwritten Zip Code Recognition, In: *Neural computation,* 1989, H. 4, S. 541–551

[LEC98] Lecun, Y.; Bottou, L., et al.: Gradient-based learning applied to document recognition, In: *Proceedings of the IEEE,* 1998, H. 11, S. 2278–2324

[LEE14] Lee, S.; Ahn, S., et al.: Analysis of Acoustic Emission Signals During Laser Spot Welding of SS304 Stainless Steel, In: *Journal of Materials Engineering and Performance,* 2014, H. 3, S. 700–707

[LES17] Lesch, C.; Kwiaton, N., et al.: Advanced High Strength Steels (AHSS) for Automotive Applications − Tailored Properties by Smart Microstructural Adjustments, In: *steel research international,* 2017, H. 10, S. 1700210

[LI14] Li, S.; Chen, G., et al.: Relationship between spatter formation and dynamic molten pool during high-power deep-penetration laser welding, In: *Applied Surface Science,* 2014, S. 481–488

[LIU16] Liu, W.; Anguelov, D., et al.: SSD: Single Shot MultiBox Detector, 2016, (http://arxiv.org/pdf/1512.02325v5)

[LIU21] Liu, R.; Liu, S., et al.: A physics-informed machine learning model for porosity analysis in laser powder bed fusion additive manufacturing, In: *(The International Journal of Advanced Manufacturing Technology,* 2021, 7-8, S. 1943–1958

[LÖF06] Löffler, K.: The Future of Lasers in the Automotive Industry, Photonics Spectra, Internet, (https://www.photonics.com/Articles/The_Future_of_Lasers_in_the_Automotive_Industry/a23953), Abgerufen am: 2023-05-10.

[LOU14] Louppe, G.: Understanding Random Forests: From Theory to Practice, 2014, (http://arxiv.org/pdf/1407.7502v3)

[LUO15] Luo, M.; Shin, Y. C.: Estimation of keyhole geometry and prediction of welding defects during laser welding based on a vision system and a radial basis function neural network, In: *The International Journal of Advanced Manufacturing Technology,* 2015, 1-4, S. 263–276

[LUT11] Lutz, J.; Alder, H.: Anordnung von beschichteten Blechen zum Fügen mittels einer Laserschweißnaht. Patent. Deutschland. Veröffentlichungsnr. DE10261655B4, 2011

[LUT18] Lutz, K.: Fully automated welding process in industrial seating component manufacturing by means of OCT for in-situ weld depth measurement and closed loop control, Vortrag (EALA - European Automotive Laser Applications), 2018

[MA13] Ma, J.; Kong, F., et al.: Two-pass laser welding of galvanized high-strength dual-phase steel for a zero-gap lap joint configuration, In: *Journal of Materials Processing Technology,* 2013, H. 3, S. 495–507

[MA22] Ma, Deyuan; Jiang, Ping, et al.: Multi-sensing signals diagnosis and CNN-based detection of porosity defect during Al alloys laser welding, In: *Journal of Manufacturing Systems,* 2022, S. 334–346

[MAS20] Masinelli, G.; Le-Quang, T., et al.: Adaptive Laser Welding Control: A Reinforcement Learning Approach, In: *IEEE Access,* 2020, S. 1

[MCG22] McGowan, E.; Gawade, V., et al.: A Physics-Informed Convolutional Neural Network with Custom Loss Functions for Porosity Prediction in Laser Metal Deposition, In: *Sensors,* 2022, H. 2

[MCL99] McLachlan, G. J.: Mahalanobis distance, In: *Resonance,* 1999, H. 6, S. 20–26

[MEI17] Mei, L.; Yan, D., et al.: Influence of laser beam incidence angle on laser lap welding quality of galvanized steels, In: *Optics Communications,* 2017, S. 147–158

[MEN22] Meng, Y.; Shao, C.: Physics-informed ensemble learning for online joint strength prediction in ultrasonic metal welding, In: *Mechanical Systems and Signal Processing,* 2022

[MIC12] Mickel; P.: Methode zur Eigenschaftsdarstellung von Laserstrahlschweißnähten im Karosseriebau: Dissertation, Technische Universität Dresden, 2012

[MIL09] Milberg, J.; Trautmann, A.: Defect-free joining of zinc-coated steels by bifocal hybrid laser welding, In: *Production Engineering,* 2009, H. 1, S. 9–15

[MNI15] Mnih, V.; Kavukcuoglu, K., et al.: Human-level control through deep reinforcement learning, In: *Nature,* 2015, H. 7540, S. 529–533

[MNI16] Mnih, V.; Badia, A. P., et al.: Asynchronous Methods for Deep Reinforcement Learning, 2016, (https://arxiv.org/pdf/1602.01783)

[MÜL02] Müller, M. G.: Prozessüberwachung beim Laserstrahlschweißen durch Auswertung der reflektierten Leistung: Dissertation, Universität Stuttgart (ISFW), Herbert Utz Verlag, 2002

[MÜL04] Müller-Borhanian, J.; Deininger, C., et al.: Spatially resolved on-line monitoring during laser beam welding of steel and aluminum, In: ICALEO 2004 [electronic resource] : 23rd International congress on applications of lasers & electro-optics, Orlando, Fla., Laser Institute of America, 2004, S. 1306

[MÜL09] Müller-Borhanian, J.: Kamerabasierte In-Prozessüberwachung beim Laserstrahlschweißen: Dissertation, Universität Stuttgart (ISFW), Herbert Utz Verlag, 2009

[NA10] Na, X.; Zhang, Y., et al.: Nonlinear Identification of Laser Welding Process, In: *IEEE Transactions on Control Systems Technology,* 2010, H. 4, S. 927–934

[NAG17] Nagabandi, A.; Kahn, g., et al.: Neural Network Dynamics for Model-Based Deep Reinforcement Learning with Model-Free Fine-Tuning, 2017, (http://arxiv.org/pdf/1708.02596v2)

[NAK15] Nakamura, H.; Kawahito, Y., et al.: Elucidation of melt flows and spatter formation mechanisms during high power laser welding of pure titanium, In: *Journal of Laser Applications,* 2015, H. 3

[NIT20] Nitsch, J.; Itkina, M., et al.: Out-of-Distribution Detection for Automotive Perception, 2020, (https://arxiv.org/pdf/2011.01413)

[NOT22] Nothdurft, S.; Seffer, O., et al.: Investigations on laser beam welding of thin foils of copper and aluminum regarding weld seam quality using different laser beam sources, In: *Journal of Laser Applications,* 2022, H. 4

[NVI20] NVIDIA Corporation: NVIDIA Ampere GA102 GPU Architecture - Second-Generation RTX, Internet, (https://www.nvidia.com/content/PDF/nvidia-ampere-ga-102-gpu-architecture-whitepaper-v2.pdf), Abgerufen am: 2025-01-03.

[NVI22] NVIDIA Corporation: NVIDIA TensorRT: SDK for high-performance deep learning inference, Internet, (https://developer.nvidia.com/tensorrt), Abgerufen am: 2023-05-10.

[OGO21] Ogoke, F.; Farimani, A. B.: Thermal control of laser powder bed fusion using deep reinforcement learning, In: *Additive Manufacturing,* 2021

[PAN16] Pang, S.; Chen, Xin, et al.: Dynamics of vapor plume in transient keyhole during laser welding of stainless steel: Local evaporation, plume swing and gas entrapment into porosity, In: *Optics and Lasers in Engineering,* 2016, S. 28–40

[PAR99] Park, H.; Rhee, S.: Estimation of weld bead size in CO2 laser welding by using multiple regression and neural network, In: *Journal of Laser Applications,* 1999, H. 3, S. 143–150

[PAS19] Paszke, A.; Gross, S., et al.: PyTorch: An Imperative Style, High-Performance Deep Learning Library, In: *Advances in Neural Information Processing Systems 32 (NeurIPS),* 2019, S. 8024–8035

[PAT16] Patschger, A.; BERGMANN, Jean Pierre (Mitarb.): Grundlegende Untersuchungen zum Prozessverständnis des Laserstrahl-Mikroschweißens von metallischen Folien: Dissertation, Technische Universität Ilmenau, 2016

[PEA21] Pearce, T.; Brintrup, A., et al.: Understanding Softmax Confidence and Uncertainty, 2021, (https://arxiv.org/pdf/2106.04972)

[PED11] Pedregosa et al.: Scikit-learn: Machine Learning in Python, In: *JMLR 12,* 2011, S. 2825–2830

[PER22] Perka, A. Kumar; J., Merbin, et al.: Advanced High-Strength Steels for Automotive Applications: Arc and Laser Welding Process, Properties, and Challenges, In: *Metals,* 2022, H. 6, S. 1051

[PLO11] Ploshikhin, V.; Prihodovsky, A., et al.: Experimental investigation of the hot cracking mechanism in welds on the microscopic scale, In: *Frontiers of Materials Science,* 2011, H. 2, S. 135–145

[POP11] Poprawe, R. (Hrsg.): Tailored Light 2: Laser Application Technology, Berlin, Heidelberg, Springer Berlin / Heidelberg, 2011

[POS03] Postma, S.: Weld Pool Control in Nd:YAG Laser Welding, Universiteit Twente, PhD Thesis, 2003

[PRI20] Prieto, C.; Fernandez, R., et al.: In situ process monitoring by optical microphone for crack detection in Laser Metal Deposition applications, In: *11th CIRP Conference on Photonic Technologies [LANE],* 2020

[PUR17] Purdy, M.; Daugherty P.: How AI boosts industry profits and innovations, Internet, (https://www.accenture.com/fr-fr/_acnmedia/36dc7f76eab444cab6a7f44017cc3997.pdf), Abgerufen am: 2023-05-10.

[QUA21] Quazi, M. M.; Ishak, M., et al.: A comprehensive assessment of laser welding of biomedical devices and implant materials: recent research, development and applications, In: *Critical Reviews in Solid State and Materials Sciences,* 2021, H. 2, S. 109–151

[REE00] Reek, Alexandra: Strategien zur Fokuspositionierung beim Laserstrahlschweißen, Zugl.: München, Techn. Univ., Diss., 2000, München, Utz, 2000

[REG09] Regaard, Boris; Kaierle, Stefan, et al.: Seam-tracking for high precision laser welding applications—Methods, restrictions and enhanced concepts, In: *Journal of Laser Applications,* 2009, H. 4, S. 183–195

[REG13] Regaard, B.: Geometriebasierte Prozessüberwachung und -regelung beim Laserstrahlschweißen durch koaxiale Beobachtung des Schmelzbades mit Fremdbeleuchtung: Dissertation, RWTH Aachen (LLT), Shaker, 2013

[REG18] Regaard, B.; Kaierle, S., et al.: Advantages of coaxial external illumination for monitoring and control of laser materials processing, In: *International Congress on Applications of Lasers & Electro-Optics,* 2018, S. 2307

[ROM18] Rominger, V.; Harrer, T., et al.: Formation mechanism of process instabilities and strategies to improve welding quality, In: *International Congress on Applications of Lasers & Electro-Optics,* 2018, S. 565–573

[ŠČE12] Ščeglov, P.: Study of vapour-plasma plume during high power fiber laser beam influence on metals: Dissertation, National Research Nuclear University "MEPhI", Moscow, Russia, Bundesanstalt für Materialforschung und -prüfung (BAM), 2012

[SCH08] Schmidt, M.; Otto, A., et al.: Analysis of YAG laser lap-welding of zinc coated steel sheets, In: *CIRP Annals - Manufacturing Technology,* 2008, H. 1, S. 213–216

[SCH15] Schmidhuber, J.: Deep Learning in Neural Networks: An Overview, In: *Neural Networks,* 2015, S. 85–117, (http://arxiv.org/pdf/1404.7828v4)

[SCH17a] Schuth, M.; Buerakov, W.: Handbuch Optische Messtechnik: Praktische Anwendungen für Entwicklung, Versuch, Fertigung und Qualitätssicherung, München, Hanser, 2017

[SCH17b] Schulman, J.; Wolski, F., et al.: Proximal Policy Optimization Algorithms, 2017, (https://arxiv.org/pdf/1707.06347)

[SCH18] Schäfer, M.: Energetische Beeinflussung von Schmelzefluss und Heißrissbildung beim Laserstrahlschweißen von Vergütungsstahl: Dissertation, Universität Stuttgart (ISFW), Herbert Utz Verlag, 2018

[SCH22] Schmoeller, M.; Weiss, T., et al.: Inline Weld Depth Evaluation and Control Based on OCT Keyhole Depth Measurement and Fuzzy Control, In: *MDPI Processes,* 2022, H. 7, S. 1422

[SCH97] Schneider, W.: Hüllkurvenverfahren zur Prozeßüberwachung, In: Flexibel automatisiertes Taumelnieten, Berlin, Heidelberg, Springer Berlin Heidelberg, 1997, S. 58–65

[SCI18] Scime, L.; Beuth, J.: A multi-scale convolutional neural network for autonomous anomaly detection and classification in a laser powder bed fusion additive manufacturing process, In: *Additive Manufacturing,* 2018, S. 273–286

[SHA05] Shao, J.; Yan, Y.: Review of techniques for on-line monitoring and inspection of laser welding, In: *Journal of Physics: Conference Series,* 2005, S. 101–107

[SHE19] Shevchik, S. A.; Le-Quang, T., et al.: Laser Welding Quality Monitoring via Graph Support Vector Machine With Data Adaptive Kernel, In: *IEEE Access,* 2019, S. 93108–93122

[SHE20] Shevchik, S.; Le-Quang, T., et al.: Supervised deep learning for real-time quality monitoring of laser welding with X-ray radiographic guidance, In: *Nature - Scientific reports,* 2020, H. 10

[SIB09] Sibillano, T.; Ancona, A., et al.: A real-time spectroscopic sensor for monitoring laser welding processes, In: *Sensors,* 2009, H. 5, S. 3376–3385

[SIB10] Sibillano, T.; Ancona, A., et al.: Study on the correlation between plasma electron temperature and penetration depth in laser welding processes, In: *Physics Procedia,* 2010, S. 429–436

[SIM14] Simonyan, K.; Zisserman, A.: Very Deep Convolutional Networks for Large-Scale Image Recognition, 2014, (http://arxiv.org/pdf/1409.1556v6)

[SIN13] Sinha, A. K.; Kim, Duck Y., et al.: Correlation analysis of the variation of weld seam and tensile strength in laser welding of galvanized steel, In: *Optics and Lasers in Engineering,* 2013, H. 10, S. 1143–1152

[SKA16] Skala, J.; Svantner, M., et al.: Active thermography inspection of protective glass contamination on laser scanning heads, In: *Applied optics,* 2016, H. 34, D60-D66

[SOM22] Sommerhuber, R.; Kettner, M.: Monitoring of remote laser processes using air-coupled ultrasound, In: *Proceedings of LANE,* 2022

[SOV07] Sovetchenko, P.: Herstellung beschichteter Mehrblechverbindungen im Karosseriebau mit Hilfe der Hochleistungslasertechnik: Dissertation, Otto-von-Guericke-Universität Magdeburg, Shaker, 2007

[SRI22] Srivastava, A.; Jain, S., et al.: Out of Distribution Detection on ImageNet-O, 2022, (https://arxiv.org/abs/2201.09352)

[STA06] Stache, N. C.; Zimmer, H., et al.: Approaches for High-Speed Melt Pool Detection in Laser Welding Applications, In: *Vision, Modeling, and Visualization (VMV),* 2006, S. 217–224

[STA18] Stavridis, J.; Papacharalampopoulos, A., et al.: Quality assessment in laser welding: A critical review, In: *The International Journal of Advanced Manufacturing Technology,* 2018, 5-8, S. 1825–1847

[STA20] Stadter, C.; Schmoeller, M., et al.: Real-time prediction of quality characteristics in laser beam welding using optical coherence tomography and machine learning, In: *Journal of Laser Applications,* 2020, H. 2, S. 22046

[STE72] Steffen, J.; Lortscher, J.-P., et al.: Fundamental mode radiation with solid-state lasers, In: *IEEE Journal of Quantum Electronics,* 1972, H. 2, S. 239–245

[SUT18] Sutton, R. S.; Barto, A. G.: Reinforcement learning: An introduction, Second edition, Cambridge Massachusetts, The MIT Press, 2018

[SUT91] Sutton, R. S.: Dyna, an integrated architecture for learning, planning, and reacting, In: *ACM SIGART Bulletin,* 1991, H. 4, S. 160–163

[SUZ85] Suzuki, S.; be, K.: Topological structural analysis of digitized binary images by border following, In: *Computer Vision, Graphics, and Image Processing,* 1985, H. 1, S. 32–46

[SVE15] Svenungsson, J.; Choquet, I., et al.: Laser Welding Process – A Review of Keyhole Welding Modelling, In: *Physics Procedia,* 2015, S. 182–191

[SZE14] Szegedy, C.; Liu, W., et al.: Going Deeper with Convolutions, 2014, (http://arxiv.org/pdf/1409.4842v1)

[SZE16] Szegedy, C.; Ioffe, Sergey, et al.: Inception-v4, Inception-ResNet and the Impact of Residual Connections on Learning, 2016, (https://arxiv.org/pdf/1602.07261)

[TAN20] Tang, X.; Zhong, P., et al.: A New Method to Assess Fiber Laser Welding Quality of Stainless Steel 304 Based on Machine Vision and Hidden Markov Models, In: *IEEE Access,* 2020, S. 130633–130646

[TAP16] Tapetado, Alberto; Diaz-Alvarez, J., et al.: Two-Color Pyrometer for Process Temperature Measurement During Machining, In: *Journal of Lightwave Technology,* 2016, H. 4, S. 1380–1386

[TEL20] Teledyne Imaging: Industrial Camera Interface Guide, Internet, (https://www.lumenera.com/media/wysiwyg/documents/casestudies/Guide_to_Camera_Interfaces.pdf), Abgerufen am: 2025-01-03.

[TEN17] Tenner, F.; Riegel, D., et al.: Analytical model of the laser welding of zinc-coated steel sheets by the aid of videography, In: *Journal of Laser Applications,* 2017, H. 2, S. 22411

[TEN18] Tenner, F.: Kamerabasierte Untersuchungen der Schmelze- und Gasströmungen beim Laserstrahlschweißen verzinkter Stahlbleche: Dissertation, FAU University (LPT), 2018

[TOM22] Tomcic, L.; Ederer, A., et al.: Interpreting acoustic emissions to determine the weld depth during laser beam welding, In: *Journal of Laser Applications,* 2022, H. 4

[TOU70] Touloukian, Y. S.; DeWitt, David P.: Thermal radiative properties: metallic elements and alloys, New York, IFI/Plenum, 1970

[TRB06] Trbola, J. F.: Pre-, In- und Post-Process-Verfahren – Die Prozesssicherung fordert verschiedene Verfahren, In: *Laser Technik Journal,* 2006, H. 4, S. 38–41

[TRU23] TRUMPF SE + Ko. KG: Technisches Datenblatt TruDisk 12001, Internet, (https://www.trumpf.com/de_DE/produkte/laser/scheibenlaser/trudisk/), Abgerufen am: 2023-04-04.

[TZE99] Tzeng, Y-F.: Pulsed Nd:YAG Laser Seam Welding of Zinc-Coated Steel, In: *American Welding Society,* 1999, S. 238–244

[UNG19] Ungers, Michael: Bildgebende Prozessüberwachung und -steuerung zur Qualitätssicherung für das Laserstrahlhartlöten: Dissertation, RWTH Aachen (LLT), Apprimus Verlag, 2019

[URB15] Urbanowicz, Ryan J.; Moore, Jason H.: ExSTraCS 2.0: Description and Evaluation of a Scalable Learning Classifier System, In: *Evolutionary intelligence,* 2015, H. 2, S. 89–116

[VDA17] VDA QMC: Anwendungsregel: VDA Band 6 Teil 4 QM-Systemaudit: Produktionsmittel - Besondere Anforderungen an Hersteller von Produktionsmitteln für die Automobilwirtschaft, 2017-06

[VDE11] VDEh: SEP 1220-3: Prüf- und Dokumentationsrichtlinie für die Fügeeignung von Feinblechen aus Stahl - Teil 3: Laserstrahlschweißen: Technische Regel, 2011-08

[VDE21] VDE: Anwendungsregel - Entwicklung und Vertrauenswürdigkeit von autonom/kognitiven Systemen, 2021 -06 (VDE-AR-E 2842-61-2)

[VOL13] Volpp, Jörg; Freimann, Daniel: Indirect measurement of keyhole pressure oscillations during laser deep penetration welding, In: Congress proceedings ICALEO 2013, Orlando, Fla., LIA, 2013, S. 334–340

[VOL17] Volpp, J.: Dynamik und Stabilität der Dampfkapillare beim Laserstrahltiefschweißen: Dissertation, Universität Bremen, 2017

[WAN18] Wang, J.; Ma, Y., et al.: Deep learning for smart manufacturing: Methods and applications, In: *Journal of Manufacturing Systems,* 2018, S. 144–156

[WAN19] Wang, Zhuo; Liu, Pengwei, et al.: Uncertainty Quantification in Metallic Additive Manufacturing Through Physics-Informed Data-Driven Modeling, In: *JOM,* 2019, H. 8, S. 2625–2634

[WAN22] Wang, C.; Bochkovskiy, A., et al.: YOLOv7: Trainable bag-of-freebies sets new state-of-the-art for real-time object detectors, 2022, (https://arxiv.org/pdf/2207.02696)

[WEB10] Weberpals, Jan-Philipp: Nutzen und Grenzen guter Fokussierbarkeit beim Laserschweißen: Dissertation, IFSW, Stuttgart, Utz, 2010

[WEB17] Weberpals, J.; Dausinger, F.: Influence of inclination angle on spatter behavior at welding with lasers of strong focusability, In: *ICALEO,* 2017, S. 1602

[WEI22] Weiss, T.; Kick, M., et al.: A holistic approach for an intelligent laser beam welding architecture using machine learning for the welding of metallic bipolar plates for polymer electrolyte membrane fuel cells, In: *Procedia CIRP,* 2022, S. 810–815

[WOL06] Wolf, M.: Zur Phänomenologie der Heißrissbildung beim Schweißen und Entwicklung aussagekräftiger Prüfverfahren: Dissertation, Univ. der Bundeswehr, Bundesanstalt für Materialforschung und -prüfung (BAM), 2006

[WON18] Wong, W. C.; Li, J., et al.: Recurrent Neural Network-based Model Predictive Control for Continuous Pharmaceutical Manufacturing, 2018, (http://arxiv.org/pdf/1807.09556v1)

[WU17] Wu, D.; Jennings, C., et al.: A Comparative Study on Machine Learning Algorithms for Smart Manufacturing: Tool Wear Prediction Using Random Forests, In: *Journal of Manufacturing Science and Engineering,* 2017, H. 7

[XIA12] Xiangdong, G.: Seam Tracking Monitoring Based on Adaptive Kalman Filter Embedded Elman Neural Network During High-Power Fiber Laser Welding, In: *IEEE Transactions on Industrial Electronics,* 2012, H. 59, S. 4315–4325

[XIA20] Xiao, Y.; Tian, Z., et al.: A review of object detection based on deep learning, In: *Multimedia Tools and Applications,* 2020, H. 33

[XUE21] Xue, B.; Chang, B., et al.: Multi-Output Monitoring of High-Speed Laser Welding State Based on Deep Learning, In: *Sensors,* 2021, H. 5

[YAM15] Yamashita, S.; Yamamoto, M., et al.: In-situ Temperature Measurement using a Multi-sensor Camera during Laser Welding, In: *Quartely Journal Of The Japan Welding Society,* 2015, H. 2, 93–97

[YAN22] Yang, J.; Zhou, K., et al.: Generalized Out-of-Distribution Detection: A Survey, 2022, (https://arxiv.org/abs/2110.11334)

[YIN17] Yin, W; Kann, K., et al.: Comparative Study of CNN and RNN for Natural Language Processing, 2017, (http://arxiv.org/pdf/1702.01923v1)

[YOU13] You, D. Y.; Gao, X. D., et al.: Review of laser welding monitoring, In: *Science and Technology of Welding and Joining,* 2013, H. 3, S. 181–201

[YOU14a] You, D.; Gao, X., et al.: Visual-based spatter detection during high-power disk laser welding, In: *Optics and Lasers in Engineering,* 2014, S. 1–7

[YOU14b] You, D.; Gao, X., et al.: Monitoring of high-power laser welding using high-speed photographing and image processing, In: *Mechanical Systems and Signal Processing,* 2014, 1-2, S. 39–52

[YOU15] You, D.; Gao, X., et al.: WPD-PCA-Based Laser Welding Process Monitoring and Defects Diagnosis by Using FNN and SVM, In: *IEEE Transactions on Industrial Electronics,* 2015, H. 1, S. 628–636

[ZAE11] Zaeh, M. F.; Huber, S.: Characteristic line emissions of the metal vapour during laser beam welding, In: *Production Engineering,* 2011, H. 6, S. 667–678

[ZEN01] Zeng, H.; Zhou, Z., et al.: Wavelet analysis of acoustic emission signals and quality control in laser welding, In: *Journal of Laser Applications,* 2001, H. 4, S. 167–173

[ZHA11] Zhang, Y.; Evans, J. R. G., et al.: Corrected Values for Boiling Points and Enthalpies of Vaporization of Elements in Handbooks, In: *Journal of Chemical & Engineering Data,* 2011, H. 2, S. 328–337

[ZHA13a] Zhang, Y.; Zhang, C., et al.: Coaxial monitoring of the fibre laser lap welding of Zn-coated steel sheets using an auxiliary illuminant, In: *Optics & Laser Technology,* 2013, S. 167–175

[ZHA13b] Zhang, M. J.; Chen, G. Y., et al.: Observation of spatter formation mechanisms in high-power fiber laser welding of thick plate, In: *Applied Surface Science,* 2013, S. 868–875

[ZHA19a] Zhang, Y.; You, D., et al.: Online Monitoring of Welding Status Based on a DBN Model During Laser Welding, In: *Engineering,* 2019, H. 4, S. 671–678

[ZHA19b] Zhang, Y.; You, D., et al.: Welding defects detection based on deep learning with multiple optical sensors during disk laser welding of thick plates, In: *Journal of Manufacturing Systems,* 2019, S. 87–94

[ZHA20a] Zhang, Z.; Li, B., et al.: Real-time penetration state monitoring using convolutional neural network for laser welding of tailor rolled blanks, In: *Journal of Manufacturing Systems,* 2020, S. 348–360

[ZHA20b] Zhang, G.; Zhu, B., et al.: Correlation between the spatters and evaporation vapor on the front keyhole wall during fiber laser keyhole welding, In: *Journal of Materials Research and Technology,* 2020, H. 6, S. 143–152

[ZHA20c] Zhao, P.; Lu, R., et al.: Monitoring method of weld penetration in laser keyhole welding irradiated by laser auxiliary illuminant, In: *Journal of Laser Applications,* 2020, H. 2

[ZHA20d] Zhang, B.; Hong, K., et al.: Deep-learning-based porosity monitoring of laser welding process, In: *Manufacturing Letters,* 2020, S. 62–66

[ZHO06] Zhou, J.; Tsai, H. L., et al.: Investigation of transport phenomena and defect formation in pulsed laser keyhole welding of zinc-coated steels, In: *Journal of Physics D: Applied Physics,* 2006, H. 24, S. 338–355

In der Reihe **Ergebnisse aus der Lasertechnik** zuletzt erschienen:

Knaak, Christian:
Echtzeitüberwachung und -optimierung der Nahtqualität beim Laserstrahlschweißen mittels bildgebender Sensorik und künstlicher Intelligenz
ISBN: 978-3-98555-277-1
Erscheinungsdatum: 30.04.2025

Hummel, Marc Daniel:
Synchrotron-basierte in situ Analyse wellenlängenabhängiger Prozessphänomene beim Laserstrahlschweißen von Kupfer
ISBN: 978-3-98555-269-6
Erscheinungsdatum: 14.04.2025

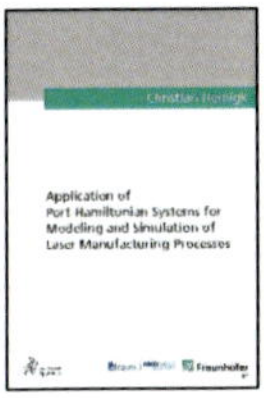

Heinigk, Christian:
Application of Port-Hamiltonian Systems for Modeling and Simulation of Laser Manufacturing Processes
ISBN: 978-3-98555-237-5
Erscheinungsdatum: 07.10.2024

Brosda, Maximilian:
Erhöhung der Selektivität und Präzision beim Schweißen von mehrschichtigen Thermoplastfolien durch den Einsatz von wellenlängenangepasster Laserbearbeitung
ISBN: 978-3-98555-229-0
Erscheinungsdatum: 02.09.2024

Fink, Samuel Moritz:
Laserbasierte Kristallisation von nasschemisch applizierten Lanthan-Nickel-Oxid-Schichten
ISBN: 978-3-98555-227-6
Erscheinungsdatum: 19.08.2024

Edition Wissenschaft
Apprimus

Lantzsch, Tim:

Erhöhung der Aufbaurate beim Laser Powder Bed Fusion durch Bearbeitung mit zwei gekoppelten Laserstrahlen

ISBN: 978-3-98555-222-1

Erscheinungsdatum: 26.06.2024

Baer, Patrick:

Erhöhung der durch nichtlineare Effekte verursachten Leistungsgrenzen von Faserlasern durch besondere Fasergeometrien

ISBN: 978-3-98555-207-8

Erscheinungsdatum: 26.03.2024

Dahmen, Marius:

Laserbasierte Funktionalisierung von partikulären Polyetheretherketon-Beschichtungen auf Aluminiumsubstraten mittels Zwei-Strahl-Ansatz

ISBN: 978-3-98555-190-3

Erscheinungsdatum: 12.12.2023

Klein, Sarah:

Faser-Bragg-Gitter für die Frequenzstabilisierung multimodiger Hochleistungslaserdioden und -faserlaser

ISBN: 978-3-98555-183-5

Erscheinungsdatum: 08.12.2023

Brucki, Matthias:

Extremes Hochgeschwindigkeits-Laserauftragschweißen – Prozesstechnologische Untersuchung der Oberflächenbeschaffenheit von Beschichtungen

ISBN: 978-3-98555-180-4

Erscheinungsdatum: 07.11.2023

Edition Wissenschaft
Apprimus

FSC
www.fsc.org
MIX
Papier | Fördert gute Waldnutzung
FSC® C083411

Kolibri 360 GmbH
Ferdinand-Jühlke-Straße 7
99095 Erfurt, Deutschland
produktsicherheit@kolibri360.de